U0219237

国家出版基金项目
NATIONAL PUBLICATION FOUNDATION

玉米高产与养分高效的理论基础

Theoretical Base of High–Yield and High Nutrient–Use Efficiency in Maize Production

李春俭　　等著

中国农业大学出版社
·北京·

内 容 简 介

　　了解和掌握玉米高产与养分高效的理论基础，是实现玉米高产和养分资源高效利用的前提。本书汇集了作者 10 多年来在玉米高产和养分高效利用方面的植株形态、生理和分子生物学研究及研究生培养所取得的最新成果，分析了玉米高产与养分高效的影响因素，论述了玉米的生长发育规律和养分吸收规律、植株冠根关系、吐丝后光合产物运输和养分吸收与分配、根系生长分布与土壤速效养分的关系、根系对氮磷胁迫的适应性反应及根系与土壤微生物的相互作用。本书可供植物营养学、作物栽培学和作物育种学以及从事农业生产的科技工作者参考。

图书在版编目(CIP)数据

玉米高产与养分高效的理论基础/李春俭等著 . —北京：中国农业大学出版社，2018.6
ISBN 978-7-5655-2046-4

Ⅰ.①玉…　　Ⅱ.①李…　　Ⅲ.①玉米-高产栽培-栽培技术　　Ⅳ.①S513

中国版本图书馆 CIP 数据核字(2018)第 144678 号

书　　名	玉米高产与养分高效的理论基础
作　　者	李春俭 等著

策划编辑	席　清	责任编辑	韩元凤
封面设计	郑　川		
出版发行	中国农业大学出版社		
社　　址	北京市海淀区圆明园西路 2 号	邮政编码	100193
电　　话	发行部 010-62818525，8625	读者服务部	010-62732336
	编辑部 010-62732617，2618	出　版　部	010-62733440
网　　址	http://www.caupress.cn	E-mail	cbsszs@cau.edu.cn
经　　销	新华书店		
印　　刷	涿州市星河印刷有限公司		
版　　次	2018 年 7 月第 1 版　　2018 年 7 月第 1 次印刷		
规　　格	787×1 092　　16 开　　15.5 印张　　460 千字　　彩插 12		
定　　价	90.00 元		

图书如有质量问题本社发行部负责调换

撰稿人员

主要作者　李春俭

参加撰稿人员(按参加撰稿工作量排序)
于　鹏　彭云峰　宁　鹏　刘海涛　闫慧峰
王　超　马　玮　廖成松　张　瑜　李学贤
彭正萍　牛君仿　李　飒　周亚平　严　云
许良政　尚爱新

前　言

　　玉米是我国第一大粮食作物,在确保粮食安全与农民增收及农业生产结构性调整方面占有举足轻重的地位,但长期以来面临着高产与养分高效利用难以协同的问题。在集约化农业生产中,大量投入化肥尽管保障了粮食高产,但同时增加了农民的生产成本,降低了肥料利用率,并提高了环境污染的潜在风险。

　　优良品种选育及相匹配的种植密度是玉米高产的关键。要实现养分高效利用,仅仅控制养分投入总量是不够的,必须了解和掌握玉米的生长发育规律和养分吸收规律,实现养分在供应与需求二者在时间和空间上的匹配。尽管根系直接从土壤中吸收矿质养分,但根系生长和养分吸收量由地上部决定,并且地上部对根系生长和养分吸收的调控机制不同。根系生长不仅受养分供应量的影响,也能对养分在土壤空间中的分布差异做出响应。由于养分在土壤中分布的异质性,即使在充足甚至过量施肥的条件下,也会有部分根系生长在养分缺乏的环境中,根系能够对异质性分布的土壤养分做出形态和生理适应性反应。土壤微生物会直接或间接地影响根系生长及土壤养分的有效性。由于遗传的差异性,会导致同一植株上不同类型根系中的微生物群落结构明显不同。玉米籽粒中的光合产物主要来自吐丝后叶片的光合作用,而籽粒中的矿质养分则有很大一部分是吐丝前吸收并储存在营养器官、吐丝后通过活化和再转移而来。营养器官中的养分转移速率不仅影响籽粒中的养分含量,也决定着叶片的光合作用和根系的吸收活性。即使是绿熟型玉米品种,叶片持绿也是以充足的养分供应为前提的,缺氮导致营养器官中的养分提前转移,叶片和根系提前衰老。与适量施肥条件下的高产相比,为维持甚至延长叶片绿色为目的的过量施肥不仅不能提高产量,反而会降低养分利用效率。这些研究成果与我国近期提出的到 2020 年实现农业生产化肥零增长计划相契合,并为这一目标的实现提供了重要的理论支撑。

　　作者的研究团队在上述方面连续十多年开展了持续性创新性研究,取得了丰硕成果,在多个国际主流期刊上发表了数十篇相关研究论文,并培养了数十名硕士和博士。本书内容即是对上述研究成果的系统总结和提炼。研究期间得到了国家 973 项目、国家自然科学基金面上项目和群体项目的资助,在此表示感谢。

　　本书共分 7 章,由李春俭负责全书的组稿和统稿。编写分工具体如下:第 1 章由李春俭、彭云峰、于鹏、宁鹏、严云和王超编写，李春俭负责串稿。第2章由彭云峰、马玮、牛君仿和尚爱新编写，彭云峰负责串稿。第3章由闫慧峰、牛君仿、廖成松、宁鹏、李学贤、彭正萍和许良政编写，闫慧峰负责串稿。第4章由宁鹏、廖成松、李学贤、彭云峰、王超和李飒编写，宁鹏负责串稿。第5章由周亚平、彭云峰、宁鹏和马玮编写，于鹏负责串稿。第6章由刘海涛、于鹏、张瑜和彭云峰编写，刘海涛负责串稿。第7章由王超和于鹏编写，于鹏负责串稿。

本书的出版，希望能够对植物营养学、作物栽培学和作物育种学，以及从事农业生产的科技工作者有所启发和帮助，以推动我国的玉米生产事业更好发展。尽管作者在本书的撰写过程中尽了最大努力，但难免在内容、图表和文字方面有欠妥之处，敬请读者原谅。

著　者

2018 年 3 月于北京

目　录

3

第 1 章

玉米高产与养分高效的影响因素

世界玉米生产的平均产量只有潜力产量的约 1/4,其中导致玉米减产的主要原因是各种非生物胁迫,造成玉米减产 66%(Bray et al.,2000)。因此,多年来世界玉米育种的目标不是提高潜力产量,而是提高品种的抗逆能力。在玉米育种进程中,新推出的品种与老品种相比,抵抗生物、非生物胁迫的能力不断提高(Duvick,2005)。陈国平等(2009)在分析了我国玉米高产田的产量结构模式及关键因素后认为,品种和密度是决定玉米高产的关键因素。此外,养分供应,特别是氮磷养分会对产量有明显影响。

1.1 品种更替

在玉米品种更替过程中,新品种的叶片持绿时间增加,衰老缓慢,总生物量和产量较高,主要得益于品种改良及管理措施的改善(Duvick and Cassman,1999;Duvick,2005;Ciampitti and Vyn,2012)。已有关于品种比较的研究多集中在地上部生理、形态和农学特征等方面,对根系研究尤其在田间条件下的研究较少(Hirel et al.,2007;Gewin,2012;Den Herder et al.,2010)。理想的根系构型有利于作物高效地从环境中获取水分和养分资源,促进产量增加(Hammer et al.,2009;Lynch et al.,2013;White et al.,2013)。本节主要讨论玉米品种更替过程中地上部和根系的变化,并比较国内外玉米根系性状的差异。

1.1.1 地上部变化

自 1960 年以来,美国玉米新品种与提高籽粒产量相关的性状变化包括:叶片角度越来越直立,雄穗明显变小;新杂交种的籽粒灌浆期延长,但脱水速度加快,使得收获时间没有延迟,但对生长季节后期的资源利用得更充分。粒重提高,籽粒蛋白质含量降低,淀粉含量增加。新杂交种对有利的环境更敏感,对投入资源的利用更充分(Duvick,2005)。李少昆和王崇桃(2009)在总结我国自1949年以来不同年代玉米增产原因时得出结论:玉米增产的技术特征是新品种选育,包括株型紧凑、晚熟及生育期延长、抗逆能力增加,以及养分和水分资源投入增加;增产机理的演变特征是从早期的提高单株生产力到后来的提高群体生产力,以绿熟、改善株型、提高群体整齐度、加大花后物质生产与转移量为特征。

选取我国不同年代推广的6个主栽玉米品种:白马牙和金皇后(黄熟型,20世纪50年代),中单2号和唐抗5号(中间熟型,20世纪70年代),农大108和郑单958(绿熟型,现代品种)在相同种植密度下进行两年田间实验,分别在吐丝期和成熟期收获植株,比较生物量、产量和养分吸收变化。结果表明,在吐丝期,新品种(郑单958和农大108)地上部生物量和氮、磷、钾养分总吸收量就已经显著高于老品种,至成熟期不同年代玉米品种的上述指标差异更加明显(表1-1)。从吐丝期至成熟期,两个老品种(白马牙和金皇后)与两个新品种(农大108和郑单958)的地上部干重在2009年分别增加了83%、65%、119%、112%,在2010年分别增加了55.7%、64.2%、125.7%、120.4%。养分吸收量的变化表现出类似规律。与玉米老品种相比,新品种的叶面积更大、叶片衰老缓慢、光合作用持续期较长、吐丝后干物质积累较多,因此产量也明显高于老品种(表1-1)(Rajcan and Tollenaar,1999a,b;Tollenaar and Wu,1999;Duvick,2005;Echarte et al.,2008)。

表 1-1　不同年代玉米吐丝期和成熟期地上部干重(t/hm²)和产量(t/hm²)、
氮磷钾养分总吸收量(kg/hm²)的差异

时期	指标	白马牙	金皇后	中单2号	唐抗5号	农大108	郑单958
2009年							
吐丝期	地上部干重	7.1±0.7bc	6.5±0.2c	7.6±0.5bc	8.0±0.6b	9.3±0.4a	9.5±0.4a
	全氮	132.7±17.1bc	110.1±1.6c	131.2±14.7bc	145.5±6.9ab	165.4±12.1a	158.8±6.9a
	全磷	14.6±2.1bc	13.6±0.7c	14.8±2.0bc	17.7±1.0ab	19.5±1.3a	18.5±0.8a
	全钾	84.4±22.2b	74.3±6.7b	89.6±25.9ab	107.6±18.8a	106.6±12.7a	107.0±8.3a
成熟期	地上部干重	13.0±0.8bc	10.7±1.1c	13.7±0.7b	17.6±1.1a	20.4±1.0a	20.1±0.3a
	籽粒产量	5.7±0.4bc	4.7±0.6c	6.1±0.3b	9.3±0.5a	10.1±0.6a	10.7±0.3a
	全氮	163.3±14.7b	132.2±14.7b	158.3±4.7b	206.7±9.7a	222.6±6.2a	212.3±12.3a
	全磷	21.2±1.4b	17.3±0.8b	21.8±0.5b	39.3±6.3a	35.7±2.0a	26.8±1.2a
	全钾	75.8±10.4c	64.2±4.8c	87.7±8.2b	108.4±15.9ab	111.8±7.3a	125.4±11.3a
2010年							
吐丝期	地上部干重	7.9±0.4bc	7.2±0.6c	8.4±0.6abc	8.1±0.3bc	9.2±0.6ab	9.6±0.4a
	全氮	141.2±5.6a	139.5±11.2a	141.5±10.9a	135.5±9.8a	163.9±10.0a	161.7±14.8a
	全磷	18.3±0.6c	19.0±0.9c	20.9±1.3abc	19.7±1.5bc	25.1±2.7a	23.8±2.3ab
	全钾	123.0±9.5ab	99.2±15.0b	123±15.3ab	122.6±15.2ab	129.5±22.8ab	155.8±11.8a
成熟期	地上部干重	12.2±0.6c	11.8±0.5c	16.2±0.2b	15.0±0.3b	20.7±0.7a	21.2±0.4a
	籽粒产量	3.7±0.1d	4.6±0.4c	6.5±0.4b	5.7±0.2b	8.2±0.4a	8.8±0.1a
	全氮	171.3±10.7c	160.7±7.0c	232.4±9.1b	206±5.8b	283.1±3.1a	284.0±4.5a
	全磷	23.4±2.5c	31.1±1.8c	41.0±1.3b	37.4±1.3b	55.3±2.5a	51.8±0.9a
	全钾	87.8±12.7cd	70.4±10.7d	119.2±8.2abc	106.1±6.2bcd	128.6±17.0ab	152.8±14.2a

数据表示为平均值±SE(n=4)。表格中同一行不同字母代表品种之间差异达到显著水平(P<0.05)

1.1.2 根系变化

育种学家在过去几十年的玉米育种实践中主要关注地上部性状的变化，而根系性状一直在被动接受地上部选择，比如根系干重增加是由于地上部生物量增加的结果（Siddique，1990；Tollenaar and Lee，2002）。对根系研究较少的原因主要是根系研究的复杂性及方法的局限性，使得基于根系特性的高产高效品种选育不足（Lynch，2007；Gewin，2012；White et al.，2013）。

在上述研究中，分别在吐丝期和成熟期采用分层挖根法，将长 60 cm×宽 30 cm×深 60 cm 的土体分为 0～30 cm 和 30～60 cm 土层挖出。洗出根系，扫描后获得不同年代玉米品种根系根长在 0～30 cm 和 30～60 cm 土层中的分布以及总根长。两年结果显示，无论在吐丝期还是成熟期，各玉米品种的根系主要分布在 0～30 cm 土层中（吐丝期超过 80%、成熟期 54%～80%）。在吐丝期，不同年代玉米品种的总根长以及在 0～30 cm 和 30～60 cm 土层中的分布无明显差异；但在成熟期，2009 年的 1950s、1970s、1990s 年代玉米总根长在吐丝后分别平均降低了 57%、57%、53%，2010 年分别降低了 66%、59%、53%，即新品种在吐丝后根长减少幅度小于老品种，使得成熟期新品种的总根长以及在 0～30 cm 和 30～60 cm 土层中的根长均大于老品种（表 1-2）。这与新品种（绿熟型）吐丝后根系衰老缓慢或新生根系的增生较多有关，也可能与地上部向根系分配更多的碳水化合物有关。在玉米或高粱等作物中，延缓叶片衰老有利于叶片光合作用的延长，维持吐丝后的根系活力以及更多地吸收养分（Borrell et al.，2001；Ma and Dwyer，1998），获得高产（表 1-1）。

表 1-2 不同年代玉米吐丝期和成熟期的根系长度在 0～30 cm 和 30～60 cm 土层中的分布

| 品种 | 2009 年 | | | | | |
| | 吐丝期 | | 总根长/ | 成熟期 | | 总根长/ |
	0～30 cm	30～60 cm	（m/株）	0～30 cm	30～60 cm	（m/株）
白马牙	216±4a	31±9bc	246±7ab	67±2b	20±7c	87±2c
金皇后	168±17a	21±6c	189±23b	75±10b	21±4c	96±11c
中单 2 号	226±16a	52±14ab	278±31a	81±8ab	33±5ab	114±12b
唐抗 5 号	231±44a	44±6abc	275±50ab	109±8a	42±5a	123±4ab
农大 108	229±21a	57±2a	286±23a	83±6ab	43±4a	128±6a
郑单 958	185±13a	30±7abc	216±9ab	93±12ab	28±2bc	122±7ab
品种	2010 年					
	吐丝期		总根长/	成熟期		总根长/
	0～30 cm	30～60 cm	（m/株）	0～30 cm	30～60 cm	（m/株）
白马牙	218±43a	36±15ab	265±28a	55±5b	23±4cd	78±9b
金皇后	210±61a	25±11b	235±72a	73±15ab	16±4d	89±18ab
中单 2 号	282±53a	53±9a	335±58a	94±13ab	30±6bc	124±19ab
唐抗 5 号	256±49a	44±11ab	300±60a	85±9ab	36±5b	121±12ab
农大 108	266±19a	36±12ab	301±13a	77±12ab	59±4a	147±20a
郑单 958	256±55a	33±2b	289±55a	110±35a	23±5cd	133±39ab

数据表示为平均值±SE（$n=4$）。表格中同一列不同字母代表品种之间差异达到显著水平（$P<0.05$）

1.1.3 国内外玉米品种根冠比及根系大小比较

通过生物学途径选育氮高效品种从而提高氮素利用效率的潜力很大,可以减少氮在土壤中的残留、硝酸盐淋失及其他途径氮损失(White et al.,2012,2013;Lynch,2013)。氮素高效吸收取决于植株的根冠比、根系大小及其在土壤中的空间分布(Peng et al.,2012;Lynch,2013),另外,根系构型分支及轴根的角度决定根系穿插土壤能力及获取养分的范围大小(Mc-Cully and Canny,1988;Waisel and Eshel,2002)。根长密度大小决定根系获取养分和水分的面积及吸收能力(Varney et al.,1991)。

为比较国内外玉米品种根冠比以及根系大小的差异,归纳分析1959年至2014年国内外发表的田间玉米根系研究的文章,包括106个独立田间实验,其中66个在国内完成。其中国外文献数据主要来自美国中西部玉米带(24个独立田间实验),另外有12个田间实验来自欧洲。考虑到我国不同区域土壤、水分、养分等气候因子的变异性,将国内发表的论文数据划分为五个主要区域:区域Ⅰ,东北地区(19个独立田间试验),属中纬度湿润地区,以黑土及黑褐土为主的高肥力土壤类型。这一地区位于北纬39°~53°,是春玉米的重要产区,每年贡献全国玉米产量的约35%(Yang et al.,2007)。该区域与美国玉米带的纬度、气候条件及机械化与灌溉水平相似,属于玉米高产区。区域Ⅱ,华北地区(18个独立田间实验),温带湿润半湿润季风气候区,主要土壤类型为褐土。华北地区是我国最典型的集约化农业生产区(Zhu and Chen,2002)。区域Ⅲ,西北黄土高原(13个独立田间实验),温带大陆性气候区,主要土壤类型为风成土或灰棕漠土,较低肥力产区。区域Ⅳ,西南地区(6个独立田间实验),亚热带季风气候区,主要土壤类型为红色和紫色土,属于肥力较高区域。从华北地区单独列出山东作为区域Ⅴ(10个独立田间实验),山东省的化肥施用量显著高于华北其他地区,而且同一时期的玉米研究工作显著多于其他地区。

1.1.3.1 根系生物量、根冠比及氮肥利用效率

将具体取样日期及玉米生育时期整合为统一横坐标为播种后天数(DAS)。通过种植密度与单位面积根系或地上部干重计算每株玉米根系或地上部干重,得到单位 g/株(Ma et al.,2003)。根冠比定义为地下根系干重与地上干重(包括茎秆、叶片、穗轴苞叶及籽粒)的比值。

植物通过调节地上部及根系间的同化产物分配,优化根冠关系从而获得最大效率的养分及水分吸收(Hilbert,1990;Gedroc,1996;Aikio,2002)。播种后随着生育期延长,玉米根系干重逐渐增加,至吐丝期达到最大,之后逐渐减小。在根系发育早期(V1~V8),国内外玉米根系干重差异不明显,但从拔节期(V8)之后差异逐渐增加,在接近吐丝期时根系干重差异达到最大值(图1-1A)。非线性回归分析结果表明,国外玉米品种的根系干重及根冠比大于国内品种,尤其在拔节期之后差距增大(图1-1A,C),而地上部干重差异小于根系干重差异(图1-1B),说明国内外玉米根冠比的差异主要是由于国外玉米的根系生物量更大所造成。

进一步比较国内外玉米根系在吐丝期和成熟期的生物量,发现国外玉米的根系干重显著高于国内玉米(吐丝期:国外25.3 g/株,国内16.3 g/株;成熟期:国外23.7 g/株,国内13.2 g/株);根冠比结果同样表现出国外玉米的优势(吐丝期:国外0.20和国内0.11;成熟期:国外0.18和国内0.04)(图1-2)。相关分析结果表明,吐丝期的玉米植株根冠比与氮肥利用效率存在正

相关关系,我国玉米品种根系吐丝期根冠比较低,氮肥利用率也较低,而国外玉米氮肥利用率较高(图 1-3)。

1.1.3.2 胁迫因素对玉米根系生物量及根冠比的影响

由于根系生物量、根冠比受气候条件及胁迫因素影响较大,进一步分析了我国不同区域及不同品种对胁迫因素的响应,发现国内玉米品种受到高种植密度及低氮胁迫后生物量减少幅度明显高于美国玉米带的品种(图 1-4)。另外,来自美国玉米带的品种在吐丝期的根系生物量及根冠比也显著高于国内各主要玉米产区的数值(图 1-5;$P<0.05$)。说明国内玉米根系较小不是由于气候及环境胁迫引起,而是根系自身的劣势。即便在较高土壤肥力及灌溉条件下,国内品种根系生物量仍然低于美国品种(Grassini et al.,2011;Chen et al.,2013)。美国玉米带的研究中发现,新育成的玉米品种具有较大的根系生物量及根冠比,从而抗胁迫能力较强,能够提高产量及氮肥利用效率(Duvick,2005)。

为验证上述数据分析所得出的国外玉米根冠比和根重大于国内品种的结果,于2011 年和 2012 年在中国农业大学上庄实验站,在相同气候和田间管理条件下进行了国内外玉米品种对比实验。国内品种为郑单 958 和先玉 335,国外品种用美国的先锋 P32D79。

同一地块的田间实验结果表明,先锋P32D79 根系生物量及根冠比都大于国内品种,氮肥利用效率也较高。先锋P32D79 根系的优势在相同养分投入及管理条件下仍然得以体现(表 1-3),说明国内外玉米品种的根系大小和根冠比存在明显差异。在集约化农业生产体系中,较小的根系生物量及根冠比或许可以通过提高氮肥投入量来弥补根系的先天性不足,维持较高产量,但会明显降低肥料利用率,过量的化肥投入也会抑制根系发育。

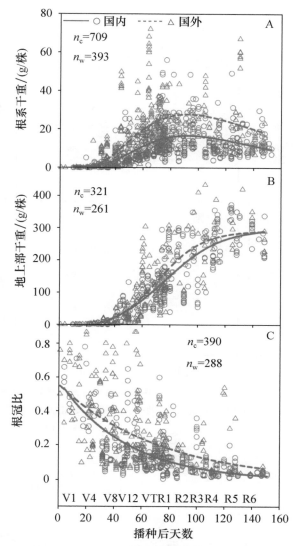

图 1-1 国内外玉米不同生育时期根系干重(A) 地上部干重(B)及根冠比(C)比较

V1～V12 分别代表第一至第十二片完全展开叶时期;
VT 代表抽雄期;R1 代表吐丝期;R2 代表灌浆期;
R3 代表乳熟期;R4 代表蜡熟期;R5 代表籽粒
凹陷形成期;R6 代表完熟期。

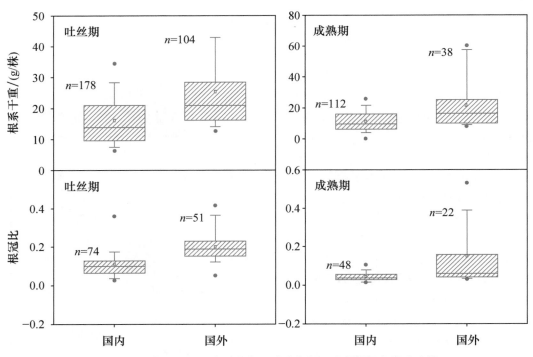

图 1-2　国内外田间玉米吐丝期和成熟期根系生物量及根冠比比较

相图中的实线和方块分别代表相应数据的中值和平均值,上下边缘分别代表 75 和 25 百分位数,
上下误差线分别代表 95 和 5 百分位数。

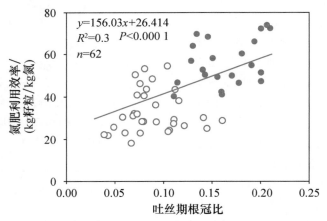

图 1-3　玉米吐丝期根冠比与成熟期氮效率相关性

文献中包含吐丝期根冠比、成熟期产量及总氮肥投入的数据用于相关性分析。
空心圆圈代表我国农田数据,实心圆圈代表国外数据。

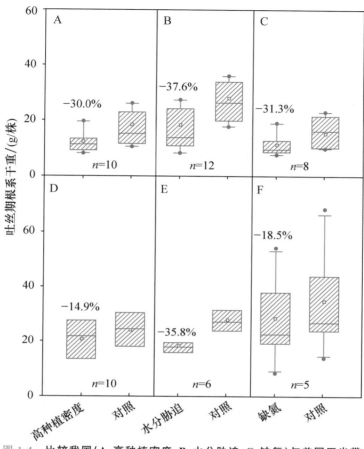

图 1-4　比较我国(A,高种植密度;B,水分胁迫;C,缺氮)与美国玉米带
(D,高种植密度;E,水分胁迫;F,缺氮)玉米在吐丝期根干重对胁迫的响应

数据来自我国及美国玉米带进行的独立田间实验。相图柱上数字表示与对照相比胁迫
处理导致根系生物量减少的百分比。相图中实线和方块分别代表相应数据中值和平均值,
上下边缘分别代表 75 和 25 百分位数,上下误差线分别代表 95 和 5 百分位数。

表 1-3　中美玉米品种吐丝期根系生物量及根冠比和成熟期产量、氮素吸收及氮效率比较

年份	品种	根干重/ (g/株)	根冠比	产量/ (t/hm²)	吸氮量/ (kg/hm²)	氮肥利用率/ (kg 籽粒/kg N)
2011	ZD958	12.5b	0.088ab	9.8b	280ab	48.8ab
	XY335	9.8b	0.072b	8.2c	252b	41.2b
	P32D79	16.9a	0.100a	10.9a	315a	54.7a
	LSD	3.2	0.022	1.4	41	6.8
2012	ZD958	10.2b	0.071b	10.8b	187b	53.9b
	XY335	7.4c	0.047c	9.6c	199ab	47.9c
	P32D79	15.6a	0.087a	12.2a	226a	60.9a
	LSD	1.6	0.015	1.1	36	5.3

表格中同一列不同字母代表品种之间差异达到显著水平($P < 0.05$)

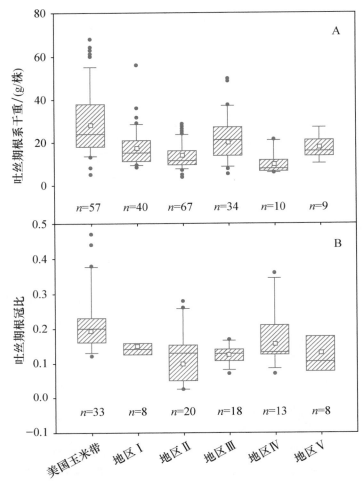

图 1-5　比较美国玉米带与我国五个主要玉米产区吐丝期根系
干重(A,217 个非成对数据)及根冠比(B,100 个非成对数据)

根据地理(气候)特性及土壤类型划分为五个区域(详见文中说明)。相图中的实线和方块分别代表相应数据的
中值和平均值,上下边缘分别代表 75 和 25 百分位数,上下误差线分别代表 95 和 5 百分位数。

1.1.3.3　土壤空间中根长密度与硝态氮耗竭的关系

作物高效吸收氮素不仅取决于根系大小,同时取决于根系在土壤中的空间分布,根系在表层土壤中分布有利于减少硝酸盐向下层土壤淋洗(Dunbabin et al.,2002;White et al.,2013;Lynch,2013),并且提高作物抗倒伏能力及保证产量(Carter and Hudelson,1988)。表 1-3 的结果显示,P32D79 在吐丝期具有较大的根干重及根冠比,成熟期产量及氮素吸收量分别显著高于国内当前广泛使用的品种 21% 和 18%,氮肥利用效率也显著高于国内的玉米品种。根系在下层土壤的分布可以获得更多水分从而减少干旱胁迫风险(Hamblin and Hamblin,1985;Dunbabin et al.,2003;Hammer et al.,2009)。进一步比较玉米根系在土壤中的分布可以看到,P32D79 在 0~60 cm 土壤剖面中任何土层的根长密度都高于国内品种,并导致了显著的无机氮耗竭现象(图 1-6)。P32D79 在田间表现出根系在土壤表层和底层中密度较高,有利于吸收水分及养分,使硝态氮淋洗减少,最终产量及氮肥利用效率明显提高(表1-3)。近年来,田间养分管理的优化策略显著提高了我国玉米产量及养分利用效率,但仍与美国玉米的氮肥利用率有一定差距(Chen et al.,2011;Grassini and Cassman,2012;Zhang et al.,2011,2013)。选育优势根系构型结合田间养分管理措施可以进一步提高养分利用效率,减少肥料使用造成的环境风险。

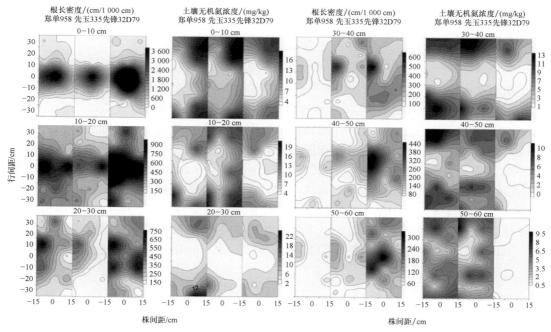

图 1-6   不同玉米品种在相同土体(长 70 cm,宽 30 cm,深 60 cm)中根长密度及土壤无机氮浓度等高线分布图

灰度表明根长密度或氮浓度大小。根据分块挖根法于 2011 年取玉米吐丝期田间 10 cm³ 大小土块进行分析,每一土层包含 21 个土块(图中每个数值代表 3 个重复的平均值),每株根系收获 126 个土块。

1.2   种植密度

玉米高产栽培中,密度是影响产量的关键因素之一。与老品种相比,新品种能够耐受更高的种植密度而不倒伏(Cox,1996;李宁等,2008;李军虎等,2014),一般高产玉米的种植密度为$(5\sim8)\times10^4$ 株/hm²,美国的 Dobermann 等在玉米高产实验中普遍采用$(9\sim13)\times10^4$ 株/hm² 的种植密度。美国爱荷华大学玉米小组多年来致力于研究高密度的高产模式,根据不同品种的特性,他们推荐的种植密度是$(7.5\sim11.25)\times10^4$ 株/hm²。

2013 年,美国弗吉尼亚州的 David Hula 使用先锋 P2088YHR 品种,创造了 28.6 t/hm² 的世界玉米高产纪录,播种密度为 12.36×10^4 粒/hm²,收获株数达 11.61×10^4 株/hm²。2013 年,中国农业科学院作物科学研究所和石河子大学等单位合作的玉米高产研究与示范田,选用登海 618,收获密度为 $(13.05 \sim 13.2) \times 10^4$ 株/hm²,创出 22.68 t/hm² 的玉米产量。对以美国为主的世界上十多个国家发表的与密度相关的研究报告进行总结后发现,1940—1990 年,玉米平均产量为 7.2 t/hm²,种植密度为 5.6 株/m²,吸氮量为 152 kg N/hm²。1991—2011 年,玉米平均产量为 9 t/hm²,种植密度为 7.1 株/m²,吸氮量为 170 kg N/hm²(Ciampitti and Vyn,2012),可见增加种植密度对提高玉米产量的贡献。

1.2.1 种植密度对群体产量的影响

密植增产的原因主要是增加单位面积的穗数,利用群体光合作用效率的增加来提高产量(Tollenaar and Daynard,1982)。2007 年在中国农业大学上庄实验站,以高产玉米品种登海 3719 为材料,采用种植密度(6 万株,低密;10 万株,高密)×施氮量(250 kg N/hm²,低氮;450 kg N/hm²,高氮)的双因素 4 处理田间实验,比较了密植和施氮量对玉米单株和群体生长和产量的影响。结果表明,高密比低密显著增产,在 250 kg/hm² 低氮水平下增产幅度为 11%,在 450 kg/hm² 高氮水平下增产幅度达 23%。各处理中单株叶面积在吐丝期达到最大,其中低密度的单株最大叶面积大于高密度播种的植株(图 1-7A)。由于群体效应,高密度处理通过个体数量增加弥补了单株叶面积小于低密度处理的不足,使得高密度植株的群体叶面积指数(LAI)在拔节期后始终显著高于低密度处理(图 1-7B),前者的最大 LAI 达到 8,后者仅为 5 左右。

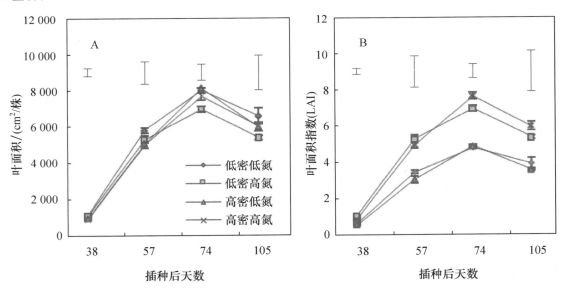

图 1-7　不同供氮和密度条件下玉米单株(A)和群体(B)叶面积指数动态变化(严云等,2010)

在群体地上部干物质累积(图 1-8A)和吸氮量(图 1-8B)方面,高密度群体的地上部干物重从拔节期开始显著大于低密度群体,并一直保持至植株收获。

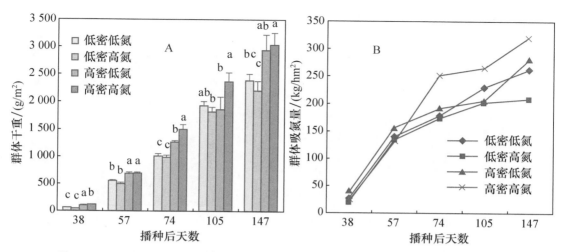

图1-8 不同供氮和密度条件下玉米不同生育期群体干物重(A)和群体吸氮量(B)变化

1.2.2 种植密度对个体生长的影响

增加密度在提高产量的同时,对玉米个体生长发育产生负面影响。生长前期,植株对土壤和地上部空间的竞争不强,不同种植密度对单株生长并不产生明显影响。拔节期后,随着生长速度的加快,密植引起地上部生长空间竞争加剧,密度越大,单株生长空间越小,生长状况越差。高密度种植的植株单株叶面积、地上部干物重、茎粗等指标均小于低密度的植株,生长受到抑制。关于种植密度对穗数、籽粒方面的研究较多(关义新和林葆,2000;郭玉秋等,2002;王庆成等,2007)。这里主要阐述种植密度对地上部农艺性状、干物质累积和根系生长等方面的影响。

叶面积:玉米单株叶面积从拔节期至大喇叭口期增长速度最快(图1-7A),在吐丝期达到最大,随后不断减小。诸多研究表明,高密度种植使玉米单株叶面积减小(Williams et al.,1965;Bos et al.,2000)。低密度种植的植株最大叶面积始终大于高密度种植的植株。

茎粗与株高:种植密度能显著影响玉米植株茎基部直径。高密度群体的地上部生长空间竞争大,单株生长空间有限,使得茎秆细弱。相反,低密度的植株拥有更大的地上部生长空间,茎秆生长粗壮(图1-9A)。

植株在高密度高施氮量双重因素作用下会显著"增高",低氮条件下,不同密度处理的株高差异不显著,高氮条件下,高密度处理植株显著高于低密度处理(图1-9B)。综合来说,低密度植株低矮粗壮,高密度植株稍显细弱徒长。这是植株正常的避阴反应,即遮阴下植物表现出明显的伸长反应,节间加长。这样才能使叶片生长在更高的冠层上,获得更多的光资源。

植株干物重:作物籽粒产量高低由干物质累积的多少和收获指数的高低决定(Tollenaar and Daynard,1982;Karlen et al.,1987;胡昌浩,1995),密度对干物质累积的影响主要体现在拔节后。拔节期前各处理植株干物质累积量很小,之后随生长时间延长,植株干重直线上升,在收获时达到最大值(图1-10)。随着生育期的推进,高密度种植与低密度种植相比表现出来的干物质累积量差异越来越大。

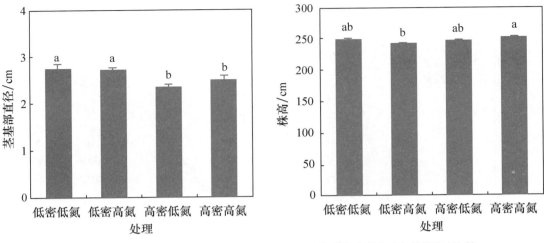

图 1-9　不同供氮和密度条件下玉米播种 105 天茎基部直径(A)和株高(B)比较

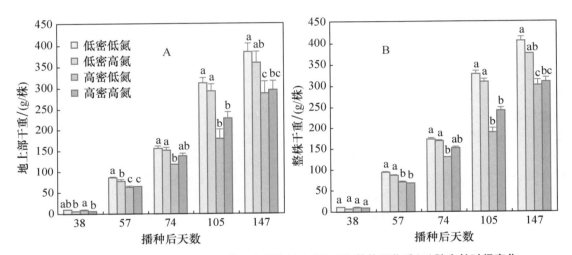

图 1-10　不同密度和氮水平处理的玉米单株地上部(A)和整株干物重(B)随生长时间变化

　　根系生长:玉米根系主要分布在以茎基部为中心、半径 20 cm 左右的土壤中,向下可延伸到 100 cm(戴俊英等,1988)。根系的干物重变化与地上部不同。生长前期根系干重随生育期延长而增加,吐丝时达到最大值,之后开始下降(图 1-11A)。密度对根系干重的影响出现在拔节期后,高密度的植株根系干重显著小于低密度的植株,另外,根系干重在达到最大值后的下降过程中,高密度植株的根系干重下降更快(图 1-11A;管建慧等,2007)。

　　玉米植株的干重根冠比随生长时间延长不断下降,特别在吐丝后下降明显,表明根重在植株总干重中所占比例不断下降。但根冠比并不受种植密度和施氮量的影响(图 1-11B)。

　　生育期内所有处理的单株总根长(图 1-12)与单株叶面积变化(图 1-7A)趋势一致,均在拔节后迅速增加,吐丝期达到最大值,随后直线下降。密度对于根长的影响表现在大喇叭口期之后,低密度种植的单株总根长明显大于高密度的植株,收获时各处理根长又趋于一致。

　　当种植密度超过最适值后,继续增加密度会导致产量降低。在玉米产量构成因素中,密度

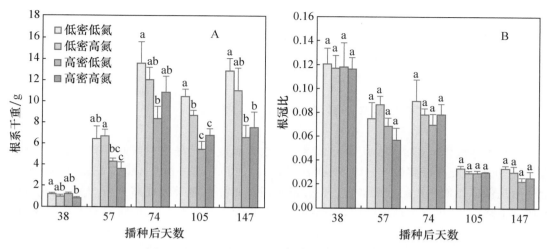

图 1-11 不同密度和氮水平处理的玉米单株根系干重（A）和根冠比（B）随生长时间变化

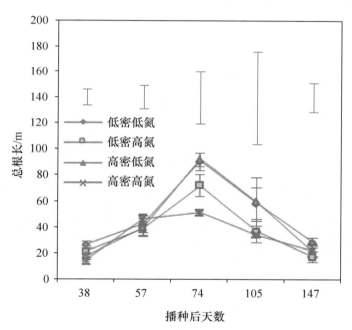

图 1-12 不同供氮和密度条件下不同生长时间玉米单株
总根长随生长时间的变化

对玉米秃尖长、千粒重的影响很大，密度过高会引起玉米结实率、千粒重和行粒数降低（杨世民等，2000）。随着种植密度的增加，单株株高、空秆率和穗位高度不同程度增加，单株绿叶数、穗粗、穗行数、行粒数、穗长、茎粗有所下降，倒伏率显著上升（李勇等，1999；于天江等，2005）。在确定玉米的合理种植密度时，应考虑到密度增加所产生的植株对光照、水分和养分竞争的矛盾，力求群体增益效果最大的平衡点。

1.3 氮肥施用

1.3.1 不同供氮水平对产量的影响

氮是维持植物生长必需的大量元素之一。氮素供应不足导致玉米叶片光合速率下降,光合产物减少,从而降低籽粒产量(Uribelarrea et al.,2009;Ciampitti and Vyn,2011)。增加氮肥施用是保证作物产量的重要措施。但过量施用氮肥并不能继续提高玉米产量,甚至可能导致产量下降,并产生许多环境问题,如硝酸盐淋溶以及 N_2O 排放等,从而影响人类健康(Ju et al.,2009;Chen et al.,2014)。合理的氮肥投入既能保证玉米产量,提高氮肥利用率,也能避免环境污染,同时减少农民负担。优化施氮即根据玉米不同生育阶段对氮素的需求量和土壤供给能力来合理分配各个时期氮肥施用量,从而达到高产高效的目的。

通过 2 年田间实验,比较不施氮、优化施氮(总施氮量为 250 kg/hm²,其中基肥60 kg/hm²,八叶期追施 120 kg/hm²,十二叶期追施 70 kg/hm²)和传统施氮(总施氮量为450 kg/hm²,其中基肥 175 kg/hm²,八叶期追施 50 kg/hm²,十二叶期追施 170 kg/hm²,抽雄期追施 55 kg/hm²)对玉米生物量累积、氮素吸收以及籽粒产量和氮素利用效率的影响。结果表明,不施氮显著降低地上部生物量、吸氮量以及籽粒产量;与不施氮相比,优化施氮显著提高了地上部生物量和产量。在优化施氮的基础上,过量施氮(传统施氮)并不能进一步提高地上部生物量和产量,反而显著降低了氮素利用效率、氮素回收率和氮肥偏生产力(表 1-4)。可见优化施氮能够在维持最高产量的基础上,提高氮肥利用率,减少氮素损失。

表 1-4 **不同供氮处理的玉米地上部干重、含氮量,产量,氮素利用效率,氮素回收率,氮素生理利用效率以及氮肥偏生产力**

年份	处理	地上部干重/(t/hm²)	地上部含氮量/(kg/hm²)	产量/(t/hm²)	氮素利用效率	氮素回收率	氮素生理利用效率	氮肥偏生产力
2008 年	N0	20.6b	176b	11.0b	—	—	—	—
	N250	27.2a	273a	13.8a	11.1a	0.39a	34.9a	55.2a
	N450	25.6ab	254ab	13.1a	4.7b	0.17b	30.8a	29.2b
2009 年	N0	14.9b	109b	6.3b	—	—	—	—
	N250	20.6a	202a	10.7a	17.5a	0.37a	49.0a	42.8a
	N450	21.2a	210a	11.0a	10.3b	0.22b	47.4a	24.4b

不同年份每一列中不同字母表示不同氮处理之间的差异达到显著水平($P<0.05$)

提高氮肥利用效率除了控制氮肥的施用总量以外,氮肥施用时间也非常重要。相关内容将在第 2 章中讨论。

1.3.2 植株和土壤临界氮浓度

诊断不同生育阶段玉米植株氮素缺乏或者过量,是氮肥优化施用的基础。利用玉米植株生长的氮浓度稀释曲线(玉米生长不同时期获得最大地上部生物量所需要的最低地上部氮浓度)可以评价玉米的氮营养状况(Plénet and Lemaire,2000)。分析上述实验中不同氮处理植株的氮浓度稀释曲线差异并与 Plénet and Lemaire(2000)提出的临界氮浓度稀释曲线相比较,发现不施氮处理的玉米植株地上部氮浓度一直处于玉米临界氮浓度稀释曲线之下,而传统和优化施氮处理的植株地上部氮浓度稀释曲线与临界氮浓度稀释曲线接近或重合(图1-13)。表明尽管氮浓度稀释曲线可以反映出植株是否缺氮,却无法判断氮肥施用是否过量。另一方面,优化和传统施氮的植株地上部氮浓度稀释曲线基本上接近玉米的临界氮浓度稀释曲线,反映出氮肥过量投入并不能增加玉米吸收土壤中的过量氮素,与表1-4中过量施氮不能增加玉米产量的结果相一致。

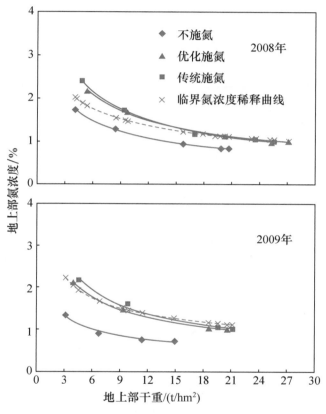

图 1-13　玉米生长过程中地上部氮浓度稀释曲线

虚线为 Plénet 和 Lemaire(2000)提出的玉米临界氮浓度稀释曲线。

分析土壤速效氮与植物氮素吸收的关系,可以为诊断玉米植株的氮素营养状况提供参考。优化施氮的土壤供氮强度与玉米地上部不同时期的氮素累积正好吻合,而缺氮时土壤氮供给能力远远低于地上部氮素吸收量,因而不能满足地上部生长需求;相反,过量施氮(传统施氮)的土壤供氮强度远远高于地上部氮素累积量(图1-14)。根据计算,当玉米目标产量为 9~14 t/hm² 时,0~60 cm 土层中矿质氮(N_{min})的临界浓度为 6 mg/kg。从播种到八叶期该值为 6.2 mg/kg,八叶期到抽雄期为 6.8 mg/kg 以及抽雄期到成熟期为 5.0 mg/kg(图1-15)。

需要指出的是,这里所提出的土壤临界 N_{min} 值只是获得玉米最大产量的最低值。由于玉

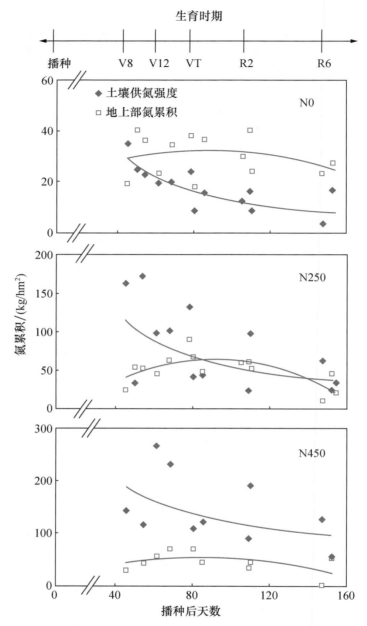

图 1-14 不同供氮条件下玉米全生育期土壤供氮强度和地上部氮素累积量的变化

米在生长过程中不断吸收养分,而且不同时间的吸收量不同,如果要在整个玉米生育时期内保持土壤临界 N_{min} 值,就需要根据玉米的氮素吸收规律在不同时期追施不同量的氮肥。例如,玉米的氮素累积速率在八叶期到抽雄期最高,为保持该时期土壤 N_{min} 能够维持在 6 mg/kg,需要在八叶期和十二叶期追施适量的氮肥,而在抽雄期以后不需要追施氮肥。一方面由于吐丝后植株的大部分光合产物向籽粒转移,导致根系衰老加快(Wiesler and Horst,1994;Peng et al.,2010,2012),根系的氮素吸收速率下降;另一方面,玉米生长后期温度和降雨增加,有利于

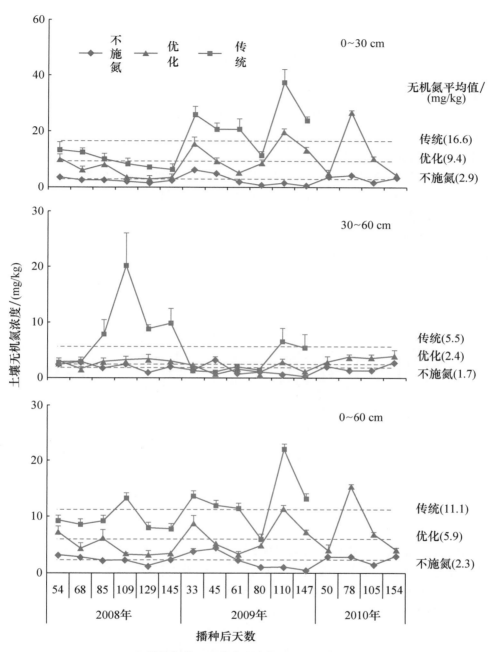

图 1-15　不同供氮条件下玉米全生育期 0～30,30～60 和 0～60 cm
土壤无机氮浓度的变化

土壤中氮素矿化量增加,增加土壤中的 N_{min} 浓度(Wang and Bakken,1997),能够满足植物对氮素的需要。植物能够通过改变根系周围的微生物活性来增加土壤氮素的矿化,用一年生草类植物 *Avena barbata* 研究发现,根际土的氮素净矿化量是非根际土的 10 倍(Herman et al.,2006)。

1.4　磷肥施用

磷也是植物生长发育不可缺少的大量元素之一,它既是植物体内许多重要化合物的组成成分,如核酸、磷脂和磷酸蛋白,同时又以多种方式参与植物体内各种代谢过程,如光合作用、呼吸作用等(Vance et al.,2003)。在我国,农田磷肥推荐用量长期高于作物收获的带走量,导致磷肥利用率较低,并在土壤中大量积累(张福锁等,2008)。从 1980 年至 2007 年,过量施磷导致中国农田每公顷土壤累积了 242 kg 磷,使土壤 Olsen-P 浓度从 1980 年的平均 7.4 mg/kg 增至 2007 年的平均 20.7 mg/kg(Li et al.,2011)。在北京上庄实验站磷肥定位实验小区进行的研究表明,当施磷量超过 75 kg/hm^2(P75)时,产量不再随着施磷量增加而继续增加(图 1-16A)。所以该实验地的适宜施磷量应为 75 kg/hm^2,也说明过量施磷会显著降低磷肥利用率,合理施用磷肥十分必要。

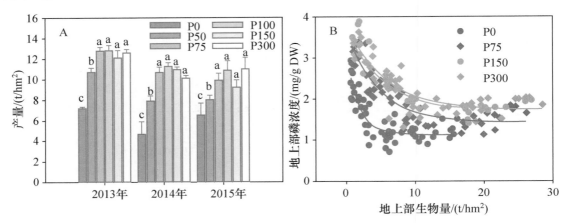

图 1-16　不同供磷条件下玉米产量(A)、地上部磷浓度随生物量变化曲线(B)
误差线代表平均值的标准误差($n=4$)。相同字母代表磷处理间差异未达到显著水平($P<0.05$)

衡量植物需磷量的重要指标是磷营养阈值(Marschner,1995)。一般在养分缺乏情况下,作物生长发育会随着体内养分浓度的增加而增加,当作物生长(生物量或产量)不随体内养分浓度的增加而继续增加,此时体内的养分浓度为养分临界值。Jones(1983)曾给出玉米全生育期体内的临界磷浓度变化曲线,数值从苗期的 5.5 mg/g 降低至吐丝期的 2.3 mg/g 左右,并稳定至成熟。在北京上庄实验站磷肥定位实验小区进行的研究发现,施磷显著增加地上部磷浓度,P75 施磷量所对应的玉米地上部磷浓度应为临界磷浓度(图 1-16B)。P75 处理玉米植株地上部磷浓度从八叶期(生物量为 2 t/hm^2 左右)的 3 mg/g 降低至吐丝期(生物量为 8 t/hm^2)后的 1.6 mg/g 且保持不变至成熟。

若水分、养分供应充足,作物产量可用以下公式模拟计算:产量$=RI_{cum}\times RUE\times HI$,HI 为收获指数,RUE 为叶片辐射能利用效率,与叶片光合能力紧密相关,RI_{cum} 为作物冠层累积捕获的辐射能,与叶面积指数呈指数正相关,而叶片展开和衰老速率以及叶面积直接影响叶面积指数(Fletcher et al.,2008a)。大量盆栽实验表明,由于磷参与光合酶的组成,光合速率与叶片磷浓度呈正相关。Usuda 和 Shimogawara(1991)研究指出,维持玉米叶片最大光合速率的叶片无机磷浓度临界值为 0.6 mmol/m²。然而,Fletcher 等(2008b)在田间研究发现,缺磷只显著降低第十叶位以下的叶片光合速率。当植物生长发育处于十叶期以后,叶片磷浓度超过

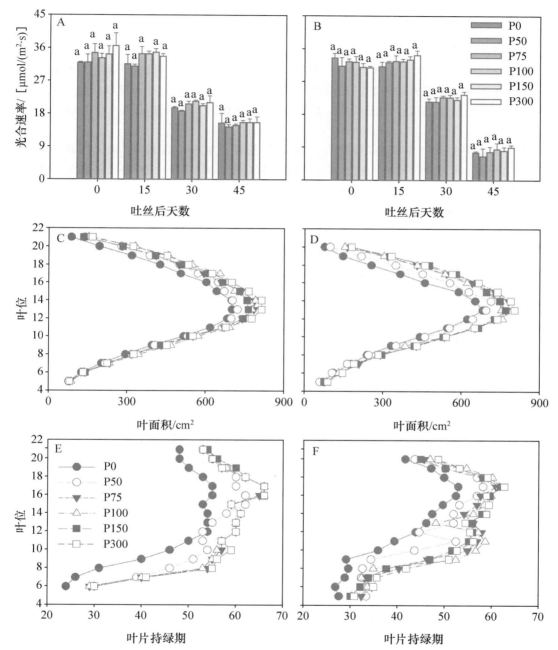

图 1-17　不同供磷水平下玉米吐丝后穗位叶光合速率(A～B)、吐丝期叶面积(C～D)
以及叶片持绿期(E～F)(A,C,E 为 2013 年结果;B,D,F 为 2014 年结果)

误差线代表平均值的标准误差(n=4)。相同字母代表磷处理间差异未达到显著水平(P<0.05)。

持绿期为叶片完全展开至衰老 50% 所持续的天数。

0.12 g/m² 时,缺磷对第十叶位以上叶片光合速率没有显著影响。在北京上庄实验站磷肥定位实验小区进行的研究表明,穗位叶光合速率在吐丝 15 天后开始显著下降,但没有受到施磷水平的显著影响(图 1-17A～B)。这可能是由于缺磷植株会通过迅速减少地上部生长而尽可能将体内的磷浓度维持在正常范围内(Lambers et al.,2008)。

相对于对叶片光合能力的影响,缺磷会更大程度推迟叶片展开时间和减小叶面积。缺磷使玉米叶面积降低主要是由于叶片细胞数目减少,而不是细胞伸长受到影响(Assuero et al.,2004)。缺磷会推迟玉米叶片展开时间,而对吐丝后叶片衰老进程没有影响(Fletche et al.,2008a)。在北京上庄实验站磷肥定位小区的研究表明,虽然供磷未显著影响穗位叶光合速率(图 1-17A～B),但显著减小叶面积及持绿期,从而减少辐射光能的获取和光合产物的合成(图 1-17C～F;Plénet et al.,2000;Fletcher et al.,2008b)。

磷在土壤中的移动性极差,表现为土壤磷在表层土壤中浓度较高,随土层深度增加迅速下降(Börling et al.,2004)。在北京上庄实验站磷肥定位实验小区进行的研究发现,0～20 cm 土层土壤的 Olsen-P 浓度随施磷量增加而显著增加,但 20～40 cm 土层土壤的 Olsen-P 浓度变化很小,基本维持在 3～6 mg/kg(图 1-18)。结合施磷量对产量影响的研究结果(图 1-16A),得出对应的 0～20 cm 土层土壤临界 Olsen-P 浓度为 6～10 mg/kg(图 1-18)。Bai 等(2013)分别在重庆、杨凌和祁阳得出保证玉米生长的土壤 Olsen-P 浓度临界值分别为 11.1、14.6 和 28.2 mg/kg;Tang 等(2009)分别在昌平、杨凌和郑州得出的土壤 Olsen-P 浓度临界值为 12.1、16.4 和 17.3 mg/kg。土壤 Olsen-P 浓度临界值会因土壤特性、气候条件、目标产量和其他环境因素不同而变化。

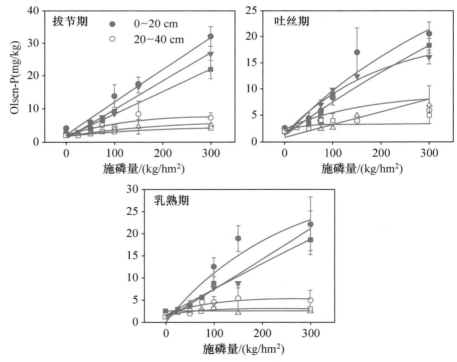

图 1-18 不同供磷量对玉米拔节期、吐丝期和乳熟期不同土层土壤 Olsen-P 浓度的影响

2013(●),2014(▼),2015 年(■);误差线代表平均值的标准误差($n = 4$)

参考文献

[1]陈国平,王荣焕,赵久然.2009.玉米高产田的产量结构模式及关键因素分析.玉米科学,17:89-93.

[2]戴俊英,鄂玉江,顾慰连.1988.玉米根系的生长规律及其与产量关系的研究-Ⅱ.玉米根系与叶的相互作用及其与产量的关系.作物学报,14:310-314.

[3]关义新,林葆.2000.高产春玉米群体库及源库流的综合调控.沈阳农业大学学报,31:537-540.

[4]管建慧,郭新宇,刘洋,等.2007.不同密度处理下玉米根系干重空间分布动态的研究.玉米科学,15:105-108.

[5]郭玉秋,董树亭,王空军,等.2002.玉米不同穗型品种产量、产量构成及源库关系的群体调节研究.华北农学报,17:193-198.

[6]胡昌浩.1995.玉米栽培生理.北京:中国农业出版社.

[7]李军虎,张翠绵,杜义英,等.2014.化控条件下密度对夏玉米产量及产量性状的影响.玉米科学,22:72-76.

[8]李宁,翟志席,李建民,等.2008.密度对不同株型的玉米农艺、根系性状及产量的影响.玉米科学,16:98-102.

[9]李少昆,王崇桃.2009.中国玉米生产技术的演变与发展.中国农业科学,42:1941-1951.

[10]李勇,孟祥兆,方向前,等.1999.吉林省东部半山区耐密品种试验报告.玉米科学,7:49-51.

[11]王庆成,刘霞,李宗新,等.2007.不同密度玉米种皮形态建成及胚乳淀粉粒超微结构差异.玉米科学,15:75-78.

[12]王庆仁,李继云,李振声.1999.不同基因型小麦磷素营养阈值的研究.西北植物学报,19(3):363-370.

[13]严云,廖成松,张福锁,等.2010.密植条件下玉米冠根生长抑制的因果关系.植物营养与肥料学报,16:257-265.

[14]杨世民,廖尔华,袁继超,等.2000.玉米密度与产量及产量构成因素关系的研究.四川农业大学学报,18:322-324.

[15]于天江,张林,谷思玉,等.2005.种植密度和施氮水平对东青1号青贮玉米生物产量及农艺性状的影响.中国农学通报,21:161-163.

[16]张福锁,王激清,张卫峰,等.2008.中国主要粮食作物肥料利用率现状与提高途径.土壤学报,45(5):915-923.

[17]Aikio S,Markkola A M.2002.Optimality and phenotypic plasticity of shoot-to-root ratio under variable light and nutrient availabilities.Evolutionary Ecology,16:67-76.

[18]Bai Z,Li H,Yang X,et al.2013.The critical soil P levels for crop yield,soil fertility and

environmental safety in different soil types. Plant and Soil,372(1-2):27-37.

[19]Borrell A,Hammer G,Oosterom E. 2001. Stay-green:a consequence of the balance between supply and demand for nitrogen during grain filling? Annals of Applied Biology,138(1):91-95.

[20]Börling K,Barberis E,Otabbong E. 2004. Impact of long-term inorganic phosphorus fertilization on accumulation,sorption and release of phosphorus in five Swedish soil profiles. Nutrient Cycling in Agroecosystems,69(1):11-21.

[21]Bos H J,Vos J,Struik P C. 2000. Morphological analysis of plant density effects on early leaf area growth in maize. NJAS-Wageningen Journal of Life Sciences,48:199-211.

[22]Bray,et al. 2000. In:Molecular Biology and Biochemistry of Plants,ASPP.

[23]Carter P R,Hudelson K D. 1988. Influence of simulated wind lodging on corn growth and grain yield. Journal of Production Agriculture,1:295-299.

[24]Chen X,Chen F,Chen Y,et al. 2013. Modern maize hybrids in Northeast China exhibit increased yield potential and resource use efficiency despite adverse climate change. Global Change Biology,19:923-936.

[25]Chen X,Cui Z,Vitousek P,et al. 2011. Integrated soil-crop system management for food security. Proceedings of the National Academy of Sciences of the United States of America,108:6399-6404.

[26]Chen X P,Cui Z L,Fan M S,et al. 2014. Producing more grain with lower environmental costs. Nature,514:486-489.

[27]Ciampitti I A,Vyn T J. 2011. A comprehensive study of plant density consequences on nitrogen uptake dynamics of maize plants from vegetative to reproductive stages. Field Crops Research,121:2-18.

[28]Ciampitti I A,Vyn T J. 2012. Physiological perspectives of changes over time in maize yield dependency on nitrogen uptake and associated nitrogen efficiencies:a review. Field Crops Research,133:48-67.

[29]Cox W J. 1996. Whole-Plant Physiological and Yield Responses of Maize to Plant Density. Agronomy Journal,88:489-496.

[30]Den Herder G,Van Isterdael G,Beeckman T,et al. 2010. The roots of a new green revolution. Trends in Plant Science,15(11):600-607.

[31]Dunbabin V M,Diggle A J,Rengel Z. 2003. Is there an optimal root architecture for nitrate capture in leaching environments? Plant,Cell and Environment,26:835-844.

[32]Dunbabin V M,Diggle A J,Rengel Z. 2002. Simulation of field data by a basic three-dimensional model of interactive root growth. Plant and Soil,239:39-54.

[33]Duvick D N,Cassman K G. 1999. Post-green revolution trends in yield potential of temperate maize in the north central United States. Crop Science,39:1622-1630.

［34］Duvick D N. 2005. The contribution of breeding to yield advances in maize(*Zea mays* L.). Advance in Agronomy,86:83-145.

［35］Echarte L,Rothstein S,Tollenaar M. 2008. The response of leaf photosynthesis and dry matter accumulation to nitrogen supply in an older and a newer maize hybrid. Crop Science,48(2):656-665.

［36］Gedroc J J,McConnaughay K D M, Coleman J S. 1996. Plasticity in root/shoot partitioning:optimal,ontogenetic,or both? Functional Ecology,10:44-50.

［37］Gewin V. 2012. An underground revolution. Nature,466:552-553.

［38］Grassini P,Cassman K G. 2012. High-yield maize with large net energy yield and small global warming intensity. Proceedings of the National Academy of Sciences of the United States of America,109:1074-1079.

［39］Grassini P, Thorburn J,Burr C, et al. 2011. High-yield irrigated maize in the Western US Corn Belt:I. On-farm yield,yield potential,and impact of agronomic practices. Field Crops Research,120:142-150.

［40］Hamblin A P,Hamblin J. 1985. Root characteristics of some temperate legume species and varieties on deep, free-draining entisols. Australian Journal of Agricultural Research,36:63-72.

［41］Hammer G L,Dong Z,McLean G, et al. 2009. Can changes in canopy and/or root system architecture explain historical maize yield trends in the U. S. Corn Belt? Crop Science, 49:299-312.

［42］Herman D J,Johnson K K,Jaeger C H, et al. 2006. Root influence on nitrogen mineralization and nitrification in *Avena barbata* rhizosphere soil. Soil Science Society of American Journal,70:1504-1511.

［43］Hilbert D W. 1990. Optimization of plant root:shoot ratios and internal nitrogen concentration. Annals of Botany,66:91-99.

［44］Hirel B,Gouis J L,Ney B, et al. 2007. The challenge of improving nitrogen use efficiency in crop plants: towards a more central role for genetic variability and quantitative genetics within integrated approaches. Journal of Experimental Botany, 58 (9): 2369-2387.

［45］Jones C A. 1983. A survey of the variability in tissue nitrogen and phosphorus concentrations in maize and grain sorghum. Field Crops Research,6:133-147.

［46］Ju X T,Xing G X,Chen X P, et al. 2009. Reducing environmental risk by improving N management in intensive Chinese agricultural systems. Proceedings of National Academy of Sciences,106:3041-3046.

［47］Karlen D L, Sadler E J, Camp C R. 1987. Dry matter, nitrogen, phosphorus, and potassium accumulation rates by corn on Norfolk loamy sand. Agronomy Journal,79:

649-656.

[48]Lambers H,Chapin F S,Pons T L. 2008. Plant Physiological Ecology. Springer,New-York.

[49]Li H,Huang G,Meng Q, et al. 2011. Integrated soil and plant phosphorus management for crop and environment in China. A review. Plant and Soil,349(1-2):157-167.

[50]Lynch J P. 2007. Roots of the second green revolution. Australian Journal of Botany,55:493-512.

[51]Lynch J P. 2013. Steep,cheap and deep:an ideotype to optimize water and N acquisition by maize root systems. Annals of Botany,112:347-357.

[52]Ma B L,Dwyer L M. 1998. Nitrogen uptake and use of two contrasting maize hybrids differing in leaf senescence. Plant and Soil,199(2):283-291.

[53]Ma B L,Dwyer L M,Costa C. 2003. Row spacing and fertilizer nitrogen effects on plant growth and grain yield of maize. Canadian Journal of Plant Science,83:241-247.

[54]Marschner H. 1995. Mineral Nutrition in Plants. Academic Press,San Diego.

[55]McCully M E,Canny M J. 1988. Pathways and processes of water and nutrient movements in roots. Plant and Soil,111:159-170.

[56]Ning P,Li S,Li X, et al. 2014. New maize hybrids had larger and deeper post-silking root than old ones. Field Crops Research,166:66-71.

[57]Peng Y,Li X,Li C. 2012. Temporal and spatial profiling of root growth revealed novel response of maize roots under various nitrogen supplies in the field. PLoS One,7:e37726.

[58]Peng Y,Niu J,Peng Z, et al. 2010. Shoot growth potential drives N uptake in maize plants and correlates with root growth in the soil. Field Crops Research,115:85-93.

[59]Plénet D,Lemaire G. 2000. Relationships between dynamics of nitrogen uptake and dry matter accumulation in maize crops. Determination of critical N concentration. Plant and Soil,216:65-82.

[60]Rajcan I,Tollenaar M. 1999a. Source:sink ratio and leaf senescence in maize:I. Dry matter accumulation and partitioning during grain filling. Field Crops Research, 60(3):245-253.

[61]Rajcan I,Tollenaar M. 1999b. Source:sink ratio and leaf senescence in maize:II. Nitrogen metabolism during grain filling. Field Crops Research,60(3):255-265.

[62]Rouached H,Stefanovic A,Secco D, et al. 2011. Uncoupling phosphate deficiency from its major effects on growth and transcriptome via *PHO1* expression in *Arabidopsis*. The Plant Journal,65(4):557-570.

[63]Siddique K H M,Belford R K,Tennant D. 1990. Root:shoot ratios of old and modern,tall and semi-dwarf wheats in a mediterranean environment. Plant and Soil,121:89-98.

[64]Tang X,Ma Y,Hao X, et al. 2009. Determining critical values of soil Olsen-P for maize

and winter wheat from long-term experiments in China. Plant and Soil, 323 (1-2):
143-151.

[65] Tollenaar M, Lee E A. 2002. Yield potential, yield stability and stress tolerance in maize. Field Crops Research, 75:161-169.

[66] Tollenaar M, Wu J. 1999. Yield improvement in temperate maize is attributable to greater stress tolerance. Crop Science, 39(6):1597-1604.

[67] Tollenaar M, Daynard T B. 1982. Effect of source-sink ratio on dry matter accumulation and leaf senescence of maize. Canadian Journal of Plant Science, 62:855-860.

[68] Uribelarrea M, Crafts-Brandner S J, Below F E. 2009. Physiological N response of field-grown maize hybrids(*Zea mays* L.)with divergent yield potential and grain protein concentration. Plant and Soil, 316:151-160.

[69] Vance C P, Uhde-Stone C, Allan D L. 2003. Phosphorus acquisition and use: critical adaptations by plants for securing a nonrenewable resource. New Phytologist, 157 (3): 423-447.

[70] Varney G T, Canny M J, Wang X L, et al. 1991. The branch roots of Zea. First order branches, their number, sizes and division into classes. Annals of Botany, 67:357-364.

[71] Waisel Y, Eshel A. 2002. Functional diversity of various constituents of asingle root system. In: Waisel Y, Eshel A, Kafkafi U. Plant Roots: The Hidden Half. CRC Press, 243-268.

[72] Wang J G, Bakken L R. 1997. Competition for nitrogen during mineralization of plant residues in soil: microbial response to C and N availability. Soil Biology Biochemistry, 29:163-170.

[73] White P J, Broadley M R, Gregory P J. 2012. Managing the nutrition of plants and people. Applied and Environmental Soil Science Article ID 104826.

[74] White P J, George T S, Gregory P J, et al. 2013. Matching roots to their environment. Annals of Botany, 112:207-222.

[75] Wiesler F, Horst W J. 1994. Root growth and nitrate utilization of maize cultivars under field conditions. Plant and Soil, 163:267-277.

[76] Williams W A, Loomis R S, Lepley C R. 1965. Vegetative of corn as affected by population density. I. Productivity in relation to interception of solar radiation 1. Crop Science, 5:211.

[77] Yang X, Lin E, Ma S, et al. 2007. Adaptation of agriculture to warming in Northeast China. Climatic Change, 84:45-58.

[78] Zhang F, Chen X, Vitousek P. 2013. Chinese agriculture: An experiment for the world. Nature, 497:33-35.

[79] Zhang F, Cui Z, Fan M, et al. 2011. Integrated soil-crop system management: reducing

environmental risk while increasing crop productivity and improving nutrient use efficiency in China. Journal of Environmental Quality,40:1051-1057.

[80]Zhu Z,Chen D. 2002. Nitrogen fertilizer use in China-contributions to food production, impacts on the environment and best management strategies. Nutrient Cycling in Agroecosystems,63:117-127.

第 2 章

玉米生长发育和养分吸收规律

了解玉米整个生育期的生长发育规律以及养分吸收动态,能够实时适量提供植株生长发育所需要的养分,实现资源高效利用,减少浪费,减少环境风险。然而在当前生产中,缺少对玉米干物质生产和养分吸收动态规律的认识,导致农民在生产中的施肥管理等措施盲目。例如在有些地方的玉米生产中,农民在播种前一次性将肥料全部施于土壤中(李少昆和王崇桃,2006),导致生育后期土壤肥力不足,影响最终籽粒产量。同时,过量和不适当的施肥方式也导致我国的氮肥利用率偏低。我国作物的平均氮肥利用率只有 20% 左右,远远低于世界平均水平 33%(Cui et al. ,2010)。

玉米植株的氮素累积在全生育期呈持续增加变化。在苗期,植株对氮的累积较为缓慢,拔节之后累积速率迅速上升,最后又有一段相对平缓的时期。总体呈 S 曲线状,在拔节到吐丝期之间累积速率最高(Niu et al. ,2010)。在相对稳定的环境和氮素供应条件下,植物新生器官的生长速率与所吸收的营养速率密切相关(Nadholm and McDonald,1990;Mattsson et al. ,1991)。

玉米体内的氮素累积 45%~65% 来自吐丝前,吐丝后吸收的氮素占总量 35%~55%(Hirel et al. ,2007)。因此,氮肥施用的最佳时期一般在吐丝之前。Subedi 和 Ma(2005)的结果显示,如果在玉米八叶期之前缺氮,会造成籽粒产量的显著降低,相反,如果在前期供氮充足,在吐丝以后即使没有氮肥供应,玉米的最终产量也不会受到影响。Binder 等(2000)指出,如果玉米在六叶期之前受到缺氮胁迫,最终产量会降低 12%。Ciampitti 和 Vyn(2012)的研究说明,玉米在十四叶期地上部含氮量与生物量显著相关。因此,吐丝前供应充足的氮肥能够保证植株前期正常生长,同时有利于灌浆期延缓叶片衰老,产生充足的光合产物向籽粒运输。也有研究表明,现代玉米品种明显延缓了玉米叶片的衰老时间,增加了光合产物向籽粒的运输持续时间(Borrel et al. ,2001;Echarte et al. ,2008)。春亮(2004)的研究指出,现代玉米品种具有较高的产量是由于在吐丝后有较强的吸氮能力以及较高的氮素转移效率,因此建议在玉米吐丝之后也需要供应一定的氮肥,保证植物的吸收。然而,对于玉米整个生育期地上部和根系的发育规律及其对养分吸收,还缺乏系统的认识。

2.1 地上部生长发育规律

2.1.1 干物质累积和叶面积变化

通过比较 4 个氮效率不同的玉米自交系地上部生长发育规律,可以看到整个生育期内干物质累积持续增加,在成熟期达到最大值。氮高效自交系 Zi330 和 478 的地上部生物量明显高于氮低效自交系 Wu312 和 Chen94-11(图 2-1)。播种 35 天内地上部干物质累积速度和生物量变化不是很大,而且不同自交系之间没有显著差异。播种 35 天后四个自交系的地上部干物质累积急剧加速,生物量迅速增加,并且不同自交系之间的差异越来越显著。

进一步比较 Wu312 和 478 的绿色叶片面积在不同时期的变化,发现从拔节期到抽雄期,两个自交系的总绿色叶面积快速增加,氮高效自交系 478 的叶面积远远大于氮低效自交系 Wu312,在抽雄期几乎是 Wu312 的两倍(图 2-2)。吐丝以后,两个玉米自交系总绿色叶面积开始下降。478 的相对叶片衰老速率要高于 Wu312(图 2-2)。结果表明两个玉米自交系氮效率的不同不是由于绿色叶面积持续时间的差异所致,而是由于地上部的生长潜力对氮素的需求不同造成的(Peng et al. ,2010)。

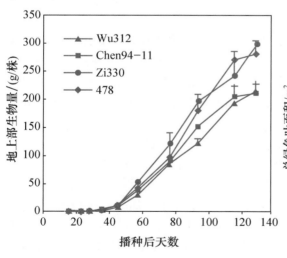

图 2-1 不同玉米自交系在整个生育期内地上部生物量变化

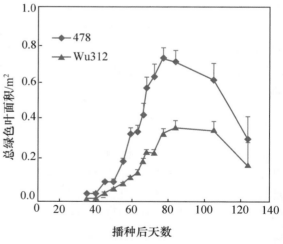

图 2-2 玉米自交系 478 和 Wu312 从拔节期到成熟期总绿色叶面积变化

2.1.2 地上部养分累积变化

通过分析玉米植株不同生育期的养分累积状况,发现整个生育期地上部的氮磷钾累积并不同步。约65%的氮和55%的磷来自吐丝之前的吸收,92%的钾累积发生在吐丝之前。在播种后110~147天,地上部的钾甚至出现了净减少(表2-1)。在烟草生长的后期也观察到了植株体内钾的净减少现象(Zhao et al.,2010)。氮磷钾吸收不同步与不同养分的生理功能不同有关。叶片中的氮素参与叶绿素及各种光合酶的合成(Ding et al.,2005;Uribelarrea et al.,2009),用以合成充足的碳水化合物供植株生长需要(Paponov and Engels 2003;Ding et al.,2005)。磷是细胞内遗传物质DNA和RNA的重要成分,同时磷酸也是呼吸过程中三羧酸循环的主要参与者(Taiz and Zeiger,2006)。钾则不参与细胞构成,而是在细胞中参与各种酶活性的调节、能量代谢、养分和同化产物在细胞质间的运输以及细胞渗透势的维持等(Taiz and Zeiger,2006;Marshchner,2011)。因此,玉米在营养生长时期需要大量的氮磷钾来维持体内各器官的快速生长,而在生殖生长时期以籽粒发育为主,不需要形成新的营养器官。成熟期籽粒中钾的含量只占整株玉米钾含量的30%甚至更低,而氮和磷在籽粒中占的比例却高于50%(Ning et al.,2012),这是导致生殖生长阶段钾素吸收减少的原因之一。同时,由于钾在细胞内以离子形态存在,在叶片和根系的衰老过程中更容易损失到根际土壤中。

表 2-1　玉米地上部不同生育期氮磷钾累积以及最终氮磷钾吸收量

年份	元素	生长时期/天					吸收总量/(kg/hm²)
		0~45	45~61	61~80	80~110	110~147	
2009	氮	25.2±3.0	41.1±4.3	67.1±6.0	57.5±11.8	10.8±21.7	201.7±15.0
	磷	4±0.4	7.1±0.7	8.6±0.9	12.5±2.2	3.4±3.7	35.5±3.1
	钾	19.1±3.9	45.8±6.4	45±3.7	19.5±10.0	−10.3±9.1	119.1±17.1
		0~50	50~78	78~105	105~154		
2010	氮	54.3±1.0	90.1±14.4	59.8±19.1	21.6±14.1		225.8±3.8
	磷	6.2±0.3	10.7±1.0	10.6±3.9	3.7±2.1		31.2±0.1
	钾	52.9±16.1	70.6±13.2	15.8±18.5	−13.6±7.7		125.7±3.0

2.2　根系生长发育规律

土壤中的根系如何生长和分布?玉米在田间全生育期中根系的生长发育规律如何?根系发育与地上部发育是否具有相关性?由于根系生长在土壤中无法直接观察和研究,使得对土壤中的根系生长和发育规律、空间分布规律及其对养分的吸收了解很少。

2.2.1 节根发生及根长的变化规律

玉米根系属于须根系,由不同生长发育阶段形成的不同类型的根系组成(图2-3)。玉米根系可以简单地分为胚生根和胚后根。胚生根是在胚胎发育过程中形成的,包括初生根和几条种子根;胚后根是由茎节上发生的数轮节根构成,包括地下节根和地上节根(Feix et al.,2002; Hochholdinger et al.,2004)。

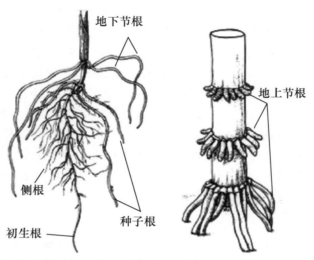

图 2-3 **玉米根系构成**(Feix et al.,2002)
左:萌发 14 天的玉米根系。右:成熟植株的根系。

通过比较 2 个氮效率不同的玉米自交系的根系在整个生育期中的生长状况,看到二者的第一至第八轮节根的发生时间相同,分别发生于播种后 15、22、28、35、45、57、70、76 天。在总根长方面,各轮次节根在整个生育期都经历了从发生—最大值—衰老,直到成熟期降低至最小值的历程。胚生根以及第 1、2、3 轮次节根在发生初期生长迅速,分别到 28、35、57、76 天左右达到最大值,随后开始衰老。第四轮节根和随后发生的几轮节根均是到 93 天左右即灌浆期达到最大值,随后开始衰老。第 3,4,5,6 轮节根发生初期生长迅速,生长旺盛期保持时间较长。地上部节根(第七层以上节根)发生较晚,到灌浆期达到最大值,随后逐渐衰老,根系年龄较短。不论是胚生根还是不同轮次节根,氮高效的自交系 478 在各个时期的根长均大于氮低效自交系 Wu312,尤其是 4~7 轮节根(图 2-4)。

不同轮次节根发生的时间不同,对于植株氮素吸收的贡献也不同。胚生根是苗期生长的主要根系,负责苗期水分和养分的吸收。随着生育期延长,其功能逐渐被节根取代(Shane and McCully,1999)。第四轮以后的节根发生时间集中,这与植株进入快速生长期、吸氮速率增加密切相关,是玉米进入快速生长之后吸收养分和水分的主要根系(Wiesler and Horst,1993),表明根系发生与地上部生长同步。另一方面,第四轮以后的节根尽管发生时间不同,但都是到93 天左右即灌浆期达到最大值,随后开始迅速衰老(图 2-4)。生殖生长阶段玉米根系的衰老与碳水化合物从叶片向根系转为向籽粒转移的变化密切相关(Wiesler and Horst,1993)。

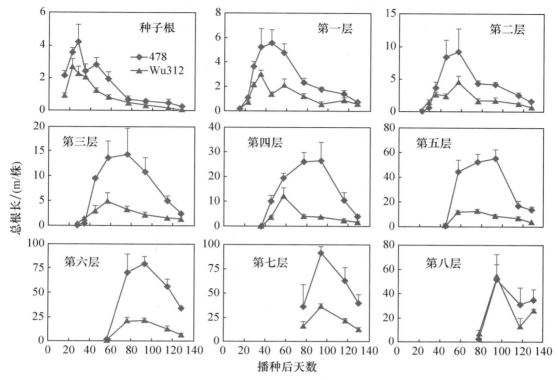

图 2-4　玉米自交系 478 和 Wu312 在整个生育期中种子根和不同轮次节根发生时间及根长变化

2.2.2　地上部与根系发生的同步性

玉米胚生根和各轮次节根在田间的发生时期与地上部发育阶段的对应关系是：胚生根和 1～4 层节根发生于苗期，第 5～6 层节根发生于拔节至雌穗小穗分化期；第 7 层以上节根发生于雌穗小花分化期（大喇叭口期）至抽雄期，一般结束于抽雄后 3～4 天（鄂玉江等,1988）。玉米生长过程中叶片与根系发生的对应关系如表 2-2 所示。播种 45 天内每隔 7 天发生 1 层地下节根，可见叶片发生 1.5 片左右。播种后 57 天四个自交系的地下节根已全部发生。播种后 57～76 天是叶片和地上节根快速发生的时期,76 天时（吐丝期）叶片数目和节根及轴根数达到最大值,节根层数达到最大。播种 76 天后叶片开始衰老,叶片数开始减少。

轴根的数目在不同自交系之间有所不同：Wu312 在播种后 115 天的轴根数达到最大值 62 条,有地上节根 1 层,地上部有 17.5 个展开叶片；Chen94-11 在播种后 93 天轴根数达到最大值 83 条,地上节根 3 层,地上部有 16.3 个展开叶片；Zi330 在播种后 115 天轴根数达到最大值 72.5 条,地上节根 2 层,地上部有 15.3 个展开叶片；478 在播种后 115 天轴根数达到最大值 92.8 条,地上节根 3～4 层,地上部有 14.5 个展开叶片。四个自交系相比,氮高效自交系（Zi330 和 478）的地上叶片数并不多于氮低效自交系（Wu312 和 Chen94-11）（表 2-2）,但氮高效自交系的总叶面积大于氮低效自交系（图 2-2）；氮高、低效自交系的节根层数和轴根数也无明显差异（表 2-2）。

表 2-2　四个玉米自交系的叶片和根系发育的同步关系

播种后天数	展开叶片数				节根层数				轴根数			
	Wu312	Chen94-11	Zi330	478	Wu312	Chen94-11	Zi330	478	Wu312	Chen94-11	Zi330	478
15	3.0	3.1	3.3	3.0	1	1	1	1	3.9	4.3	4.0	4.1
22	4.6	4.2	4.9	4.0	2	2	2	2	6.8	4.3	7.4	4.1
28	6.7	6.0	7.0	5.6	3	3	3	3	9.9	4.5	8.3	4.5
35	8.4	8.1	8.3	7.4	4	4	4	4	12.7	13	13.9	11.4
45	9.3	10.6	10.3	10.0	5	5	5	5	16.8	22	26.6	23.9
57	13.3	13.3	13.0	12.5	7	6	6	6	32.3	39.3	48.8	39.3
76	19.5	19.3	16.0	14.8	7+1	6/3	6/2	6/3	38.5/16.5	36.3/24.0	42.5/14.8	39.8/43.2
93	17.5	16.3	15.5	15.0	7+1	6/3	6/2	6/3	38.5/16.0	38.8/44.3	39.8/29.5	33.8/48.0
115	17.5	16.3	15.3	14.5	7+1	6/3	6/2	6/3	43.8/18.3	42.0/30.3	41.5/31.0	36.0/56.8
128	17.0	15.3	15.5	14.8	7+1	6/3	6/2	6/3	40.8/17.8	41.5/35.8	43.3/28.8	39.3/45.0

根系层数和轴根数在播种后 76 天的有两组数据,前一个数表示地下节根或轴根数,后一个数表示地上节根或轴根数。

2.2.3　根系在土壤中的空间分布

图 2-5 显示了氮高效自交系 478 和氮低效自交系 Wu312 在不同土层的根长和根长密度空间分布状况。根长在茎垂直下方土壤中的密度最大。无论在水平方向还是垂直方向,478 的根长和根长密度都远远高于 Wu312。在 0～10 cm 土层中,两株 478 之间根系交叉量较大,而 Wu312 少得多。478 的根系分布更广、更深。两个自交系的总根长和根长密度都呈现随土壤深度增加逐渐减少的变化趋势。

植物吸收土壤中养分主要有两种方式:第一,通过较大的根系系统增加与土壤的接触范围,以获取更多的养分;第二,通过增加根系的吸收速率,在单位时间内吸收更多的养分。土壤磷大部分都分布在表层土壤,具有浅根系的作物有利于对土壤表层磷的吸收(Clausnitzer and Hopmans,1994;Zhu et al.,2005)。与磷素相比,氮素在土壤中的移动性较大,容易淋洗到下层土壤,因此具有深根系的玉米植株更有利于对深层土壤氮素的吸收。Dunbabin 等(2003)通过对五种不同深浅根系构型的植株吸收氮素的比较研究,认为"鲱骨型"的深根系构型在土壤中比"二次分支"的浅根系构型能够更多地吸收氮素,并且能够减少氮素的淋洗。在充足供氮环境中,根系的大小及其在土壤中的空间分布并不是氮素吸收的限制性因素,因为土壤能够提供足够的氮素供植物吸收(Sinclair and Vadez,2002)。然而在旱地土壤中,由于水分的不足可能会限制氮在土壤中的移动。在这种条件下,较大的根长和广阔的空间分布更有利于根系吸收土壤中分布不均的氮素,尤其对新矿化的氮素吸收(Marschner,1998)。玉米根系一般能够生长到 90 cm 深的土层中,但是 90% 以上的根系主要分布在 0～30 cm 的土壤空间中(Dwyer et al.,1996)。在 25 cm 以上的土层中,478 的根长大约为 Wu312 的 3 倍,同时 478 根系干重也大于 Wu312(图 2-5;图 2-6),表明 478 能够在更广阔的土壤空间中吸收氮素。478 与 Wu312 根长的差异要远远大于根干重差异(图 2-6),说明 478 拥有更多的侧根,因为根长主要

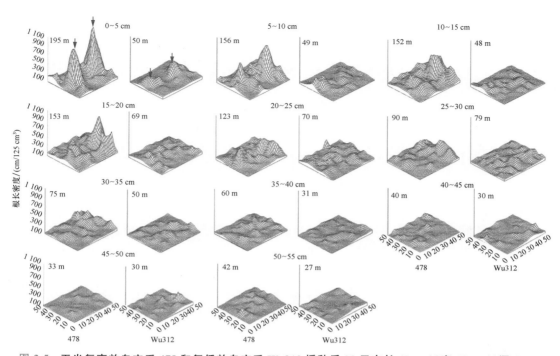

图 2-5 玉米氮高效自交系 478 和氮低效自交系 Wu312 播种后 93 天在长 60 cm×宽 50 cm×深 55 cm
土体中各两株根系的根长密度

每两个小图之间上部数字表示土层深度;每个小图上部数字表示该土层的总根长。

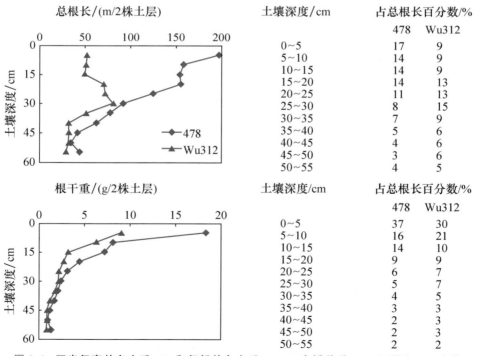

图 2-6 玉米氮高效自交系 478 和氮低效自交系 Wu312 在播种后 93 天不同土层深度的
总根长和根干重的分布以及所占百分比

由侧根长度决定,而根重主要由轴根的重量决定。在对 *Kentucky bluegrass* 研究中,Sullivan 等(2000)发现,细根的数量与氮素吸收密切相关,较粗的根系(直径大于 0.5 mm 的根系)对氮素的吸收贡献不大。478 不仅在表层土壤中的根长远远多于 Wu312,而且在下层土壤的根长也多于 Wu312(图 2-5)。

Wiesler 和 Horst(1994)发现玉米在下层土壤的根长密度与土壤的氮素耗竭显著相关。应用 QTL 定位的方法,Coque 等(2008)也得出,有三个位点的等位基因与下层土壤根系和氮素吸收效率相关。

2.2.4 轴根与侧根及根系的更新

构成玉米根系的每条胚生根和胚后根都由轴根和发生于其上的侧根组成(图 2-3),所以玉米的总根长为所有的轴根长和侧根长之和。轴根和侧根的作用不同:轴根构成整个根系的骨架,决定根系在土壤中的生长方向和空间分布,而侧根变化决定了根系的根长,正是这些纤细的侧根决定着对土壤中的水分和养分的吸收,较粗的根系(直径>0.5 mm)反而与养分吸收的相关性不大(Sullivan et al.,2000)。无论是胚生根或胚后根的根长变化,主要都是侧根根长的变化,特别是进入生殖生长阶段后各轮次节根和总根长的急剧减少,主要是侧根根长减少的结果,轴根根长没有太大变化。

玉米根系生长发育过程中根长的变化实际是新根不断形成和老根不断死亡的过程,只是在不同发育阶段新根形成和老根死亡的比例不同。营养生长阶段新长出的根系多于死亡的根系,净结果为总根长不断增加;进入生殖生长阶段后死亡的根系多于新长出的根系,净结果为总根长不断减少,在整个生长发育过程中都有根系的更新。新形成的根系能够接触到新的土壤区域,表现出很高的呼吸速率和吸收活性;随着根系年龄的增加,其吸收活性、呼吸及根中的氮和可溶性糖浓度迅速下降到很低水平(Volder et al.,2005),这些根系周围土壤即根际土壤中的养分含量由于根系吸收而变得相对较少。植物维持根系的生存需要消耗大量碳水化合物。例如,形成 1 g 根干重需要呼吸消耗 2 g 碳水化合物,维持呼吸需要每天消耗 0.03 g 碳水化合物。在逆境条件下,维持 1 g 根系生命 66 天所消耗的碳水化合物与根系死亡后再次形成新根的一个循环所需要的碳水化合物相等(Van Noordwijk et al.,1998)。所以根系更新是植物提高碳利用效率的优化选择。

玉米根系的死亡并非是程序化过程,而是与生长环境有关。田间充足供氮下的玉米根系在进入吐丝期后迅速死亡,表现为根长变短。收获时根表呈现褐色,能看到的侧根数量很少;而在石英砂培养条件下,即使缺氮条件下,根长也随生长时间的延长不断增加,在收获时根长达到最大值,并呈现为白色(图 2-7)。生长在土壤中的根系会通过各种方式不断形成根际淀积,导致根际微生物的种群和数量远远高于非根际土壤。当植株进入生殖生长阶段后,地上部向根系输送的碳水化合物明显减少(Wiesler and Horst,1993;Ogawa et al.,2005)。当根系获得的碳水化合物减少时,根际中的食植性昆虫和寄生生物降解根系的速率加快(Eissenstat and Yanai,1997;Eissenstat et al.,2000)。除土壤微生物以外,根际土壤中还有大量土壤动物、食植性昆虫和寄生生物,这些土壤生物都会加快根系的降解。所以,玉米生长进入生殖生长阶段后根长的迅速减少与土壤生物的降解过程有很大关系。

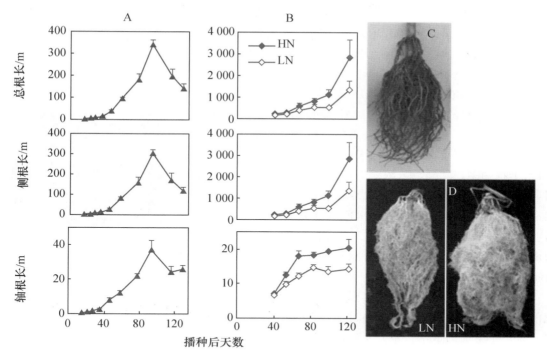

图 2-7　石英砂和土壤中生长的玉米总根长、侧根长和轴根长随生长时间变化

A. 田间充足供氮下生长 128 天　B. 石英砂中缺氮(LN)和供氮充足(HN)条件下生长 122 天

C. 田间收获时的根系　D. 石英砂中收获时 LN 和 HN 处理的根系

2.3　玉米根分泌蛋白质组

植物根系通过向根际释放大量分泌物帮助植物吸收水分和养分(Bais et al.,2004；Gleba et al.,1999)。根分泌物包括小分子的糖、氨基酸、有机酸、脂肪酸等,以及大分子多糖、黏液和蛋白质(Marschner,2011；Uren,2007；Jones et al.,2009)。植株根系分泌的黏液以及根际微生物分泌的黏液与土壤颗粒相互作用,在根表形成根鞘(Peterson and Farquhar,1996)。玉米根冠被黏液覆盖,黏液层厚度达到 50 μm 至 1 mm(Matsuyama et al.,1999)。研究表明,根鞘的形成与根尖表面的黏液对土壤颗粒的黏结作用有直接关系。黏液是指植物根尖、根系边缘细胞(root border cells)和根际微生物分泌的黏胶物质,根表尤其是根冠区被黏液所包被,它对植物有多种生物功能(Ray et al.,1988),包括作为根系穿插土壤的润滑剂,保护根尖免受机械损伤,增加根际土壤团聚体的数量特别在干旱条件下改善土壤与根系的接触等(Marschner,2011；McCully,1995,1999),并为微生物提供碳源(Farrar and Jones,2000；Knee et al.,2001；Benizri et al.,2007)。

黏液中含有大量蛋白质(Bacic et al.,1986；1987；Read and Gregory,1997)。由于玉米根系分泌的黏液收集方便,过去的研究也把玉米作为研究根系分泌的模式材料(Guinel and McCully,1986)。玉米根冠细胞是高分泌型细胞(Battey and Blackbourn,1993),能够分泌大量的黏液(Moore et al.,1990)。此外,根冠细胞与根冠分离后能够保持活性超过一周时间(Vermeer and McCully,1982),并且这些脱落的根冠细胞在脱落后仍具有分泌黏液的能力(Brigham et al.,1998)。已有研究表明,植物根系能够分泌一系列具有防御及信号传导功能的蛋白质(Bais et al.,2004;Hawes et al.,2000),对植物防御生物胁迫和非生物胁迫发挥作用(Basu et al.,2006)。

根系分泌物的研究较多,但对根系分泌的蛋白质组成以及功能报道较少。分泌蛋白质组是蛋白质组研究的难题和重大挑战,主要由于分泌蛋白质组不同于组织和细胞蛋白质组,其分泌量低,干扰物多,又受收集、浓缩等过程的限制,蛋白鉴定方法是阻碍分泌蛋白质组研究的瓶颈。shotgun 技术是采用全酶解,然后对多肽混合物进行二维液相色谱分离和在线串联质谱分析。已证明豌豆根系能够分泌 124 种蛋白(Wen et al.,2007);拟南芥和油菜分别可分泌 52 种(Basu et al.,2006)和 16 种(Basu et al.,2006)蛋白。

图 2-8　玉米根尖分泌黏液

在无菌操作平台中可以收集到玉米根尖分泌黏液(图 2-8)。经过离心和提取,可以获得纯化的玉米根系分泌蛋白样品。通过 shotgun 鉴定技术,我们得到了 2 848 个玉米根系分泌蛋白。获得了全面的玉米根系分泌蛋白图谱,丰富了植物根系分泌蛋白资源。

2.3.1　玉米根系分泌蛋白质组鉴定

根系分泌蛋白样品经 SDS-PAGE 分离、考马斯亮蓝染色后扫描,可获得分离清晰的蛋白条带(图 2-9)。蛋白条带集中于分子量 30～60 ku 之间。酶解后的肽段进行 nanoLC-MS/MS 分析,获得多达 4 万以上肽段,最终鉴定得到 3 462 个蛋白,从中获得 2 848 个较为可靠的玉米根系分泌蛋白质。对这 2 848 个蛋白质进行后续分析,对蛋白特点及功能进行了详细描述。鉴定得到的 2 848 个蛋白描述来源于玉米数据库信息(maizegdb. org.)。

2.3.2　玉米根系分泌蛋白质组功能分类

图 2-10 用柱形图可以直观地看到玉米根系分泌蛋白的功能分类。蛋白的分子功能分为 12 个亚类,分别是代谢、结合功能蛋白、抗病、蛋白合成、信号传导、蛋白寿命 、运输、能量、转录、细胞组分起源、细胞循环和 DNA 过程以及未知功能蛋白。其中 41% 蛋白属于功能未知蛋白。在已知功能蛋白中,最大的组分是代谢类,占到已知功能蛋白的 24.6%,参与糖代谢,蛋白代谢及其他类代谢等。除代谢类蛋白外,还有 6.7% 具有结合功能,4.8% 参与抗病害,4.3% 参与蛋白合成,还有 4.3% 的蛋白具有信号传导功能,4.1% 与蛋白寿命有关。

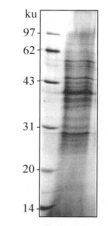

图 2-9　玉米初生根尖(2～3 cm)分泌的黏液蛋白 SDS-PAGE(12%胶)

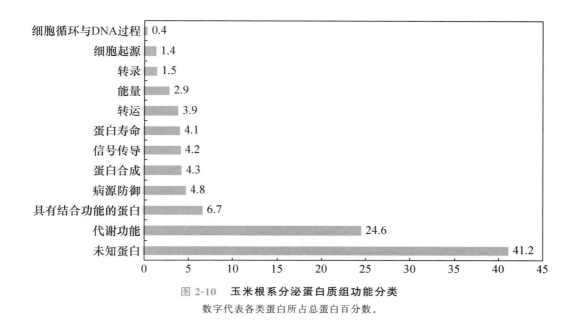

图 2-10　玉米根系分泌蛋白质组功能分类

数字代表各类蛋白所占总蛋白百分数。

2.3.3　玉米根系分泌蛋白代谢组分析

由蛋白功能分类结果可知,所占比重最大的已知蛋白是参与代谢的蛋白。利用分析代谢途径的软件 MapMan(Thimm et al.,2004;Usadel et al.,2009)对玉米根系分泌蛋白质组进行分析。利用此软件绘制了玉米根系分泌蛋白质参与代谢图(图 2-11)。图中每个深色的方块代表一个参与某个代谢过程的蛋白,而浅色代表没有蛋白参与该代谢途径。结果表示,玉米根系分泌蛋白参与了初生代谢及次生代谢过程。由图所标示的代谢过程中,可以看到玉米根系分泌蛋白中有大量的蛋白参与细胞壁代谢、能量代谢(电子传导,H^+-ATPases,三羧酸循环,糖酵解)、氨基酸代谢和脂类代谢。玉米分泌蛋白除了参与初生代谢外,还有大量蛋白参与次生代谢如萜烯、类黄酮、苯丙素类以及酚醛等次生代谢物的代谢过程。众所周知,初生代谢过程在植物生命中具有重要作用,同时玉米根系分泌这些具有次生代谢功能的蛋白也在玉米对外界环境的反应过程中发挥重要作用(Brechenmacher et al.,2009)。

2.3.4　玉米根系分泌蛋白质组与拟南芥、油菜和豌豆根系分泌蛋白质组比较

在已报道的研究中,对三种双子叶植物拟南芥、油菜和豌豆根系分泌蛋白质组进行了鉴定。已鉴定的豌豆根系分泌蛋白质组有 124 个蛋白(Wen et al.,2007),拟南芥根系分泌蛋白质组有 52 个蛋白(Basu et al.,2006),油菜根系分泌蛋白质组有 16 个蛋白(Basu et al.,2006)。从 Genbank 中下载已鉴定的上述三种双子叶植物根系分泌蛋白与本研究鉴定得到的 2 848 个玉米根系分泌蛋白进行同源性比较(设置的 E 值＜10^{-10}),发现在豌豆中鉴定得到的 124 个蛋白有 108 个蛋白(占豌豆根系分泌蛋白组 87%)与玉米根系分泌蛋白是同种蛋白;拟南芥根系分泌蛋白组 50 个蛋白中有 48 个蛋白(占拟南芥根系分泌蛋白组 96%)与玉米根系

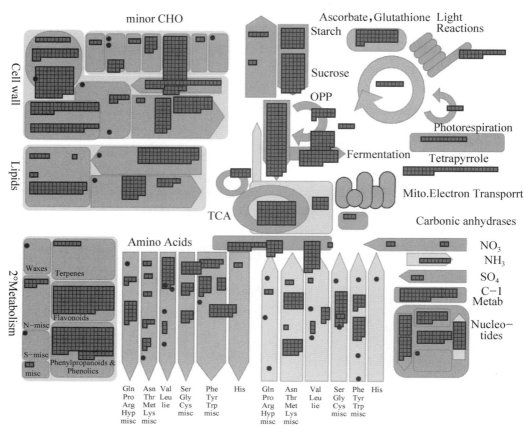

图 2-11 利用 MapMan 软件绘制玉米根系分泌蛋白质组代谢图

分泌蛋白是一致的蛋白;油菜根系分泌蛋白组的 13 个蛋白中有 11 个与玉米根系分泌蛋白组是同种蛋白。三种已报道的双子叶植物根系分泌蛋白质组与玉米根系分泌蛋白质组的同源蛋白能占到其 85%～96%,如表 2-3 所示。反过来验证不同植物根系分泌蛋白的同源性,豌豆根系分泌的 124 个蛋白在玉米根系分泌蛋白质组中能找到 309 种同源蛋白,拟南芥的 50 种根系分泌蛋白在玉米根系分泌蛋白质组中有 283 个同源蛋白,13 油菜根系分泌蛋白有 117 个玉米同源蛋白。玉米根系分泌的与三种双子叶植物(豌豆、拟南芥、油菜)同源蛋白质列于表 2-4。将不同植物根系分泌蛋白进行同源性比较,如图 2-12 所示。在鉴定得到的 2 848 个玉米根系分泌蛋白中有 594 个是与其他已研究的双子叶植物根系分泌蛋白同源,同源蛋白占玉米根系分泌蛋白质组的 21%。因此还有 2 254 个玉米根系分泌蛋白并未在已发表的双子叶植物根系分泌蛋白中报道。有 12 种蛋白在玉米以及其他三种植物中均被鉴定。

表 2-3　玉米分泌蛋白质组与已报道的双子叶植物分泌蛋白质组覆盖度同源分析

植物	同源性比较(覆盖率)
豌豆	87%[a](108/124)
拟南芥	96%(48/50[b])
油菜	85%(11/13[c])

[a]数字代表豌豆、拟南芥、油菜中有多少蛋白与玉米根系分泌蛋白质组为同源蛋白。
[b]52 个蛋白中去掉重复,实际有 50 个蛋白。
[c]16 个蛋白中去掉重复,实际有 13 个蛋白。

表 2-4　玉米根系分泌的与三种双子叶植物(豌豆、拟南芥、油菜)同源蛋白质

蛋白号	蛋白描述	预测分泌蛋白
AMYB	1,4-alpha-D-glucan maltohydrolase	是
B1PEY4	Superoxide dismutase	否
B4FTS6	Seed chitinase A	是
B6SIL9	40S ribosomal protein S27 a	否
B6SK54	Superoxide dismutase	否
B6T056	Superoxide dismutase	否
B6TEL0	Endochitinase A	是
B6TR38	Basic endochitinase A	是
B6TT00	Putative uncharacterized protein	是
CHIB	Endochitinase B	是
Q6LCT7	Ubiquitin fusion protein	否

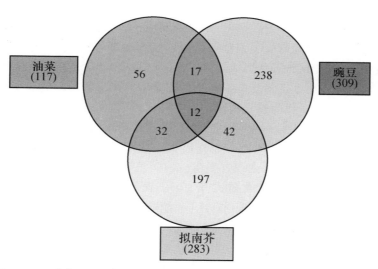

图 2-12　玉米根系分泌蛋白质组与油菜、豌豆和拟南芥同源蛋白重叠示意图

2.3.5　玉米根系分泌蛋白质组结构分析

典型的分泌蛋白通过 N 末端信号肽定位至内质网,然后通过细胞膜运至体外(Vitale and Denecke,1999)。玉米根系分泌蛋白信号肽可用软件 TargetP v.1.1(Emanuelsson et al.,2000)进行预测。预测结果表明,在 2 848 个玉米根系分泌蛋白中,有 463 个(占 16%)含有信号肽。分泌型蛋白的另一特性是跨膜结构域的缺失。分泌蛋白从内质网运输到高尔基体,在高尔基体与囊泡结合。这些囊泡将蛋白运输至细胞膜然后运至体外。而有跨膜域的膜蛋白定位在细胞膜上,不能通过细胞膜卸载到体外。分泌蛋白螺旋跨膜域预测通过 TMHMM 软件(Krogh et al.,2001)进行。TMHMM 软件预测结果表明,2 848 个玉米根系分泌蛋白中有 383 个蛋白含有一个以上的螺旋跨膜区。然而在这 383 个蛋白中,有 247 个预测含有 N 末端

信号肽。在剩下的蛋白中,有 59 个蛋白只含有一个螺旋跨膜区。研究认为,只含有一个螺旋跨膜区并定位在蛋白 N 末端,可以视为 N 末端信号肽。除了这 59 个蛋白可以视为含有信号肽的分泌蛋白外,有 43 个蛋白通过"big-PI Plant Predictor"algorithm 预测没有 GPI 锚定位点。

2.3.6 玉米根系分泌蛋白参与糖代谢及细胞壁功能

植物细胞壁由多糖如纤维素、半纤维素、果胶以及大量细胞壁结构蛋白组成(Ryser et al.,2004)。豌豆根系分泌蛋白中有部分蛋白与玉米细胞壁蛋白(Zhu et al.,2006)是同源蛋白。本研究所鉴定得到的 2 848 个玉米根系分泌蛋白中有大量蛋白参与细胞壁代谢,有 46% 的细胞壁蛋白在过去的植物根系分泌蛋白质组研究中未见报道(Basu et al.,2006;Wen et al.,2007)。如玉米根系分泌蛋白质组含有细胞壁松弛蛋白,这类蛋白未出现在已报道的双子叶植物根系分泌蛋白中(Basu et al.,2006;Wen et al.,2007)。这类细胞壁松弛蛋白在细胞膨胀过程中发挥松弛细胞壁的功能(Sampedro and Cosgrove,2005)。并且,*rth3* 基因编码的单子叶特有的类 COBRA 细胞壁蛋白(Hochholdinger et al.,2008)也在所鉴定的蛋白中出现。玉米根系分泌蛋白中存在富脯氨酸类细胞壁蛋白以及 β-葡糖苷酶,这些蛋白在其他双子叶植物根系分泌蛋白中未被报道(Basu et al.,2006;Wen et al.,2007)。聚半乳糖醛酸酶和两个半乳糖醛酸酶抑制剂出现在所鉴定得到的玉米蛋白图谱中。聚半乳糖醛酸酶在双子叶根冠分泌蛋白质组中未检测到,这类酶作为豌豆根冠细胞壁特征蛋白,在豌豆根冠分泌蛋白质组中未见报道(Wen et al.,2007)。许多细胞壁结构蛋白被翻译后修饰,如糖基化。在玉米根系分泌蛋白质组中,有 6 个富甘氨酸蛋白(GRPs),而在已报道的双子叶植物根系分泌蛋白质组(Basu et al.,2006;Wen et al.,2007)中未发现这类蛋白的同源蛋白,说明该蛋白也是玉米根系分泌蛋白特有的。GRPs 蛋白的甘氨酸含量大于 60%,而且这类蛋白是常见植物细胞壁蛋白(Ringli et al.,2001)。这类富甘氨酸蛋白(GRPs)能够紧密结合细胞壁多糖,并在细胞黏附中发挥重要作用(Ringli et al.,2001)。由根冠细胞分泌的富甘氨酸蛋白对根冠分泌黏液的黏性及弹性具有重要贡献(Matsuyama et al.,1999)。玉米根系分泌蛋白质组中另一类细胞壁糖蛋白是阿拉伯半乳聚糖蛋白(AGPs)。AGPs 是一类富羟(基)脯氨酸。在细胞膜与细胞壁中含量丰富(Nothnagel,1997;Gaspar et al.,2001;Showalter,2001;Johnson et al.,2003)。AGPs 是一类广泛存在于植物细胞壁中的糖蛋白,具有持水性和黏性(Chasan,1994)。Samaj 等用免疫定位方法在玉米黏液中定位到了这类蛋白(Samaj et al.,1999)。推测 AGPs 蛋白能够增加细胞壁果胶的可塑性(Lamport et al.,2006)。Fasciclin-like arabinogalactan proteins(FLAs)是 AGPs 蛋白的一个亚类,该类蛋白除了有 AGP 蛋白糖基化区域,还有具有细胞黏附功能的 fasciclin 蛋白结构域(Johnson et al.,2003)。在玉米根系分泌蛋白质组中,有 5 个上述这类 Fasciclin-like arabinogalactan proteins(FLAs)。

2.3.7 玉米根系分泌蛋白中抑制活性氧功能的蛋白

正常条件下有氧代谢活动中产生大量的活性氧(ROS),ROS 也同时作为植物信号分子(Mittler,2002)。植物清除活性氧自由基的机制包括产生超过氧化物歧化酶(SOD),抗坏血酸-过氧化物酶(APX)以及过氧化氢酶(CAT)。除此之外,具有 ROS 清除功能的酶还有:谷胱甘肽还原酶(GR),谷胱甘肽过氧化物酶(GPX),双脱氢抗坏血酸还原酶,单脱氢抗坏血酸还原酶(MDAR)以及其他的过氧化物酶(Mittler,2002)。在本研究中有 43 种具有清除活性氧功能的酶存在于玉米根系分泌蛋白质组中。同样 SOD,APX,GR,MDAR 以及其他过氧化物酶也存在于其他双子叶植物根系分泌蛋白质组中(Basu et al.,2006;Wen et al.,2007),但是 GPX 和 CAT 这两类酶是玉米根系特异性的分泌蛋白。SOD 是清除 ROS 的第一道防线,将超氧化物转化为过氧化氢(Mittler et al.,2002)。SOD 在已研究的四类植物豌豆(Wen et al.,2007),油菜(Basu et al.,2006),拟南芥(Basu et al.,2006)和玉米中都发挥作用。

2.3.8　玉米根系分泌的抗胁迫蛋白

玉米根系分泌一系列响应非生物胁迫(热、盐害、干旱)以及生物胁迫的蛋白。这些抵御环境胁迫的蛋白包括:热击蛋白及伴侣分子,热敏感蛋白 H2B,抗盐蛋白,水分胁迫蛋白,以及响应失水的蛋白。病源相关蛋白包括过氧化物酶,14-3-3 蛋白,葡聚糖酶,几丁质酶。几丁质酶在生物控制植物病源真菌侵染方面具有重要作用(Ordentlich et al.,1988;Gohel et al.,2005)。几丁质酶在目前已研究的四种植物中均含量丰富。植物激素在调控细胞生命活动中发挥重要作用。玉米根系分泌蛋白质组中发现许多植物激素相关蛋白,包括乙烯响应蛋白,茉莉酸诱导蛋白,油菜素内酯合成蛋白以及脱落酸相关蛋白。

2.3.9　与植物养分吸收相关的蛋白

植物根系通过分泌包括蛋白质在内的不同分泌物帮助植物获取土壤养分(Neumann and Römheld,2007;Uren,2007)。在玉米根系分泌蛋白质组中有一系列蛋白,如 legumin-like 蛋白、germin-like 蛋白、酸性磷酸酶等可以帮助植物根系获取养分。磷是植物生长重要的营养元素之一。植物根系除了分泌有机酸活化根际土壤中的无机磷,分泌酸性磷酸酶也可以帮助植物根系吸收利用土壤中的有机磷,酸性磷酸酶通过水解根际土壤有机磷对土壤磷贡献率可达到 $30\% \sim 80\%$(Neumann and Römheld,2007)。铁是植物生长的另一个限制性营养元素。世界上 1/3 的土壤是缺铁性土壤(Ma,2005)。玉米根系能够分泌一系列蛋白以促进对铁的吸收,包括铁氧化还原蛋白、谷氨酸合成酶、乌头酸水解酶、铁硫簇相关蛋白、亚铁血红素结合蛋白、ZmNAS1 蛋白。除了铁营养相关蛋白外,玉米根系还能分泌锌结合蛋白、NO_3^- 高亲和力通道蛋白、钾结合蛋白、钼协同因子合成蛋白,这些蛋白对植物吸收养分都发挥重要作用。

参考文献

[1]春亮.2004.玉米氮高效品种选育及根系形态对低氮反应的遗传分析.北京:中国农业大学出版社.

[2]鄂玉江,戴俊英,顾慰连.1988.玉米根系的生长规律及其与产量关系的研究.Ⅰ.玉米根系生长和吸收能力与地上部分的关系.作物学报,14(2):49-154.

[3]李少昆,王崇桃.2009.中国玉米生产技术的演变与发展.中国农业科学,42:1941-1951.

[4] Bacic A,Moody S F,Clarke A E. 1986. Structural analysis of secreted root slime from maize(*Zea mays* L.). Plant Physiology,80:771-777.

[5]Bacic A,Moody S F,McComb J A, et al. 1987. Extracellular polysaccharides from shaken liquid cultures of *Zea mays*. Austrilian Journal of Plant Physiology,14:633-641.

[6]Bais H P,Park S W,Weir T L, et al. 2004. How plants communicate using the underground information superhighway. Trends of Plant Science,9:26-32.

[7]Basu U,Francis J L,Whittal R M, et al. 2006. Extracellular proteomes of *Arabidopsis thaliana* and *Brassica napus* roots:analysis and comparison by MudPIT and LC-MS/MS. Plant and Soil,286(1):357-376.

[8]Battey N H,Blackbourn H D. 1993. The control of exocytosis in plant cells. New Phytologist,125:307-338.

[9]Benizri E,Nguyen C,Piutti S, et al. 2007. Additions of maize root mucilage to soil changed the structure of the bacterial community. Soil Biology Biochemistry,39:1230-1233.

[10]Binder D L,Sander D H,Walters D T. 2000. Corn response to time of nitrogen application as affected by level of nitrogen deficiency. Agronomy Journal,92:1228-1236.

[11]Borrel A,Hammer G,van Oosterom E. 2001. Stay-green:a consequence of the balance between supply and demand for nitrogen during grain filling? Annuals of Applied Biology,138:91-95.

[12]Brechenmacher L,Lee J,Sachdev S, et al. 2009. Establishment of a protein reference map for soybean root hair cells. Plant Physiology,149:670-682.

[13]Brigham L A,Woo H H,Wen F S, et al. 1998. Meristem-specific suppression of mitosis and a global switch in gene expression in the root cap of pea by endogenous signals. Plant Physiology,118:1223-1231.

[14]Chasan R. 1994. Arabinogalactan-proteins:getting to the core. Plant Cell,6:1519-1521.

[15]Ciampitti I A,Vyn T J. 2012. Physiological perspectives of changes over time in maize yield dependency on nitrogen uptake and associated nitrogen efficiencies:A review. Field Crops Research,133:48-67.

[16] Clausnitzer V, Hopmans J W. 1994. Simultaneous modeling of transient three-dimensional root growth and soil water flow. Plant and Soil,164:299-314.

[17]Coque M,Martin A,Veyrieras J B, et al. 2008. Genetic variation for N-remobilization and postsilking N-uptake in a set of maize recombinant inbred lines. 3. QTL detection and coincidences. Theoretical Applied Genetics,117:729-747.

[18]Cui Z,Zhang F,Chen X, et al. 2010. In-season nitrogen management strategy for winter wheat:Maximizing yields,minimizing environmental impact in an over-fertilization context. Field Crops Research,116:140-146.

[19]Ding L,Wang K J,Jiang G M, et al. 2005. Effects of nitrogen deficiency on photosyn-

thetic traits of maize hybrids released in different years. Annals of Botany,96:925-930.

[20]Dunbabin V,Diggle A,Rengel Z. 2003. Is there an optimal root architecture for nitrate capture in leaching environments? Plant,Cell and Environment,26:835-844.

[21]Dwyer L M,Ma B L,Stewart D W, et al. 1996. Root mass distribution underconventional and conservation tillage. Canadian Journal of Soil Science,76:23-28.

[22]Echarte L,Rothstein S,Tollenaar M. 2008. The response of leaf photosynthesis and dry matter accumulation to nitrogen supply in an older and a newer maize hybrid. Crop Science,48:656-665.

[23]Eissenstat D M,Wells C E,Yanai R D, et al. 2000. Building roots in a changing environment:implications for root longevity. New Phytologist,147:33-42.

[24]Eissenstat D M,Yanai R D. 1997. The ecology of root lifespan. Advances in Ecological Research,27:1-60.

[25]Emanuelsson O,Nielsen H,Brunak S, et al. 2000. Predicting subcellular localization of proteins based on their N-terminal amino acid sequence. Journal of Molecular Biology, 300:1005-1016.

[26]Farrar J F,Jones D L. 2000. The control of carbon acquisition by roots. New Phytologist,147: 43-53.

[27]Feix G,Hochholdinger F,Park W J. 2002. Maize root system and genetic analysis of its formation. In Waisel Y,Eshel A,Kafkafi U. Plant Roots:The Hidden Half. 3rd. New York:Marcel Dekker Inc,239-248.

[28]Gaspar Y M,Johnson K L,McKenna J A, et al. 2001. The complex structures of arabinogalactan-proteins and the journey towards a function. Plant Molecular Biology,47: 161-176.

[29]Gleba D,Borisjuk N V,Borisjuk L G, et al. 1999. Use of plant roots for phytoremediation and molecular farming. Proceedings of the National Academy of Sciences,96:5973-5977.

[30]Gohel V,Vyas P,Chhatpar H S. 2005. Activity staining method of chitinase on chitin agar plate through polyacrylamide gel electrophoresis. South African Journal of Botany, 4:87-90.

[31]Guinel F C,McCully M E. 1986. Some water-related physical properties of maize root-cap mucilage. Plant Cell Environment,9:657-666.

[32]Hawes M C,Gunawardena U,Miyasaka S, et al. 2000. The role of root border cells in plant defense. Trends of Plant Science,3:128-133.

[33]Hirel B,Gouis J L,Ney B,et al. 2007. The challenge of improving nitrogen use efficiency in crop plants:towards a more central role for genetic variability and quantitative genetics within integrated approaches. Journal of Experimental Botany,58:2369-2387.

[34]Hochholdinger F,Woll K,Sauer M, et al. 2004. Genetic dissection of root formation in maize (*Zea mays*)reveals root-type specific developmental programmes. Annals of Botany,93:359-

43

368 .

[35]Hochholdinger F，Wen T J，Zimmermann R，et al. 2008. The maize(*Zea mays* L.)*ro-othairless 3* gene encodes a putative GPI-anchored，monocot-specific，COBRA-like protein that significantly affects grain yield. Plant Journal，54：888-898.

[36]Johnson K L，Jones B J，Bacic A，et al. 2003. The fasciclin-like arabinogalactan proteins of *Arabidopsis*. A multigene family of putative cell adhesion molecules. Plant Physiology，133：1911-1925.

[37]Jones D L，Nguyen C，Finlay R D. 2009. Carbon flow in the rhizosphere：carbon trading at the soil-root interface. Plant and Soil，321：5-33.

[38]Knee E M，Gong F C，Gao M，et al. 2001. Root mucilage from pea and its utilization by rhizosphere bacteria as a sole carbon source. Molecular Plant-Microbe Interactions，14：775-784.

[39]Krogh A，Larsson B，Heijne G V，et al. 2001. Predicting transmembrane protein topology with a hidden Markov model：application to complete genomes. Journal of Molecular Biology，305：567-580.

[40]Lamport D T A，Kieliszewski M J，Showalter A M. 2006. Salt stress upregulates periplasmic arabinogalactan proteins：using salt stress to analyse AGP function. New Phytologist，169：479-492.

[41]Ma J F. 2005. Plant root responses to three abundant soil minerals：Silicon, aluminum and iron. Critical Reviews in Plant Sciences，24：267-281.

[42]Marschner H. 1998. Role of root growth，arbuscular mycorrhiza，and root exudates for the efficiency in nutrient acquisition. Field Crops Research，56：203-207.

[43]Marschner P. 2011. Mineral Nutrition of Higher Plants，3rd edition. London：Academic Press .

[44]Matsuyama T，Satoh H，Yamada Y，et al. 1999. A maize glycine-rich protein is synthesized in the lateral root cap and accumulates in the mucilage. Plant Physiology，120：665-674.

[45]Mattsson M，Johansson E，Lundborg T，et al. 1991. Nitrogen utilization in N-limited barley during vegetative and generative growth. I. Growth and nitrate uptake kinetics in vegetative cultures grown at different relative addition rates of nitrate-N. Journal of Experimental Botany，42：197-205.

[46]McCully M E. 1995. How do real roots work? Plant Physiology，109：1-6.

[47]McCully M E. 1999. Root in soil：Unearthing the complexities of roots and their rhizospheres. Annual Review of Plant Physiology and Plant Molecular Biology，50：695-718.

[48] Mittler R. 2002. Oxidative stress，antioxidants and stress tolerance. Trends Plant Science，9：405-410.

[49]Moore R，Evans M L，Fondern W M. 1990. Inducing gravitropic curvature of primary

roots of *Zea mays* cv. Ageotropic. Plant Physiology,92:310-315.

[50]Nadholm T,McDonald A J S. 1990. Dependence of amino acid composition upon nitrogen availability in birch(*Betula pendula*). Physiologia Plantarum,80:507-514.

[51]Neumann G,Römheld V. 2007. The release of root exudates as affected by the plant's physiological status. In:Pinton R, et al. The Rhizosphere Biochemistry and Organic Substances at the Soil-plant Interface. CRC Press,New York,23-72.

[52]Ning P,Liao C,Li S, et al. 2012. Maize cob plus husks mimics the grain sink to stimulate nutrient uptake by roots. Field Crops Research,130:38-45.

[53]Niu J,Peng Y,Li C, et al. 2010. Changes in root length at the reproductive stage of maize plants grown in the field and quartz sand. Journal of Plant Nutrition and Soil Science,173:306-314.

[54]Nothnagel E A. 1997. Proteoglycans and related components in plant cells. International Review of Cytology,174:195-291.

[55]Ogawa A,Kawashima C,YamauchiA. 2005. Sugar accumulation along the seminar root axis as affected by osmotic stress in maize:A possible physiological basis for plastic lateral root development. Plant Production Science,8:173-180.

[56]Ordentlich A,Elad Y,Chet I. 1988. The role of chitinase of *Serratia marcescens* in biocontrol of *Sclerotium rolfsii*. Journal of Phytopathology,78:84-88.

[57]Paponov I A,Engels C. 2003. Effect of nitrogen supply on leaf traits related to photosynthesis during grain filling in two maize genotypes with different N efficiency. Journal of Plant Nutrition and Soil Science,166:756-763 .

[58]Peng Y,Niu J,Peng Z, et al. 2010. Shoot growth potential drives N uptake in maize plants and correlates with root growth in the soil. Field Crops Research,115(1):85-93.

[59]Peterson R L,Farquhar. 1996. Root hairs:specialized tubular cells extending root surface. The Botanical Review,62(1):1-40.

[60]Ray T C,Callow J A,Kennedy J F. 1988. Composition of root mucilage polysaccharides from *Lepidium sativum*. Journal of Experimental Botany,39:1249-1261.

[61]Read D B,Gregory P J. 1997. Surface tension and viscosity of axenic maize and lupin root mucilages. New Phytologist,137:623-628.

[62]Ringlia C,Keller B,Ryser U. 2001. Glycine-rich proteins as structural components of plant cell walls. Cellular and Molecular Life Sciences,58:1430-1441.

[63]Ryser U,Schorderet M,Guyot R, et al. 2004. A new structural element containing glycine-rich proteins and rhamnogalacturonan I in the protoxylem of seed plants. Journal of Cell Science,117:1179-1190.

[64]Samaj J,Ensikat H J,Baluska F, et al. 1999. Immunogold localization of plant surface arabinogalactan-proteins using glycerol liquid substitution and scanning electron microscopy. Journal of Microscope,193:150-157.

[65]Sampedro J,Cosgrove D J. 2005. The expansin superfamily. Genome Biology,6:242.

[66]Shane M W,McCully M E. 1999. Root xylem embolisms:implications for water flow to the shoot in single-rooted maize plants. Functional Plant Biology,26:107-114.

[67]Showalter A M. 2001. Arabinogalactan-proteins:structure,expression and function. Cell Molecular Life Science,58:1399-1417.

[68]Sinclair T R,Vadez V. 2002. Physiological traits for crop yield improvement in low N and P environment. Plant and Soil,245:1-15.

[69]Subedi K D,Ma B L. 2005b. Effects of N-deficiency and timing of N supply on the recovery and distribution of labeled[15] N in contrasting maize hybrids. Plant and Soil,273: 189-202.

[70]Sullivan W M,Jiang Z C,Hull R J. 2000. Root morphology and its relationship with nitrate uptake in *Kentucky bluegrass*. Crop Science,40:765-772.

[71]Taiz L,Zeiger E. 2006. Plant Physiology. 4th Sinauer Associates Inc. ,Sunderland.

[72]Thimm O,Blaesing O,Gibon Y, et al. 2004. MAPMAN:a user-driven tool to display genomics data sets onto diagrams of metabolic pathways and other biological processes. Plant Journal,37:914-939.

[73]Uren N C. 2007. Typesm amounts,and possible functions of compounds released into the rhizosphere by soil-grown plants. In:Pinton P,Varaniti Z,Nannipieri P. The Rhizosphere, Biochemistry and Organic Substances at the Soil-Plant Interface. 2nd edition. CRC Press,Boca Raton.

[74] Uribelarrea M,Crafts-Brandner S J,Below F E. 2009. Physiological N response of field-grown maize hybrids(*Zea mays L.*)with divergent yield potential and grain protein concentration. Plant and Soil,316:151-160.

[75]Usadel B,Poree F,Nagel A, et al. 2009. A guide to using MapMan to visualize and compare Omics data in plants:a case study in the crop species,Maize. Plant,cell & environment,32:1211-1229.

[76]Van Noordwijk M,Martikainen P,Bottner P, et al. 1998. Glogal change and root function. Global Change Biology,4:759-772.

[77]Vermeer J,McCully M E. 1982. The rhizosphere in Zea:new insight into it's structure and development. Planta,156:45-61.

[78]Volder A,Smart D R,Bloom A J, et al. 2005. Rapid decline in nitrate uptake and respiration with age in fine lateral roots in grape:implications for root efficiency and competitive effectiveness. New Phytologist,165:493-502 .

[79]Wen F S,Van Etten H D,Tsaprailis G, et al. 2007. Extracellular proteins in pea root tip and border cell exudates. Plant Physiology,143(2):773-783.

[80]Wiesler F,Horst W J. 1993. Differences among maize cultivars in the utilization of soil nitrate and the related losses of nitrate through leaching. Plant and Soil,151:193-203.

[81]Wiesler F,Horst W J. 1994. Root growth and nitrate utilization of maize cultivars under field conditions. Plant and Soil,163:267-277.

[82]Yan H,Shang A,Peng Y, et al. 2011. Covering middle leaves and ears reveals differential regulatory roles of vegetative and reproductive organs in root growth and nitrogen uptake in maize. Crop Science,51(1):265-272.

[83]Zhao Z,Li C,Yang Y, et al. 2010. Why does potassium concentration in flue-cured tobacco leaves decrease after apex excision? Field Crops Research,116:86-91.

[84]Zhu J,Chen S,Alvarez S, et al. 2006. Cell wall proteome in the maize primary root elongation zone. I. Extraction and identification of water-soluble and lightly ionically bound proteins. Plant Physiology,140:311-325.

[85]Zhu J M,Kaeppler S M,Lynch J P. 2005. Topsoil foraging and phosphorus acquisition efficiency in maize. Functional Plant Biology,32:749-762.

第3章

玉米冠根关系

生长需求决定氮吸收理论认为,当氮素供应充足时,植物对氮的吸收主要受生长对氮的需求控制,植物通过调节吸收系统的活性来满足对氮的需求(Cooper and Clarkson,1989;Imsande and Touraine,1994)。地上部作为库,其大小决定了植物对氮素吸收的多少。作物的源库关系是相对的、动态的,可因部位和作用不同而发生变化。吐丝后雌穗作为碳氮需求器官始终是植物体内碳氮累积的重要库强组成部分。叶片是碳水化合物的合成器官,所合成的大量碳水化合物除了维持叶片自身生长发育和呼吸代谢以外,其余部分经过韧皮部运输到其他各个库。但对于氮素而言,叶片在营养生长期是氮素的累积器官,进入生殖生长阶段后变成氮素的供应器官。

对于玉米体内的碳分配而言,库的大小和活性控制着光合速率和体内碳的分配(Wardlaw,1990)。库也需要一定量的水分和养分来维持自身的生长(Farrar,1993)。影响碳水化合物产生的因素,如叶面积、净光合速率等都可能影响植物对矿质养分的吸收。反之,植物体内的养分种类和含量直接影响叶片的生长和光合作用。以往研究发现:弱光、养分缺乏、低温、二氧化碳浓度、干旱和盐碱等环境因素都会影响根系或地上部生长,改变植物的冠根比。矿质养分缺乏会导致干物质向根系分配增加,促进根系生长(Brouwer,1962;Freijsen and Veen,1990;Van der Werf et al.,1993)。缺氮、缺磷也会增加植株的根冠比(Bonser,1996)。叶片中氮营养状况与植株发育密切相关。为维持正常生长,植物叶片需要一个最佳叶片氮浓度。当叶片氮浓度大于这一最佳值后,继续增加光强不会再增加碳水化合物产出。C4植物与C3植物相比,单位含量的氮可以产生更大的叶面积因而具有更强的氮素吸收效率(Anten et al.,1995)。玉米叶片的寿命受供氮水平的影响,减少库强同样也可以增加叶片的寿命(Rajcan and Tollenaar,1999)。

玉米吐丝后仍有大量根系吸收的氮(>50%)先进入叶片中同化,然后再转移进入籽粒(Gallais et al.,2006)。在氮素再转移初期,韧皮部中的氨基酸浓度是叶片中浓度的4倍以上,而三个氨基酸韧皮部装载蛋白BnAAP1,BnAAP2和BnAAP6的转录子在籽粒形成初期并没有受到外界氮浓度变化的影响(Tilsner et al.，2005)，说明在氮素再转移初期韧皮部装载并不是限制步骤。进入生殖生长阶段后，叶片的衰老速度同样影响玉米氮效率，绿熟型品种在吐丝后可以形成更大的生物量(Hirel et al.，2005)，其叶片中氮浓度和根系氮吸收速率明显高于早衰型品种，因而使叶片的光合维持时间更长，这也使得有更多的光合产物运往根系，使根系的活性延续时间更长，可以吸收更多的氮素(He et al.，2003)。

根冠比是表征碳水化合物在地上部和根系间分配的参数。供氮充足时，大根系需要消耗更多地上部的碳水化合物从而影响地上部生长。只有在低氮时，大根系才有利于氮素的吸收。在充足供氮时，氮的吸收更多地受温度、pH等环境条件的影响，小根冠比更有利于植物获得更高的氮效率(Glass，2003)，因而草本植物都倾向于随着发育期的延长降低根冠比以获得更高的养分和水分利用效率(Wilson，1988)。虽然大根冠比并不能使植物获得高氮效率，但是植物根系能够快速生长的能力可以使植物获得更多吸收氮素的机会。限制根系生长能够影响植株地上部生长，玉米只保留初生根后地上部的生物量会变小，但叶片中矿质元素的浓度并没有降低(Jeschke and Hilpert，1997)。缺失节根的玉米突变体 *rtcs* 和缺失侧根的突变体 *lrt1* 都能够完成整个生育期，但是整株生物量明显小于野生型(Hetz et al.，1996；Hochholdinger and Feix，1998)。去掉节根后会限制水分的吸收(Passioura，1972)。去掉部分节根对植株生物量和含氮量的影响与所去掉节根占整个根系的比重有关，而且对根系和地上部生长的影响不同。去掉50%的根系对大麦和黑麦草根系生长速率没有显著影响，但地上部的生长速率随着去掉节根百分比的增加而降低(Humphries，1958)。

3.1　地上部对根系生长和养分吸收的影响

3.1.1　叶片在玉米生长和氮素吸收中的作用

在玉米栽培学中，叶片往往被看作是光合产物的源，是光合产物的提供者。但对于氮素来说，在营养生长期叶片是氮素的库，氮素进入叶片后经同化参与代谢和形态建成。进入生殖生长阶段后，叶片中一部分氮通过再转移进入雌穗，同时仍会有新吸收的氮进入叶片同化。去掉部分叶片后，剩余的叶片会发生补偿性生长，剩余叶片输出的碳水化合物会增加，同时分配到根系的碳水化合物比例减少，根系生长变慢，直至地上部的新生叶片能够完全补偿去除叶片的功能(Ryle and Powell，1975)。

通过对生长在田间的两个不同氮效率玉米自交系做剪叶处理，分析叶片在玉米生长和氮素吸收中的作用(表3-1)。剪去1/3中部叶(穗位叶及其上下各一片叶)后，氮低效自交系Wu312和高效自交系478根系的生物量都明显减少，但上部叶和下部叶的叶片生物量没有明显变化。中部叶光合作用产生的碳水化合物主要运往籽粒中，剪去1/3中部叶后两个自交系籽粒的生物量均减少，而茎和穗轴＋苞叶的生物量没有明显减少。剪叶后两个自交系的地上部生物量虽然减少，但由于根系的发育也受到明显影响，因而剪去1/3中部叶并没有显著改变两个自交系的冠根比。

表 3-1　吐丝期剪叶处理对收获时玉米各部位生物量的影响　　　　　g/株

部位	处理		
	对照	剪 1/3 中部叶	剪 1/3 上部叶
	Wu312		
根系	12.6±1.8a	9.5±1.2b	6.3±0.6b
下部叶	8.3±0.8a	7.9±0.9ab	5.2±0.2 c
中部叶	10.3±0.9ab	8.5±0.5ab	7.6±0.8b
上部叶	7.7±0.9a	8.2±0.9a	7.3±0.7a
茎	69.3±6.0a	61.7±5.0a	50.6±2.5b
穗轴＋苞叶	30.1±3.0a	29.0±1.6a	25.4±0.3a
籽粒	76.4±6.6a	65.0±8.2b	57.4±7.1b
地上部	191.0±18.7a	180.3±11.5ab	153.4±10.0b
	478		
根系	17.3±2.1a	14.0±2.0b	18.3±1.9a
下部叶	7.5±0.6a	5.9±1.0a	5.9±0.8a
中部叶	14.9±0.3a	11.7±1.1b	16.6±1.0a
上部叶	11.2±1.0a	9.7±0.7a	10.4±1.4a
茎	69.6±5.1a	60.4±5.8a	71.9±7.3a
穗轴＋苞叶	32.3±1.2a	31.5±3.5a	32.1±3.5a
籽粒	98.8±6.4a	84.3±4.8b	85.3±5.4b
地上部	225.7±14.3a	192.1±20.9b	206.9±4.7b

同一行内不同字母表示不同处理间差异显著($P \leqslant 0.05$)

　　剪去 1/3 上部叶(中部叶以上的叶片)后,Wu312 的根系生物量明显减少,而 478 的根系生物量没有显著变化。剪去 1/3 上部叶对 478 的上、中、下部叶的生物量没有影响,但显著减少了 Wu312 中部叶和下部叶生物量。处理同样影响了 Wu312 和 478 的产量。478 的茎秆和穗轴＋苞叶生物量没有减少而 Wu312 茎的生物量显著减少。因而处理对两个自交系的影响不同:478 由于上部叶的重量减少而影响最终产量,冠根比没有发生明显变化;而 Wu312 产量减少,根系变小,地上部生物量减少。

　　上述剪叶处理是在吐丝期所有叶片完全展开后进行的,由于吐丝后玉米进入生殖生长阶段,因而没有叶片的补偿性生长。剪叶处理很好地表示地上部光合能力下降后玉米生长和氮素吸收的变化。切去小麦部分叶片后只减少了整株生物量和产量,并没有影响根冠比(Remison,1978)。去除部分叶片在开始时引起小花发育速率变慢,但是随后小花发育速率会达到或者超过对照的发育速率(Rahman and Wilson,1977)。本研究剪去 1/3 中部叶和上部叶的两个处理都显著降低了两个自交系的最终产量,但冠根比没有发生明显改变,这与小麦中研究结果是一致的。在一年生草本植物中,叶片和根系的发育在营养生殖阶段是同步的(见 2.2.2),进入生殖生长阶段后,叶片的发育停止,根系开始出现衰老(Snapp and Shennan,1992;Wells and Eissenstat,2003),根系的生长依赖于地上部供应的光合产物(Ogawa et al.,2005)。植物需要一个最佳叶面积指数,当叶面积指数小于这一值后,植物的碳水化合物产出会减少(Anten et al.,1995),剪去 1/3 中部叶后 Wu312 和 478 的中部叶生物量分别减少 17％和 21％,由于中部叶光合产生的碳水化合物在籽粒形成中起重要作用,剪1/3中部叶后Wu312和478的籽粒产量均减少。剪去1/3上部叶后,虽然对各部位叶片的生物量影响不大,但是降低的光合叶面积仍然引起Wu312和478的籽粒产量减少。

剪叶后两个自交系的籽粒含氮量变化趋势不同(表3-2),剪去1/3中部叶后,虽然Wu312和478的根系生物量都明显减少,但根系含氮量并没有出现显著变化,意味着处理后Wu312和478的根系氮浓度升高。处理对Wu312和478各部位叶片含氮量和茎的含氮量没有影响;Wu312的籽粒氮浓度上升,而478的籽粒氮浓度下降。玉米籽粒中45%~65%的氮是由营养生长阶段吸收的氮素通过再转移从营养器官运输到籽粒中的,籽粒中剩余的35%~55%氮是生殖生长阶段从土壤中吸收而来,叶片延迟衰老可以增加光合作用的时间从而提高最终产量和吸氮量。玉米叶片的寿命受土壤供氮水平的影响(Rajcan and Tollenaar,1999)。缺氮后,氮同化减少,用于氮同化的碳骨架需求减少,氮同化消耗的碳水化合物减少,引起叶片中碳水化合物的累积,碳水化合物浓度的升高会抑制叶片光合速率(Paul and Driscoll,1997)。

表 3-2 吐丝期剪叶处理对收获时玉米各部位含氮量的影响   mg/株

部位	处理		
	对照	剪1/3中部叶	剪1/3上部叶
	Wu312		
根系	$126.5 \pm 12.7a$	$127.8 \pm 13.5a$	$77.3 \pm 9.0b$
下部叶	$115.1 \pm 12.4a$	$91.6 \pm 5.8a$	$89.2 \pm 10.2a$
中部叶	$184.9 \pm 21.5a$	$110.9 \pm 12.5b$	$98.7 \pm 8.6b$
上部叶	$107.5 \pm 30.3a$	$133.9 \pm 28.0a$	$110.7 \pm 16.9a$
茎	$496.9 \pm 43.1a$	$517.3 \pm 58.5a$	$405.6 \pm 5.4a$
穗轴+苞叶	$214.7 \pm 17.7a$	$201.1 \pm 6.5a$	$181.9 \pm 15.3a$
籽粒	$1\,184.9 \pm 97.0a$	$1\,043.1 \pm 45.2a$	$1\,064.9 \pm 29.4a$
地上部	$2\,304.0 \pm 199.8a$	$2\,097.9 \pm 144.8a$	$1\,951.0 \pm 124.9a$
	478		
根系	$207.7 \pm 25.6a$	$160.5 \pm 18.8a$	$219.8 \pm 36.0a$
下部叶	$80.2 \pm 9.8a$	$62.5 \pm 8.7a$	$69.1 \pm 12.4a$
中部叶	$203.8 \pm 9.5a$	$156.4 \pm 12.2b$	$257.0 \pm 31.8a$
上部叶	$167.6 \pm 15.2a$	$173.4 \pm 22.1a$	$163.4 \pm 15.0a$
茎	$545.6 \pm 54.4a$	$538.2 \pm 29.6a$	$476.8 \pm 66.1a$
穗轴+苞叶	$217.1 \pm 34.6a$	$218.4 \pm 20.9a$	$245.8 \pm 46.7a$
籽粒	$1\,444.8 \pm 51.9a$	$1\,052.3 \pm 144.0b$	$1\,064.7 \pm 181.5b$
地上部	$2\,576.7 \pm 73.7a$	$2\,201.2 \pm 198.0b$	$2\,276.8 \pm 123.7b$

同一行内不同字母表示不同处理间差异显著($P \leqslant 0.05$)

叶片光合作用产生的大约10%的电子传递用于NO_3^-同化(Foyer et al.,2001),但这一比例并不是固定不变的,当叶片对CO_2的固定速率小于NO_3^-的相对同化速率时,叶片中用于NO_3^-的同化的电子传递会减少,因而植物同化的氮素减少。剪叶后478籽粒氮浓度下降的一个可能的原因是478生长速率大于Wu312,剪叶后对光合作用影响更大,因而氮的同化减少,使籽粒中氮浓度减少;相反剪叶对Wu312光合作用的影响不大,籽粒生物量减少使更多的碳水化合物用于氮同化,因而氮浓度增加。

在玉米授粉后剪叶处理可以显著降低籽粒的百粒重以及籽粒中淀粉、蛋白质、脂肪等积累量,影响玉米的产量和品质(Borrás et al.,2002;马兴林和王庆祥,2006)。减少叶面积通过减少地上部向根系提供光合产物,进而影响根系对养分的吸收。在剪叶切根试验中,尽管切去最上层地上部节根大幅度减少了收获时的根干重,并且对根干重的影响大于剪叶的影响,但剪叶却大幅度减少了植株的含氮量,而且大于切去最上层地上部节根的影响(图3-1)。根系对养分吸收有很大的潜力,即使在生殖生长阶段也是如此。切根处理后26天(播种后105天)和最终收获时,所有切根处理都没有减少地上部生物量,表明没有影响地上部生长(图3-1)。

3.1.2 雌穗对玉米生长和养分吸收的影响

进入生殖生长阶段后,玉米雌穗及籽粒发育成为新的生长中心,作为碳水化合物和养分的库,雌穗库强的大小在很大程度上决定着吐丝后植株干物质积累与分配。玉米雌穗由籽粒和穗轴与苞叶构成。籽粒生长发育决定了最终产量,尤其是吐丝前7天至吐丝后14天内,是籽粒库强(库容的大小、活性)建立的关键时期(Cantarero et al.,1999)。

3.1.2.1 套穗、去穗对吐丝后植株生长的影响

去除雌穗会明显影响植株碳氮代谢等过程。Christensen等(1981)发现,在开花期去除玉米雌穗后,整株干物质积累明显低于正常植株,但叶片和茎秆中碳水化合物的积累增加。Rajcan和Tollenaar(1999)也有类似报道,阻止玉米授粉导致整株干重降低,而茎秆中干物质积累增加。可见,雌穗发育通过影响植株源库关系来影响其生长以及不同器官之间碳水化合物的分配。

与第1章1.1节中的实验相同,选用我国不同年代在生产中推广的6个玉米品种为材料,分析雌穗发育对玉米吐丝后植株生长和养分吸收的影响。两年的结果表明,在对照处理中,玉米新品种的籽粒产量和成熟期整株生物量明显高于老品种,各品种吐丝后干物质累积占成熟期总干重的比例为36%~54%,其中新品种比例更高,农大108和郑单958吐丝后干物质累积占成熟期总干重的比例均超过50%。在套穗处理中,吐丝后干物质累积占成熟期总干重的比例下降至23%~38%,去穗处理的植株下降更多(表3-3)。表明吐丝期套穗或去穗严重限制了植株生物量的积累,同时,更多的碳水化合物分配到根系中,引起根系衰老减缓或新生根系增长较多,与对照相比,套穗或去穗的植株根系明显变大、生物量增加(表3-3),从而导致套穗、去穗处理植株的根冠比显著增加(图3-2)。在成熟期,与对照相比,套穗使所有品种的穗轴与苞叶干物重明显增加,说明套穗导致从茎叶中运输到穗轴中的光合产物和矿质养分不能有效地转移到籽粒中,在穗轴中积累。

3.1.2.2 套穗、去穗对氮磷钾吸收与分配的影响

Christensen等(1981)报道,与对照相比,去除雌穗后叶片中的还原态氮浓度、硝酸还原酶活性、全氮、全磷浓度等均下降。茎秆作为碳水化合物和养分的临时储存库,其干物质和氮素累积有所增加。去除雌穗后,叶片中的氮素仍然向茎秆中转移,间接表明根系养分吸收不足。与干物质累积规律类似,不同年代玉米之间氮、磷吸收量在成熟期有明显差异;与老品种相比,新品种吐丝后吸氮量、吸磷量明显增加,且占总吸收量的比重也更高(表3-4,表3-5)。套穗处理虽然增加了根系中氮、磷累积量,却显著降低了吐丝后三个新品种整株吸氮量及所有品种总

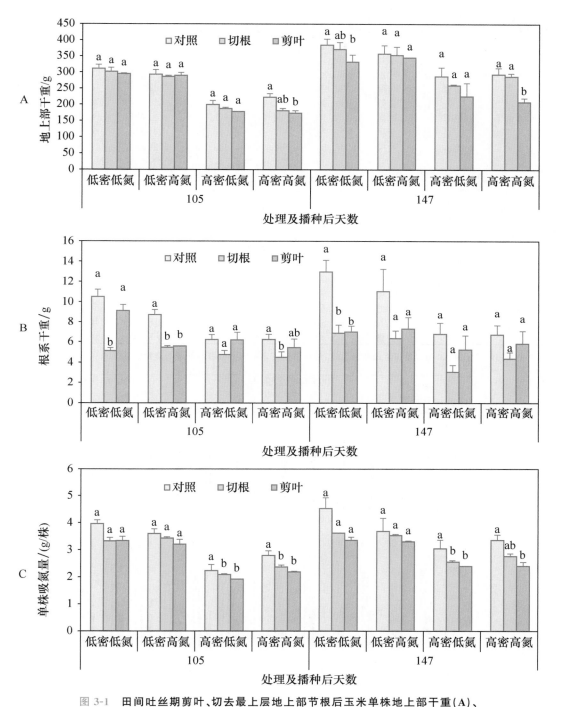

图 3-1　田间吐丝期剪叶、切去最上层地上部节根后玉米单株地上部干重（A）、
根系干重（B）和氮素累积（C）的变化

各取样时期不同字母表示不同处理间差异显著（$P \leqslant 0.05$）

表 3-3   吐丝期套穗、去穗对不同年代玉米成熟期不同器官和整株干重的影响

年份	时期	器官	处理	干重/(g/株)					
				白马牙	金皇后	中单2号	唐抗5号	农大108	郑单958
2009	吐丝期	雌穗	—	7.2	6.5	7.4	9.8	11.0	12.6
		整株	—	127	115.1	134.0	143.1	166.3	170.3
	成熟期	籽粒	对照	95.3	78.0	102.2	155.3	168.8	178.1
		穗轴＋苞叶	对照	31.6b	28.1b	28.1b	41.4b	46.4b	38.4b
			套穗	43.5a	44.4a	43.6a	63.6a	56.2a	68.2a
		根系	对照	4.1b	4.0b	5.4b	9.2b	8.8b	9.0b
			套穗	12.2a	7.4a	11.1a	14.7a	16.9a	13.2a
		整株	对照	219.8a	182.9a	233.9a	302.9a	348.3a	343.3a
			套穗	197.3a	161.1a	215.0a	229.1b	263.1b	256.9b
2010	吐丝期	雌穗	—	8.8	8.9	9.7	10.5	12.1	13.1
		整株	—	139.8	129.0	149.5	144.8	164.8	173.7
	成熟期	籽粒	对照	61.5	77.4	108.3	95.2	136.3	146.2
		穗轴＋苞叶	对照	29.4b	26.4b	28.9b	38.5b	40.8b	32.9b
			套穗	38.0a	36.6a	38.7a	47.0a	47.6a	44.5a
			去穗*	31.5b	27.7b	29.0b	31.9c	33.6b	32.5b
		根系	对照	5.3b	5.7b	8.4b	9.1c	13.0b	10.7b
			套穗	12.2a	9.5a	11.8a	14.2b	20.1a	14.0a
			去穗	10.9a	8.2a	12.1a	18.2a	18.6a	13.1a
		整株	对照	222.1a	202.8a	288.0a	259.1a	358.7a	367.6a
			套穗	183.5b	167.2b	198.2b	198.9b	240.8b	256.5b
			去穗**	161.2c	144.2c	171.4c	177.6c	189.8c	179.5c

* 去除的雌穗干重；** 不包括去除的雌穗干重；表格中同一列不同字母表示处理间差异显著($P<0.05$)

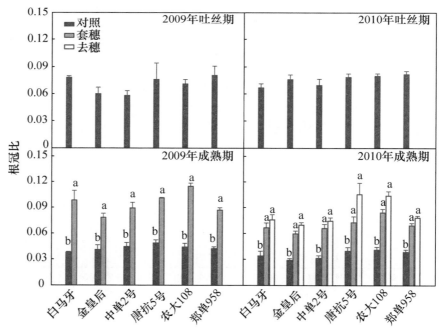

图 3-2   吐丝期套穗或去穗对不同年代玉米品种在吐丝期和成熟期根冠比的影响

图中同一品种的不同字母表示处理之间差异显著($P<0.05$)

吸磷量。去穗进一步降低了吐丝后整株氮、磷吸收量，尤其是氮（表3-4，表3-5）。无论新老品种，从吐丝至成熟期，对照植株穗轴与苞叶中氮磷含量明显低于套穗植株。

表 3-4　吐丝期套穗、去穗对不同年代玉米成熟期不同器官和整株吸氮量的影响

年份	时期	器官	处理	含氮量/(mg/株)					
				白马牙	金皇后	中单2号	唐抗5号	农大108	郑单958
2009	吐丝期	雌穗	—	146	92	114	170	109	156
		整株	—	2 212	1 835	2 186	2 425	2 756	2 647
	成熟期	籽粒	对照	1 552	1 242	1 566	2 192	2 187	2 168
		穗轴+苞叶	对照	129b	122b	114b	180b	218b	168b
			套穗	475a	609a	487a	638a	653a	640a
		整株	对照	2 722a	2 203a	2 639a	3 437a	3 709a	3 538a
			套穗	3 146a	2 526a	2 815a	2 693b	3 401b	3 035b
		根系	对照	35b	38b	45b	115b	89b	102b
			套穗	195a	107a	147a	214a	237a	164a
2010	吐丝期	雌穗	—	104	122	116	129	110	140
		整株	—	2 353	2 325	2 359	2 259	2 732	2 695
	成熟期	籽粒	对照	1 460	1 449	1 949	1 642	1 902	2 348
		穗轴+苞叶	对照	195c	163b	208c	256b	265c	235b
			套穗	398b	537a	313b	640a	614b	570a
			去穗*	688a	664a	564a	741a	798a	639a
		整株	对照	2 854a	2 679ab	3 873a	3 443a	4 719a	4 733a
			套穗	3 036a	2 890a	3 457b	3 194b	4 465b	3 979b
			去穗	2 792b	2 425b	2 867c	2 887b	3 549c	3 415c
		根系	对照	87b	73b	103b	127b	169b	155b
			套穗	157a	145a	176a	206a	236a	191a
			去穗**	169a	127a	172a	260a	214ab	171a

* 去除雌穗氮含量；** 不包括去除的雌穗氮含量；表中同一列不同字母表示处理间差异显著(P<0.05)

表 3-5　吐丝期套穗、去穗对不同年代玉米成熟期不同器官和整株吸磷量的影响

年份	时期	器官	处理	含磷量/(mg/株)					
				白马牙	金皇后	中单2号	唐抗5号	农大108	郑单958
2009	吐丝期	雌穗	—	11	7	8	12	10	15
		整株	—	243	227	246	296	326	308
	成熟期	籽粒	对照	243	223	277	473	426	347
		穗轴+苞叶	对照	10b	10b	8b	13b	17b	14b
			套穗	75a	96a	88a	102a	115a	125a
		整株	对照	354a	289a	364a	655a	595a	446a
			套穗	270b	243b	347b	363b	432b	354b
		根系	对照	2b	1.9b	2b	6b	5b	5b
			套穗	22a	12a	201a	26a	33a	22a
2010	吐丝期	雌穗	—	14	14	13	18	13	14
		整株	—	306	316	349	328	417	397
	成熟期	籽粒	对照	278	261	413	365	510	536
		穗轴+苞叶	对照	28c	19c	30c	38b	35b	32c
			套穗	88b	112b	68b	1 348a	152a	108b
			去穗*	134a	138a	115a	149a	170a	131a
		整株	对照	390a	519a	683a	624a	922a	863a
			套穗	393a	406b	554b	542b	760b	642b
			去穗	384a	339c	514b	532b	656b	547c
		根系	对照	9b	7b	10b	14b	16b	16b
			套穗	22a	19a	20a	27a	35a	22a
			去穗**	21a	15a	19a	34a	29a	19ab

* 去除雌穗磷含量；** 不包括去除的雌穗磷含量；表中同一列不同字母表示处理间差异显著(P<0.05)

与吐丝后整株氮、磷吸收量净增加不同,钾素在吐丝后出现净损失(表3-6)。与对照相比,套穗处理植株吐丝后钾素的净损失更明显,去穗则进一步促进了钾损失。从吐丝期至成熟期,对照植株穗轴与苞叶中未发现钾素累积量降低,套穗植株中也未发现钾素的净增加。

表 3-6　吐丝期套穗、去穗对不同年代玉米成熟期不同器官和整株吸钾量的影响

年份	时期	器官	处理	含钾量/(mg/株)					
				白马牙	金皇后	中单2号	唐抗5号	农大108	郑单958
2009	吐丝期	雌穗	—	50	44	38	86	55	93
		整株	—	1 407	1 238	1 493	1 792	1 776	1 782
	成熟期	籽粒	对照	238	270	387	472	577	556
		穗轴＋苞叶	对照	280a	284a	329a	447a	565a	448a
			套穗	255a	310a	221b	385a	316b	400a
		整株	对照	1 263a	1 069a	1 462a	1 806a	1 863a	2 089a
			套穗	1 057a	1 032a	1 240a	1 020b	1 255b	1 414b
		根系	对照	17b	18b	27b	86a	80a	91a
			套穗	105a	65a	86a	119a	148a	127a
2010	吐丝期	雌穗	—	116	88	88	156	96	172
		整株	—	2 050	1 653	2 053	2 037	2 159	2 597
	成熟期	籽粒	对照	269	258	433	325	545	534
		穗轴＋苞叶	对照	171b	232b	233b	334b	345b	252b
			套穗	177b	313b	165c	383b	320b	320b
			去穗*	568a	494a	453a	636a	683a	620a
		整株	对照	1 464a	1 173a	1 987a	1 770a	2 143a	2 548a
			套穗	1 314a	1 111a	1 210b	1 494b	1 554b	1 602b
			去穗	1 141a	666b	1 085b	1 248b	953c	1 116c
		根系	对照	69b	54b	94a	157a	194a	234a
			套穗	148a	118a	113a	171a	182a	167a
			去穗**	151a	95ab	105a	227a	131a	124b

* 去除雌穗钾含量;** 不包括去除的雌穗钾含量;表中同一列不同字母表示处理间差异显著($P<0.05$)

在生殖生长阶段,雌穗发育是影响玉米源库间同化物累积与分配的关键因素之一(Rajcan and Tollenaar,1999)。与对照相比,套穗阻止了授粉,去除了籽粒库强的作用,却增加了其他器官干物质的积累,说明籽粒发育与其他营养器官竞争碳水化合物。与老品种相比,套穗或去穗处理对新品种干物质积累和氮磷钾养分吸收的影响更为明显。与套穗或去穗植株相比,收获时对照植株的根系更小、根冠比值更低,但吐丝后养分吸收量更多,表明单位根重养分吸收效率更高,这与其他研究中关于地上部需求决定养分吸收的理论一致(Yan et al.,2011;Peng et al.,2010)。吐丝后籽粒是玉米的主要生长中心,是影响氮磷钾吸收的主要驱动因素。籽粒发育虽然加速了其他营养器官的衰老,但能够促进根系吸收养分。

有研究报道,在灌浆初期,穗轴中或穗轴与籽粒之间进行着复杂、活跃的氨基酸转换代谢及糖类和淀粉代谢(Bihmidine et al.,2013;Seebaur et al.,2004)。穗轴中天冬酰胺和谷氨酰胺的比值可能通过参与氨基酸代谢的部分信号转导途径,感受籽粒发育过程中植株的氮状况(Seebaur et al.,2004),可见穗轴在吐丝后的生长中具有关键作用。与对照相比,套穗的玉米植株成熟时整株干重和氮磷累积量明显减少,但穗轴和苞叶的干重和氮磷明显增加。显然,套穗并没有阻止碳同化物和养分向穗轴运输,反而在此大量累积。尽管套穗、去穗植株的根系大小相似,但当完全去除雌穗后,各玉米品种整株干物质累积及氮磷钾吸收量进一步降低,比套穗处理分别下降了11%～30%、8%～21%、2%～16%和10%～40%(表3-3至表3-6)。因

此,穗轴不仅是碳同化物和养分向籽粒运输的临时储存库,而且能够作为较强的养分库来调节、促进根系对氮磷钾的吸收。

3.2　根系对地上部生长和养分吸收的影响

根系是植物吸收养分、水分及合成某些活性物质的重要器官,因而其构成及在土壤中的分布影响植物对水分与养分的吸收及其生物量或产量的形成(李伯航等,1962;Morita et al.,1986;Morita et al.,1988)。如第 2 章 2.2 节中所述,玉米的根系发达,由不同根系类型组成。为确定不同类型根系对玉米生长和养分吸收的影响,进行了限根和切根研究。

3.2.1　限根对地上部生长和养分吸收的影响

限根是指在玉米生长过程中限制节根的生长,只保留胚根(主根和/或种子根)。在沙培条件下设置如下处理:①对照,无限根处理,允许胚根和节根在介质中生长(图 3-3A);②保留胚根,只允许胚根在介质中生长,阻止节根进入生长介质直至其停止生长(图 3-3B);③保留主根,在处理②的基础上,将所有种子根在移苗时切掉,只留一条主根在介质中生长。分别观察上述处理对植株生长和氮素吸收、根系向地上部供应氮素的变化和植株体内氮循环变化。同时给对照和保留主根两个处理植株分别供应高氮和低氮,分析限制根系生长后根系形态和生理的可塑性变化,并比较主胚根蛋白质组差异,分析根系形态和生理可塑性变化的可能调控机制。

图 3-3　石英砂培养不同限根处理的玉米植株(彩插 3-3)
A. 对照植株根系　B. 保留胚根处理植株根系　C. 第二次收获时三种根处理的植株:完整根系(左)、保留胚根(中)、保留主根系(右)

3.2.1.1　植株生长和氮素吸收变化

处理 38 天后第一次取样(已有 8 个展开叶),10 天后第二次取样(图 3-3C)。两次取样结果表明,限根抑制地上部、特别是上部叶片的生长,使整株生物量下降。根系生物量也下降,使根冠比下降(表3-7)。限根处理后由于剩余根系的补偿性生长,使得主根和种子根的根干重明显高于对照植株(表3-8)。

表3-7 不同限根处理的玉米植株第一次和第二次收获时各部分及全株干物重和干物重增量 g/株

处理	上部叶	下部叶	全部根	吸收根*	全株	吸收根/冠**
	第一次收获的初始值					
对照	1.12a	0.53a	0.48a	0.48a	2.13a	0.29a
保留胚根	0.88b	0.67a	0.37a	0.11b	1.92ab	0.06b
保留主根	0.79b	0.59a	0.33a	0.12b	1.71b	0.08b
	第二次收获时的净增值					
对照	2.35a	0.04a	0.67a	0.67a	3.06a	0.29a
保留胚根	1.34c	−0.06b	0.47ab	0.06b	1.75b	0.05b
保留主根	1.76b	−0.10b	0.23b	0.05b	1.89b	0.05b

每列数字后面不同小写字母表示相关系数在5%水平上显著。

* 指实际在介质中生长的根系部分。

** 冠包括地上部及未扎入石英砂中的节根。

表3-8 不同限根处理的玉米植株的不同类型根系干重　　　　　　mg/株

处理	主根	种子根	节根	吸收根	全部根系
对照	36.2c	58.8b	1 062.2a	1 157.1a	1 157.1a
保留胚根	73.8b	100.0a	666.1b	173.9b	840.0b
保留主根	163.7a	—	691.1b	163.7b	854.8b

每列数字后面不同小写字母表示相关系数在5%水平上显著。

保留胚根和保留主根两个处理的玉米植株体内氮增加量与干物质变化类似。第一次收获时,仅上部叶的含氮量因根系生长限制而下降。间隔10天后第二次收获时,上部叶和全株的氮素净增量因限制节根发育而进一步减少。各处理植株下部叶的氮素表现出净输出(表3-9)。与对照相比,虽然限根处理使第二次收获时的根干重下降,但地上部氮浓度并未下降,甚至根系氮浓度还有明显增加(表3-10)。两次取样之间,不同处理的玉米植株氮素利用效率(指单位植株吸收的氮素所产生的干物质量)没有显著差异。但与对照相比,限根植株的氮素吸收率却大为提高(表3-11)。

表3-9 不同限根处理的玉米植株各部分及全株的初始氮含量和氮增量　　　　mmol

处理	上部叶	下部叶	全部根系	吸收根*	全株
	第一次收获的初始值				
对照	2.42a	0.95a	0.80a	0.80a	4.17a
保留胚根	2.00b	1.20a	0.86a	0.23b	4.06a
保留主根	1.69b	0.93a	0.75a	0.20b	3.37b
	第二次收获时的净增值				
对照	3.40a	−0.35a	0.60a	0.60a	3.65a
保留胚根	1.99b	−0.49a	0.86a	0.07b	2.36b
保留主根	2.56b	−0.48a	0.61a	0.09b	2.69b

每列数字后面不同小写字母表示相关系数在5%水平上显著。

* 指实际在介质中生长的根系部分。

表 3-10　不同限根处理的玉米植株的不同部分组织氮浓度　　　　g/kg

处理	上部叶	下部叶	主根	种子根	节根
对照	23.48a	14.73ab	17.08b	18.98a	16.93c
保留胚根	25.16a	16.30a	26.00a	23.80a	29.67b
保留主根	23.33a	12.86b	23.88a	—	38.41a

每列数字后面不同小写字母表示相关系数在 5% 水平上显著。

表 3-11　不同限根处理的玉米植株氮素利用效率和根系氮素吸收效率

处理	氮素利用效率/(g 干物质/g N)	氮素吸收效率/[g N/(g 根干重·10 d)]
对照	59.88a	0.04b
保留胚根	53.05a	0.19a
保留主根	50.17a	0.22a

每列数字后面不同小写字母表示相关系数在 5% 水平上显著。

在营养液培养条件下处理后 8 天第一次收获。与对照植株相比,保留胚根植株的各项测定指标除种子根生物量明显增加外,均无明显变化。但仅保留主根的植株尽管地上部生物量没有显著差异,主根生物量甚至明显增加,表现出补偿生长,但由于没有种子根,所以整株生物量和根冠比值都明显下降(表 3-12)。

表 3-12　不同限根处理对苗期玉米各器官生物量和含氮量的影响(营养液培养)　　　mg/株

器官	对照植株	保留胚根植株	保留主根植株
	生物量		
地上部	136.2±2.4a	135.8±5.8a	128.8±2.8a
主根	25.0±0.7b	27.7±1.1b	31.6±0.8a
种子根	26.1±0.4b	28.6±0.9a	—
吸收根*	58.9±0.7a	56.3±1.6a	31.6±0.8b
整株	195.7±1.9a	192.1±1.6a	160.4±3.4b
根冠比	0.44±0.01a	0.42±0.01a	0.25±0.01b
	含氮量		
地上部	6.63±0.09a	6.40±0.25a	5.85±0.15b
主根	0.74±0.03b	0.86±0.05b	1.00±0.03a
种子根	0.64±0.01b	0.79±0.04a	—
吸收根*	1.65±0.05a	1.65±0.08a	1.00±0.03b
整株	8.33±0.13a	8.04±0.08a	6.85±0.16b

同一行中不同字母表示不同处理之间差异显著($P<0.05$)

* 指实际在介质中生长的根系部分。

在含氮量方面,限根后植株含氮量的变化同生物量变化趋势一致。保留胚根植株地上部和吸收根的含氮量同对照相比没有显著差异;保留主根的植株地上部含氮量同对照相比显著减少,整株含氮量和吸收根含氮量也显著减少(表 3-12)。

低氮处理显著降低对照植株地上部生物量,却增加了根系生物量。保留主根植株与对照植株相比,在高氮条件下,地上部生物量显著降低,而在低氮条件下地上部生物量差异不明显。无论高氮还是低氮条件,保留主根植株的根系生物量都显著小于对照植株,但主胚根生物量均高于对照植株的主胚根生物量。第二次收获时冠根比变化同第一次收获时(表 3-12)一致,无论供氮水平如何,限制根系生长显著增加玉米的冠根比(图 3-4)。

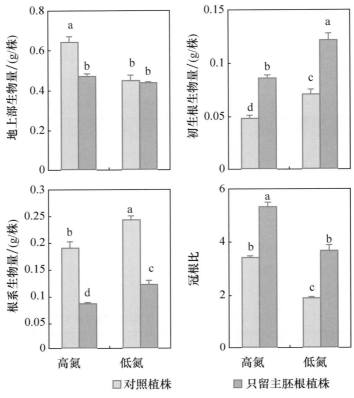

图 3-4　高低氮处理和限根对玉米植株生长和冠根比的影响(营养液培养)

高低氮条件下限根处理后根系含氮量的变化趋势同根系生物量的变化趋势基本一致,保留主根处理植株的根系含氮量与对照相比均出现显著下降。保留主根植株的地上部含氮量在高氮和低氮下都显著低于对照植株(图 3-5)。

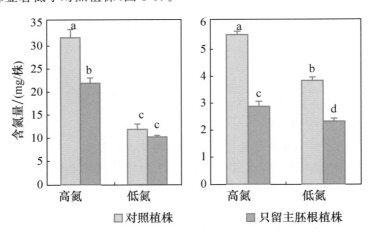

图 3-5　高低氮处理后限根对地上部(左)和根系(右)含氮量的影响(营养液培养)

3.2.1.2　根系形态变化

砂培条件下限制节根生长后,由于剩余根系的补偿性生长,主根和种子根的根长和表面积均显著增加,但总根长和表面积仍低于对照植株(表3-13)。

表 3-13　不同限根处理的玉米植株不同类型根系的根长和根表面积

处理	根系类型				
	主根	种子根	节根	吸收根[*]	全部根系
	根长/m				
对照	2.1c	2.0b	21.0a	25.1a	25.1a
保留胚根	5.0b	5.1a	0.6b	10.1b	10.7b
保留主根	8.7a	—	0.7b	8.7b	9.4b
	根表面积/mm²				
对照	4 182.0c	5 428.0b	4 6175.1a	5 5785.1a	5 5785.1a
保留胚根	9 586.7b	7 507.1a	2 525.3b	17 093.8b	19 619.1b
保留主根	12 194.5a	—	2 719.6b	12 194.5c	14 914.1c

每列数字后面不同小写字母表示相关系数在5%水平上显著。

[*] 指实际在介质中生长的根系部分。

营养液培养条件下,限根处理对根系形态的影响与对根系生物量的影响不同。虽然限根植株的根系生物量明显小于对照植株(图3-4),但其总根长却大于对照的总根长。与对照相比,保留胚根植株的主根总根长增加26%,保留主根植株的主根总根长增加125%(表3-14)。限根处理后主根总根长的增加是通过主根伸长和侧根密度增加两种途径实现的,保留胚根植株的主根根长增加18%,侧根密度增加23%;保留主根植株的主根根长增加24%,侧根密度增加30%(表3-14)。

表 3-14　限根对苗期玉米根系形态的影响(营养液培养)

项目	对照	保留胚根植株	保留主根植株
吸收根总根长/cm	624.0±61.7b	751.8±48.9a	749.4±93.1a
主根			
总根长/cm	332.6±36.1c	418.6±32.7b	749.4±93.1a
主根根长/cm	37.3±2.7b	44.2±2.6a	46.3±1.7a
侧根数	178.5±19.9b	252.3±15.4a	286.0±28.3a
侧根密度/(数目/cm 根)	4.7±0.4b	5.8±0.3ab	6.1±0.5a

每行数字后面不同小写字母表示相关系数在5%水平上显著。

营养液培养的高低氮处理条件下,对照植株与保留主根植株的吸收根总根长相比没有显著变化。在主根方面,保留主根植株的主根总根长在高氮下比对照增加92%,低氮下增加89%。保留主根植株的主根总根长的增加同样是通过增加主根根长和侧根密度两种途径实现的。保留主根植株的主根根长在高氮条件下增加18%,在低氮条件下增加3%;保留主根植株的侧根密度在高氮下增加7%,在低氮下增加19%(表3-15)。

表 3-15　高低氮处理对限根玉米植株根系形态的影响（营养液培养）

项目	高氮		低氮	
	对照植株	保留主根植株	对照植株	保留主根植株
吸收根总根长/cm	2 952.9＋235.6a	2 279.6＋329.1a	1 755.2＋124.1a	1 557.7＋127.0a
主根				
总根长/cm	1 189.7＋121.1b	2 279.6＋329.2a	824.8＋96.7b	1 557.7＋134.7a
主根根长/cm	49.9＋5.6b	59.1＋3.9a	58.2＋3.8a	59.9＋3.6a
侧根数	381.2＋30.4b	486.8＋14.7a	333.1＋15.4b	406.5＋31.7a
侧根密度/（数目/cm 根）	7.4＋0.4b	7.9＋0.1a	5.8＋0.4b	6.9＋0.6a

每行数字后面不同小写字母表示相关系数在 5％水平上显著。

3.2.1.3　限根玉米植株体内的氮素循环

植物中的氮素表现出很强的迁移性。根系吸收矿质元素，经木质部运到地上部后，其中一部分经过韧皮部运输回到根中的过程，称为矿质养分的循环。上述从地上部运回到根中的矿质养分的一部分被根系利用，多余部分经木质部再次运至地上部的过程为养分的再循环。氮素循环对植物生长发育具有重要作用，胁迫条件下尤其如此（Marschner et al.，1997）。植物中的氮素运输和循环随植物种类和环境条件不同而改变。在一些物种如小麦（Lambers et al.，1982），烟草（Rufty et al.，1990），豌豆（Duarte and Larsson，1993），蓖麻（Peuke et al.，1994）和玉米（Niu et al.，2007）中，低氮条件下氮素循环增加。

如图 3-6 所示，本实验中氮素积累的最大库是上部叶，具有完整根系、胚根或主根的玉米植株上部叶片分别积累了植株所吸收总氮量的约 93％、84％和 95％（图 3-6）。限根的植株中，通过胚根或主根吸收和经中胚轴木质部输导的氮素，既分配给地上部的不同叶片，也分配给生长受到限制的节根。由于木质部向地上部运输的总氮量超出了根系吸收的总氮量，必定发生了氮素通过韧皮部从地上部到根系的循环。在具有完整根系、胚根或主根的玉米植株中，韧皮

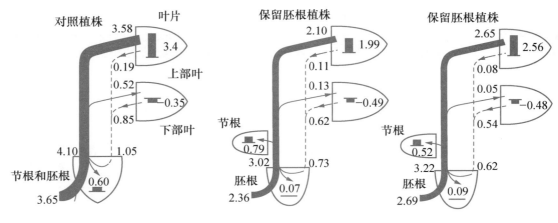

图 3-6　不同限根处理玉米植株氮素吸收、运输和利用的循环模式图

箭头宽度、垂直柱的高度分别根据各部位的吸氮量作图，

图中数字代表氮的吸收、运输和利用量（mmol N/株，研究期 10 天）

部循环的总氮量分别占木质部向地上部运输氮素的 26%、24% 和 19%。通过韧皮部循环回到根系的氮主要来源于下部叶片(图 3-6)。由于各处理植株的下部叶经韧皮部输出的氮量超过了从木质部输入的氮量,导致下部叶发生氮素的净输出。

限制节根生长的植株除表现有补偿性根系生长及更高的氮素吸收效率外,植株中的氮循环也比对照更快。保留胚根或主根的植株由木质部运输的氮素量是吸收量的 1.3 倍和 1.2 倍,也比对照植株高 1.1 倍。因此,限根植株体内氮浓度没有显著降低,而且,生长较快的上部叶片木质部汁液中总氮浓度也比对照植株高,尽管差异没有达到显著水平。

3.2.1.4　限根后根系吸收 NO_3^- 变化

^{15}N 吸收实验结果表明,保留主根植株的主根与对照植株的主根相比,吸收 NO_3^- 的能力没有差别;对照植株的主根与其他根系相比,吸收 NO_3^- 的能力也没有差别(图 3-7)。编码玉米低亲和力 NO_3^- 转运系统的基因 *ZmNrt1.1* 在对照植株、保留胚根植株和保留主根植株的主根中的表达水平没有差异(图 3-8)。因而可以判定,限制根系生长后根系 NO_3^- 吸收系统的活性没有发生变化。

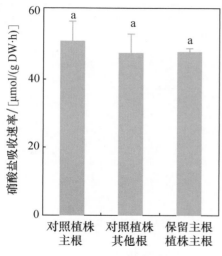

图 3-7　不同限根处理后根系吸收
$^{15}NO_3^-$ 速率比较

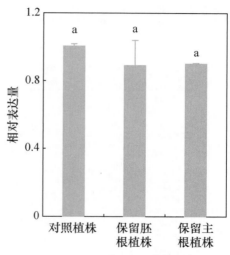

图 3-8　不同限根处理后玉米植株
主胚根 ***ZmNrt1.1*** 表达量比较
基因表达水平为相对 Tubulin 的表达量,
其中对照处理的表达水平设为 1。

3.2.2　节根对地上部生长和养分吸收的影响

玉米开始拔节后,主要由节根负责水分和养分的吸收。为研究节根的重要性及生长和功能的冗余特征,设置了不同切根处理。第一年设有四个处理:去掉地上第一轮节根(B1),去掉地上第二轮节根(B2),去掉地上第一、二两轮节根(B1-2)(注:发生较早的为地上第一轮节根,发生较晚且靠上的为地上第二轮节根),对照(CK)。Wu312 地上只有一轮节根,故只有两个处理。第二年设置 3 个处理:去掉地上第一轮节根(B),去掉紧挨地面的地下一轮节根(C)和对照(CK)三个处理。切根方法:当需要切除的节根刚发生 1~2 cm 长时,用小刀轻轻切断,避免损伤其他轮次节根。第一年切除地上第一轮节根的时间在播种后 63～76 天;切除地上第二轮节根时间在播种后 68～73 天。第二年切除地下一轮节根的时间在播种后 57 天;切除地上第一轮节根的时间在播种后 66～70 天。

3.2.2.1 节根对植株生长和产量的影响

两年实验中,不同切根处理没有显著影响收获时的籽粒产量,除个别处理外也没有影响地上部生物量。但大部分切根处理植株的整个根系生物量都明显下降(表 3-16)。第一年(2005)实验中,切除地上第一轮节根(先发生或靠近地面的一轮)对地上节根和整个根系生物量以及籽粒产量和地上生物量的影响大于切除地上第二轮节根(后发生)的影响,尽管对产量无明显影响,说明地上第一轮节根(最靠近地面)对植株生长的贡献更大。与切除一轮节根相比,切除两轮地上节根的影响最大,但仍然没有导致籽粒产量明显降低(表 3-16)。第二年(2006)切除地上第一轮节根或地下靠近地表的一轮节根尽管影响地上或地下节根的生物量,但对地上部植株生物量或籽粒产量都没有显著影响,结果表明了玉米根系生长的冗余特征。

表 3-16　切除部分节根对成熟期玉米自交系各器官生物量的影响　　　　　　g

年份	自交系	处理	籽粒	地上部	地上节根	地下节根	整个根系	整株
2005	478	CK	118.6a	278.4a	14.8a	8.7a	23.5a	301.9a
		B1	93.8a	238.7ab	3.7bc	8.2a	12.0b	258.5ab
		B2	103.3a	263.0ab	6.3b	7.0a	13.3b	276.2ab
		B1-2	90.0a	220.5b	1.3c	8.5a	9.7b	242.1b
	Zi330	CK	107.3a	296.3a	8.9a	7.7ab	16.6a	312.9a
		B1	85.1a	228.6b	1.7c	8.2ab	9.9c	238.5b
		B2	95.0a	280.2a	5.6b	7.2b	12.9b	293.1a
		B1-2	78.0a	246.1b	0.0d	9.7a	9.7c	255.8b
	Chen94-11	CK	68.9a	209.1a	6.3a	7.7a	14.0a	223.1a
		B1	66.0a	205.5a	3.7b	7.8a	11.5ab	217.0a
		B2	66.2a	216.7a	4.2b	7.9a	12.1ab	228.8a
		B1-2	52.5a	201.8a	0.4c	9.1a	9.5b	211.3a
	Wu312	CK	62.0a	214.3a	6.5a	7.5a	14.0a	228.3a
		B1	73.0a	221.5a	0.0b	9.5a	9.5b	230.9a
2006	478	CK	90.1a	222.2a	12.6a	5.9a	18.4a	240.6a
		C	77.2a	196.6a	12.0a	2.9b	14.9ab	211.6a
		B	82.6a	202.2a	6.8b	5.9a	12.7b	214.8a
	Wu312	CK	65.4a	188.0a	5.1a	6.4a	11.5a	199.5a
		C	71.4a	188.1a	6.3a	3.0b	9.4ab	197.5a
		B	63.2a	169.0a	1.9b	5.0a	6.8b	175.8a

每列数字后面不同小写字母表示相关系数在 5% 水平上显著。

3.2.2.2 节根对植株吸氮量的影响

切除部分轮次节根后导致整个根系的含氮量下降,也使氮高效自交系 478 和 Zi330 的整株含氮量下降。但类似于对生物量的影响,切除一轮地上节根没有显著减少籽粒含氮量,切除两轮地上节根显著降低了氮高效自交系 478 和 Zi330 的籽粒含氮量。对氮低效自交系 Chen94-11 和 Wu312,两年无论是切除地上或地下节根都没有显著影响籽粒、地上部和整株含氮量(表 3-17)。表明根系不仅具有生长冗余,同时具有功能冗余特性,可以用较小的根系满足较大的地上部对养分的需求,但不同基因型之间有所差异。

表 3-17　切除部分节根对成熟期玉米自交系各器官含氮量的影响　　　　mg

年份	自交系	处理	籽粒	地上部	地上节根	地下节根	整个根系	整株
2005	478	CK	1 698a	2 943a	136a	74a	210a	3 153a
		B1	1 200ab	2 292b	35b	55a	91b	2 383b
		B2	1 305ab	2 437ab	45b	60a	106b	2 544ab
		B1-2	978b	2 035b	12b	62a	75b	2110b
	Zi330	CK	1 579a	3 095a	89a	72a	161a	3 256a
		B1	1 238a	2 432c	22c	67a	89bc	2 522c
		B2	1 466a	2 916ab	50b	66a	117b	3 034ab
		B1-2	1 156b	2 666bc	0d	84a	84c	2 750bc
	Chen94-11	CK	1 067a	2 232a	87a	90a	178a	2 411a
		B1	1 037a	2 113a	55a	75a	131a	2 244a
		B2	1 034a	2 239a	50a	104a	155ab	2 395a
		B1-2	902a	2 166a	7b	96a	103b	2 270a
	Wu312	CK	1 017a	2 317a	61a	67a	129a	2 446a
		B1	1 074a	2 373a	0b	85a	85b	2 459a
2006	478	CK	1 362a	2 577a	129a	58a	188a	2 764a
		C	1 112b	2 117b	110ab	28b	138ab	2 255b
		B	1 155ab	2 107b	59b	55a	115b	2 222b
	Wu312	CK	1 039a	2 087a	56a	71a	127a	2 213a
		C	1 154a	2 075a	66a	27b	92b	2 168a
		B	1 040a	1 952a	19b	42b	62b	2 014a

每列数字后面不同小写字母表示相关系数在5%水平上显著。

与对照相比,由于切除部分节根后籽粒产量和籽粒含氮量基本没有受到显著影响,除了 2006 年去掉 478 地下第一轮节根的处理外,切除根系植株的单位根重吸氮量都高于对照植株 (表 3-18)。单位根重吸氮量的结果:2005 年去掉地上第一、第二两轮节根植株>去掉地上第一轮节根植株>去掉地上第二轮节根植株>对照。2006 年去掉地上第一轮节根植株>去掉地下一轮节根植株>对照。

表 3-18　切除部分节根对不同玉米自交系单位根重吸氮量的影响　　　mg N/g 根干重

年份	处理	自交系			
		478	Zi330	Chen94-11	Wu312
2005	CK	134.2	196.1	172.2	174.7
	B1	198.6	254.8	195.1	258.8
	B2	191.3	235.2	197.9	—
	B1-2	217.5	283.5	239	—
2006	CK	150.2	—	—	192.4
	C	151.3	—	—	230.6
	B	175	—	—	296.2

3.2.2.3　节根对根系形态的影响

切除部分节根使总根重下降,但籽粒产量和含氮量没有显著下降(表 3-16,表 3-17),单位根重吸氮量有明显增加(表 3-18)。在限根条件下剩余根是否发生了补偿性生长?

2005 年切除地上节根对不同玉米自交系整个根系的形态影响如表 3-19 所示。去掉地上第一轮节根,第一、第二两轮节根后显著降低了四个玉米自交系的总根长、侧根长、轴根长和根表面积。去掉地上第二轮节根的根系形态各指标虽然降低,但 Chen94-11 的总根长、侧根长、轴根长与对照相比差异不显著,Zi330 的总根长与对照差异不显著,其他玉米自交系各指标均有显著差异。去掉 Zi330、Chen94-11、Wu312 三个自交系地上部第一、第二层两轮节根后,地下根系的各根系形态指标都有增加趋势,其中尤以 Zi330 表现明显,说明在限根条件下剩余根系出现了补偿性生长。

表 3-19　切除部分地上节根对不同玉米自交系根系形态的影响(2005 年)

玉米自交系	处理	总根长/m	侧根长/m	轴根长/m	根表面积/($\times 10^2$ cm^2)
478	CK	122.2±3.7a	97.7±4.0a	24.4±2.1a	45.2±1.4a
	B1	48.0±5.6b	32.6±4.7b	15.4±1.0b	20.4±1.6b
	B2	68.5±11.4b	53.2±11.4b	15.2±1.9b	26.0±3.6b
	B1-2	48.8±11.8b	37.8±10.4b	10.9±2.0b	17.0±4.1b
Zi330	CK	77.1±4.0a	58.8±4.1a	18.3±1.1a	30.6±1.2a
	B1	49.8±7.4b	37.8±7.7b	12.0±0.7b	19.2±1.9bc
	B2	61.6±9.3ab	48.3±9.8b	13.2±0.9b	23.1±1.6b
	B1-2	54.1±6.8b	42.8±6.2b	11.3±0.6b	18.2±1.9c
Chen94-11	CK	96.8±10.4a	79.1±9.0a	17.6±1.5a	39.8±4.0a
	B1	47.5±7.1b	35.0±8.1b	12.5±0.7b	22.6±2.0b
	B2	69.7±4.7ab	56.2±4.5ab	13.4±1.1ab	28.2±3.9b
	B1-2	60.7±7.0b	50.7±7.4b	9.9±0.8b	22.6±3.3b
Wu312	CK	56.5±0.3a	43.6±1.0a	12.9±1.0a	22.7±1.7a
	B1	34.7±3.7b	23.7±3.2b	10.9±0.8a	14.8±1.5b

每列数字后面不同小写字母表示相关系数在 5% 水平上显著。

2006 年切除部分节根后,不同时间对不同玉米自交系根系形态的影响有所不同。切除 Wu312 地上一轮节根(B)使整个根系总根长显著降低,但切除地下一轮节根(C)后总根长与对照相比差异不显著。而切除 478 地上一轮或地下一轮节根后除在成熟期显著降低植株总根长外,其他时间对总根长没有显著影响(图 3-9)。

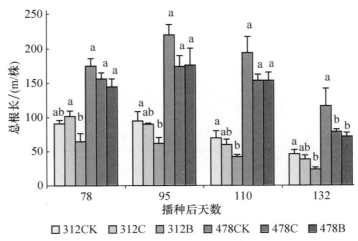

图 3-9　切除部分节根后不同时间对不同

玉米自交系总根长的影响(2006 年)

限制部分根系生长会引起植物一系列形态和生理变化来协调地上部和根系的生长。切根处理会促进剩余根系的 ABA 合成增加,并通过韧皮部向地上部运输,调控地上部如气孔开闭和叶片展开速率等生理过程,还会限制水分的流动(Jeschke and Hilpert,1997)。有研究表明,切除或抑制玉米等作物部分根系的生长会刺激侧根的生长。在上述 2006 年实验中,切除 Wu312 地下一轮节根促进了地上节根总根长和侧根长的增加。2005 年实验中切除地上第一、第二两轮节根后,Zi330、Chen94-11 和 Wu312 的地下根系生长都有所增加,尤以 Zi330 表现明显。此外,切除部分节根导致根重明显下降,但籽粒产量和含氮量没有显著下降,主要是由于剩余根系的单位根重吸氮量大大增加,剩余根系在形态和功能上都表现出补偿作用,弥补切除部分节根的损失,满足地上部生长对水分和养分的需求。

本实验中地上节根为第七及第七轮以上节根。2006 年试验中去掉的地下一轮节根是第六轮节根。处理时间相对较晚,植株正处于抽雄期,即玉米营养生长向生殖生长的过渡时期。处理后地上部籽粒与根系竞争碳水化合物,也限制了根系的生长,可能导致侧根的生长不如报道的研究中增加显著。因此在生产中断根处理一般应选择在苗期,而且适度才能够不影响正常生长。

3.3　冠根间氮素循环

养分在冠根间的循环对植物生长发育起着重要作用,尤其在胁迫条件下更为重要(Marschner et al.,1997)。许多矿质元素(如氮、磷、钾、硫)和含碳化合物在冠根之间的循环早已得到证实。氮素在体内的循环和分配因物种和环境不同而异。低氮可以提高氮素在冠根间的循环已在不同物种有所报道。缺氮会引起植物生长和形态的变化,例如促进根系生长以增加与土壤的接触。植物对缺氮的另一个适应机制是提高体内氮素的利用效率(Marschner,1995)。田间氮素充足条件下,氮效率(籽粒产量/土壤中可获取的氮素总量)主要取决于氮素吸收效率,而在缺氮条件下主要取决于体内氮的利用效率(Moll et al.,1982)。Hirel 等(2001)认为,产量提高并不是因为提高了无机氮素的吸收能力,而是由于氮素的高效率转运从而提高氮的利用效率。我们用两个玉米自交系 Zi330(氮高效)和 Chen94-11(氮低效)为材料,研究不同供氮水平下氮素在体内的循环、与水分间的关系及对氮吸收的影响,从而更好地理解玉米氮效率基因型差异的生理机制。

3.3.1　植物生长和氮素吸收

实验分两次收获。第一次收获时,Zi330 整株生物量和含氮量都显著高于 Chen94-11。表明前者比后者具有相对较快的生长速率和较高的氮素吸收能力(表 3-20 和表 3-21)。与高氮处理相比,减少氮素供应使两个玉米自交系的干重,特别是氮素净增量减少,尤其对 Chen94-11 影响很大。尽管如此,Zi330 上部叶干物重的净增量并未受到减少氮素供应的影响,而 Chen94-11 上部叶生物量则大大减少。表明在低氮条件下,Zi330 具有高效的氮素吸收和构建新组织的能力。

表 3-20　不同氮水平下玉米自交系的根冠比及各器官、整株水平的干重基础值和净增量

处理	玉米自交系	干重/(g/株)				
		上部叶	中部叶	下部叶	根系	整株
		基础值				
	Zi330	0.68a	0.74a	0.40b	0.36a	2.18a
	Chen94-11	0.64a	0.52a	0.25b	1.74b	3.00b
		第二次收获干重净增量				
高氮	Zi330	3.68a	0.24a*	0.03a*	1.44a	5.38a
	Chen94-11	2.57a*	0.28a*	0.05a*	0.72b	3.63b*
低氮	Zi330	3.63a	0.04b	−0.07a	1.15a	4.75a
	Chen94-11	1.65b	0.10b	−0.08a	0.63b	2.30b

　　每列相同的字母表示基础值和第二次收获净增量在相同氮水平条件下差异不显著($P \leqslant 0.05$)；* 表示相同自交系高低氮两个处理之间差异显著($P \leqslant 0.05$)；自交系和氮水平之间无交互作用。

表 3-21　不同氮水平下玉米自交系各器官及整株水平的含氮量基础值和净增量

处理	玉米自交系	含氮量/(mmol/株)				
		上部叶	中部叶	下部叶	根系	整株
		基础值				
	Zi330	1.32a	1.39a	0.66a	0.42a	3.79a
	Chen94-11	0.61b	1.22a	0.84a	0.33a	3.00b
		第二次收获净增量				
高氮	Zi330	3.32a*	−0.53b*	−0.41a*	1.46a*	3.84a*
	Chen94-11	3.00a*	−0.23a*	−0.35a*	0.90b*	3.32a*
低氮	Zi330	2.07a	−0.91b	−0.47a	0.53a	1.22a
	Chen94-11	1.21b	−0.52a	−0.47a	0.33b	0.55b

　　每列相同的字母表示基础值和第二次收获净增量在相同氮水平条件下差异不显著($P \leqslant 0.05$)；* 表示相同自交系高低氮两个处理之间差异显著($P \leqslant 0.05$)；自交系和氮水平之间无交互作用。

3.3.2　蒸腾量和水分利用效率

　　第一次收获时，氮高效自交系 Zi330 的地上部生物量和叶面积显著大于低效自交系 Chen94-11，并具有更高的蒸腾速率(图 3-10)。与高氮相比，低氮处理并没有影响 Zi330 的蒸腾量，而 Chen94-11 的蒸腾量则大大降低。两个氮水平条件下 Zi330 的水分利用率均高于 Chen94-11(表 3-22)。降低氮的供应并没有影响两个自交系的水分利用效率。

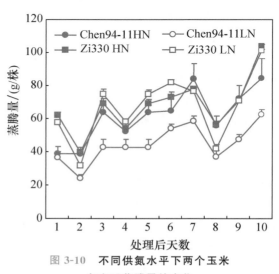

图 3-10　不同供氮水平下两个玉米自交系蒸腾量的变化

表 3-22　　不同氮水平下玉米自交系整株水分利用效率

高氮		低氮	
Zi330	**Chen94-11**	**Zi330**	**Chen94-11**
7.95±0.47a	5.87±0.41b	7.12±0.63a	5.16±0.34b

3.3.3　氮素在体内的分配和循环

高氮条件下,尽管 Zi330 比 Chen94-11 具有更高的根系生长速率(表 3-20),但两个自交系的氮素吸收量没有显著差异(表 3-21)。但在低氮下,供应的氮浓度仅为高氮处理的 1/50,Zi330 在两次收获期间的吸氮总量为 1.22 mmol,占高氮处理吸收氮量的 31.8%(表 3-21)。在相同条件下,Chen94-11 吸收氮的总量为 0.55 mmol,仅占高氮处理时吸氮量的 16.6%。表明在低氮条件下 Zi330 具有更高的氮素吸收速率,这与 Zi330 具有更大的根系有关。氮吸收效率决定于根系形态和吸收能力(Kamh et al.,2005;Reidenbach and Horst,1997)。另一方面,需求决定氮素吸收机制已有报道(Imsande and Touraine,1994;Engels et al.,1992)。寄生系统($Ricinus+Cuscuta$)中库强决定氮素吸收已有报道(Jeschke and Hilpert,1997)。因此,在低氮条件下,Zi330 更大的库强促进了氮素吸收。

除了较高的氮素吸收速率以外,两个自交系在体内氮素循环方面也有差异。低氮下 Zi330 的氮循环量高于 Chen94-11,Zi330 通过木质部运输的氮量是 Chen94-11 的 2.7 倍(图 3-11);但在高氮下,尽管氮素吸收速率较高,Zi330 通过木质部运输的氮量少于 Chen94-11。两个自交系在高氮下通过木质部运输的氮和通过韧皮部循环的氮要远远高于低氮处理。在所有处理中,通过木质部运输的氮量远远多于同期根系吸收的氮量。多出的部分通过韧皮部循环得到补充。甚至通过韧皮部再循环的氮量超过根系吸收的氮量。在高氮条件下,Zi330 和 Chen94-11 通过韧皮部循环的氮分别占木质部运输的氮量的 65.4% 和 66.7%,而在低氮下则分别为 71.7% 和 73.9%(图 3-11)。在氮素缺乏条件下,玉米氮效率的差异主要取决于体内累积氮素的移动和再利用(Hirel et al.,2001;Moll et al.,1982)。

通过韧皮部从地上部循环到根系的氮素来自叶片。两个玉米自交系在不同氮水平下中部叶和下部叶都表现出氮素净输出现象。蓖麻中氮素循环模式图中可以看出从叶片输出的氮素不是直接向上运输供应给幼叶,而是首先向下运输到根系,之后通过木质部运到幼叶中(Jeschke and Pate,1991a),本实验得到同样的结果。Marschner 等(1997)描述了养分循环对植物生长和发育的重要性。地上部幼嫩器官获得的养分受益于通过根系的再循环(Jeschke and Pate,1991b)。本实验的所有处理中,通过木质部直接运输到上部叶的氮量都超过了根系直接吸收的氮量。同时,两个自交系在低氮条件下上部叶氮素的累积量超过了根系氮素吸收量。

供应 NO_3^- 的植物木质部汁液中还原态氮和 NO_3^- 的比值可以作为评价 NO_3^- 在根系和地上部还原比例的指标。本实验中,高氮下木质部汁液中以 NO_3^- 为主,而在低氮下含氮化合物主要是氨基酸态氮(表 3-23)。减少氮素供应使 NO_3^- 的主要还原部位转移至根系(Andrews,1986;Rufty et al.,1990)。硝酸还原酶是受 NO_3^- 诱导的。许多报道已经证实硝酸还原酶的活性与硝酸盐的供应和吸收有关(Godon et al.,1995;Fan et al.,2002)。

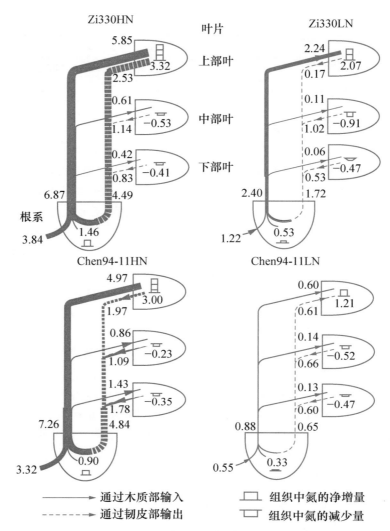

图 3-11　两个玉米自交系在高低氮条件下氮素的吸收、体内运输和利用

箭头宽度、垂直柱的高度分别根据各器官的吸氮量多少作图，图中数字代表氮的吸收、运输和利用量。

表 3-23　不同氮水平下玉米自交系不同叶位木质部汁液中的氮形态和总氮浓度

			NO$_3^-$-N	NH$_4^-$-N	Amino-N	Total N
上部叶	高氮	Zi330	5.71a*(85.1)	0.06a(0.8)	0.94a(14.1)	6.71a*
		Chen94-11	1.18b*(76.6)	0.05a(3.2)	0.31a(20.2)	1.54b*
	低氮	Zi330	0.23a(28.9)	0.03a(3.4)	0.53a(66.7)	0.79a
		Chen94-11	0.14a(35.3)	0.03a(7.3)	0.24a(57.4)	0.41a
中部叶	高氮	Zi330	3.52a*(73.6)	0.03a(0.6)	1.23a*(25.8)	4.78a*
		Chen94-11	2.64a*(73.2)	0.04a(1.1)	0.93a(25.7)	3.61a*
	低氮	Zi330	0.18a(25.5)	0.03a(4.1)	0.50a(70.4)	0.71a
		Chen94-11	0.31a(41.4)	0.01a(2)	0.42a(56.6)	0.74a

续表 3-23

			$NO_3^- - N$	$NH_4^+ - N$	Amino-N	Total N
下部叶	高氮	Zi330	2.96a*(81.4)	0.02a(0.7)	0.65a(17.9)	3.64b*
		Chen94-11	4.01a*(79.5)	0.08a(1.5)	0.95*a(19)	5.04a*
	低氮	Zi330	0.16a(39.6)	0.02a(5)	0.23a(55.4)	0.41a
		Chen94-11	0.34a(54.3)	0.03a(5.2)	0.26a(40.5)	0.63a

括号中的数值表示木质部汁液中各种形态氮占总氮的百分数。相同字母表示相同氮水平条件下相同叶位的组分两个玉米自交系差异不显著($P \leqslant 0.05$);* 表示相同自交系高低氮处理之间差异显著($P \leqslant 0.05$)。

两个氮效率的概念,即籽粒产量/土壤中可获取的氮素总量和单位质量氮产生的干物重,对于两个玉米自交系来说是一致的。Zi330 在限制氮素供应条件下具有更高的氮素吸收和循环能力。同时在高、低氮处理中都有更高的水分利用效率,这可能与其较低的单位叶片干物重的蒸腾量有关。与高氮条件相比,低氮使 NO_3^- 的主要还原部位从地上部转移至根系。上述结果强调了通过韧皮部循环提高氮素再利用的重要性,为植物体内氮循环受氮供应条件不同而改变提供了新的证据。

3.4 冠根间磷素循环

与氮不同,磷在土壤中的有效性极低。但磷被吸收到植物体后,在体内的移动性很高,所以在木质部和韧皮部中的循环和再分配对植物生长和提高磷利用效率有重要作用,尤其在缺磷条件下更为明显(Marschner et al.,1996)。植物可以通过改变磷和光合产物在不同部位的分布来适应磷胁迫,低磷使营养器官中更多的磷优先分配到生殖生长器官。

为比较不同玉米品种在差异供磷条件下体内磷循环的差异,在营养液培养条件下进行了实验。表 3-24 的结果看到,与高磷相比,低磷处理 10 天期间玉米各器官和整株的干重净增量

表 3-24 不同磷水平下不同玉米品种各器官的干重分配(袁硕等,2011)

品种	处理	干重/(g/株)				
		上部叶	中部叶	下部叶	根	整株
		第一次收获				
蠡玉 16	P_{250}	2.06a	1.55a	1.10b	1.87a	6.58a
宽诚 10	P_{250}	1.32b	1.67a	1.33a	1.54b	5.86a
冀单 28	P_{250}	1.42b	1.56a	1.45a	1.88a	6.31a
		处理 10 d 后干重净增量				
蠡玉 16	P_{250}	3.48a	0.38ab	-0.02ab	1.19a	5.03a
	P_5	2.75b	0.31b	-0.07b	1.27a	4.26b
宽诚 10	P_{250}	2.61b	0.26b	-0.07b	0.72b	3.52c
	P_5	2.05c	0.03c	-0.21c	0.43c	2.30e
冀单 28	P_{250}	2.09c	0.52a	0.07a	0.30cd	2.98d
	P_5	2.06c	0.29b	-0.27c	0.15d	2.23e

同一收获时期同一列数字后不同小写字母代表 5% 显著水平。P_{250} 充足供磷;P_5 低磷

均减少。第二次收获时,蠡玉16的根冠比值在低磷下有所增加,而宽诚10和冀单28的根冠比值变化不大。Jeschke等(1997)指出,与充足供磷相比,低磷植株的木质部中$H_2PO_4^-$含量降低,可以用增加Cl^-和SO_4^{2-}来补偿;同时,低磷还限制根系对NO_3^-的吸收,显著降低体内氨基酸和NO_3^-含量。Khamis等(1990)报道,缺磷前期对地上部生长抑制作用较弱,促进根系生长,而后期虽对两者均抑制,但对地上部的抑制作用明显大于根系(Marschner,1995),长期缺磷也会限制根系生长(Hajabbasi and Schumacher,1994)。

缺磷促进光合产物和磷在植物体内运输(Crafts-Brandner,1992),并向生长旺盛的新生器官转移(Jeschke et al.,1997)。图3-12也证明低磷促进磷在韧皮部的再循环,提高体内磷的利用效率。

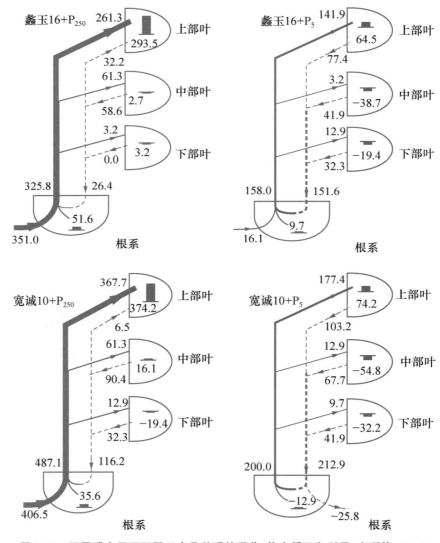

图3-12 不同磷水平下不同玉米品种磷的吸收、体内循环和利用(袁硕等,2011)

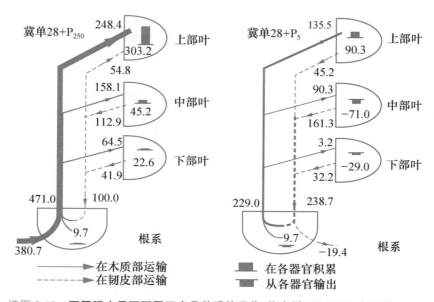

续图 3-12　**不同磷水平下不同玉米品种磷的吸收、体内循环和利用**（袁硕等，2011）
箭头宽度和垂直柱高度根据 P 运输量和积累量作图。数字代表 P 的吸收、运输和利用量。P_{250}充足供磷；P_5低磷

处理 10 天期间，高磷时上部叶和根均是磷库，中、下部叶表现不一致，各器官积累的磷来自木质部运输，根系吸收的磷通过木质部运往地上部；蠡玉 16、宽诚 10、冀单 28 木质部中运输总磷量的 80.2％、75.5％和 52.7％被运到各自的上部叶。低磷时只有上部叶是磷库，中、下部叶均有磷的净输出，因而成为源。各叶片中输出的磷通过韧皮部循环到根系，3 个玉米品种木质部中运输的磷主要来自磷的韧皮部循环。高磷时同样各叶片输出的磷先通过韧皮部循环至根中，再经过木质部运往地上部，尤其是上部叶。

3.5　木质部汁液蛋白组

木质部是植物体内水分、养分长距离运输的通道。木质部汁液中除了含有水分和矿质养分之外，还含有植物激素、多胺（Friedman et al.，1986）、碳水化合物（Lopez-Millan et al.，2000）、有机酸（Larbi et al.，2010）、氨基酸（Malaguti et al.，2001）和蛋白质（Buhtz et al.，2004；Djordjevic et al.，2007；Nicole et al.，2009），其组成成分随植物种类的不同而有所差别（Buhtz et al.，2004）。自 Biles 和 Abeles（1991）首次在木质部汁液中发现源于根系的过氧化物酶开始，关于木质部汁液中蛋白质组学的研究呈现出迅猛发展的趋势，先后定性鉴定出油菜（Kehr et al.，2005）、玉米（Alvarez et al.，2006）、大豆（Djordjevic et al.，2007）和白杨木（Nicole et al.，2009）等植物木质部汁液中的蛋白质组分。近年来，有关木质部汁液中蛋白质应对各种生物和非生物胁迫的研究越来越多。当水稻受到 X. oryzae 病菌侵染时，木质部汁液中的过氧化物酶含量明显升高（Young et al.，1995）。与正常供应水分相比，处于干旱条件下的玉米木质部汁液中阳离子、阴离子、氨基酸、有机酸、脱落酸含量变化明显（Goodger et al.，2005）。Alvarez 等（2006）定性了玉米木质部汁液蛋白组，随后证实在干旱条件下，玉米木

质部汁液中 39 种蛋白质的累积差异显著,其中葡聚糖酶、几丁质酶、甜蛋白酶等与细胞壁代谢相关的酶及其同工酶的累积显著下调(Alvarez et al.,2008)。这些累积差异显著的蛋白可能参与玉米木质部汁液对干旱胁迫的反应过程(Alvarez et al.,2006,2008)。

在养分胁迫条件下,玉米木质部汁液中蛋白质的种类和数量同样会发生变化。在田间设置三个氮肥(尿素)处理:分低氮,0 kg/hm² (LN);对照,优化施氮处理(250 kg/hm²,ON);高氮,农民习惯施氮量(365 kg/hm²,HN)。播种后 68 天(抽雄前),在每个小区选取长势相近的 6 株玉米,在茎基部切去地上部后收集木质部汁液。将收集到的木质部汁液冷冻干燥浓缩之后,测定蛋白质浓度,之后采用 2D-SDS-PAGE 法进行蛋白分离,用分析软件对图像进行分析找出累积差异显著的蛋白点挖取。胶内酶解后进行蛋白质鉴定。将质谱数据导入 MASCOT 软件,先后检索玉米蛋白数据库(www.maizesequence.org,version 5a)和(美国)国家生物技术信息中心(NCBI)数据库,依据 ExPASy(http://expasy.org/tools)中蛋白质功能注释进行蛋白质功能分类。

结果表明,三个供氮水平下,在双向电泳凝胶上约有 230 个可见的蛋白点(图 3-13),蛋白的等电点介于 4~7 之间,分子量大小介于 14~100 ku 之间。蛋白胶图分析软件分析结果表明,三种不同供氮水平下总共有 27 个蛋白质差异累积显著。采用质谱技术对差异累积显著的蛋白进行鉴定,将质谱数据导入玉米全基因组数据库搜索,最终获得了 23 个蛋白质(表 3-25)。功能分析结果表明,这些蛋白质的功能与植物防御、胁迫反应、代谢以及细胞程序化死亡相关。

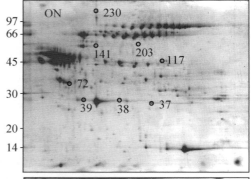
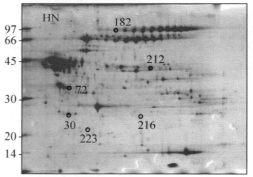

图 3-13 田间不同供氮水平下,播种后 68 天(抽雄前)玉米木质部汁液中蛋白质 2D-SDS-PAGE 电泳图

图中圆圈表示编号的蛋白。

与适量供氮(ON)相比,低氮(LN)处理的玉米植株木质部汁液中有 7 个蛋白质特异累积,2 个蛋白质的累积显著上调,6 个蛋白质的累积显著下调,2 个蛋白质只在适量供氮玉米木质部汁液中检测到。同时,与适量供氮相比,供高氮(HN)的玉米植株木质部汁液中检测到 2 个蛋白质特异累积,3 个蛋白质的累积显著上调,1 个蛋白质的累积显著下调。另外,通过查阅相关文献资料发现这 23 个差异累积显著的蛋白质中有 12 个蛋白质为第一次在玉米木质部汁液

表3-25 田间不同供氮水平下，播种后68天（抽雄前）玉米木质部汁液中23个差异累积蛋白质

蛋白编码 a)	蛋白注释	登录号 b)	理论等电点/分子量 c)	实际等电点/分子量 d)	Mascot得分 e)	差异累积	功能分类 f)
		LN vs ON					
48	Endochitinase A	GRMZM2G051943_P01	8.53/29	8.7/29	54	上调	植物防御
92	Peroxidase 52	AC197758.3_FGP004	6.86/35	6.5/39	229	上调	植物防御/胁迫响应
37	Germin-like protein subfamily 1 member 11	GRMZM2G094328_P01	6.81/27	6.2/27	131	下调	胁迫响应
39	Germin-like protein subfamily 1 member 11	GRMZM2G094328_P01	6.81/27	4.9/29	150	下调	胁迫响应
117	Peroxidase 39	GRMZM2G085967_P01	7.59/35	7.3/44	318	下调	植物防御/胁迫响应
72	Xylem cysteine proteinase 2	GRMZM2G066326_P01	5.08/41	4.4/34	92	下调	代谢/细胞程序化死亡
38	Hypothetical protein	AC215498.3_FGP004	5.35/50	6.0/28	41	下调	未知
141	Seed storage protein B	GI: 70672852(Vigna luteola)	5.14/50	5.3/55	169	下调	胁迫响应
210	Glycoside hydrolase family 28 protein	GRMZM2G052844_P01	7.03/47	7.0/58	44	新发现	植物防御
228	Ribonuclease	GRMZM2G161274_P02	5.53/25	5.4/16	50	新发现	代谢/细胞程序化死亡
107	Hydrolase, hydrolyzing O-glycosyl compounds	GRMZM2G454550_P01	4.96/69	6.1/43	292	新发现	代谢/植物防御
224	Glycosyl hydrolase family 10	GRMZM2G002260_P01	5.25/82	5.4/22	418	新发现	植物防御
214	Hydrolase, hydrolyzing O-glycosyl compounds	GRMZM2G431039_P01	4.83/61	7.2/28	333	新发现	代谢/植物防御
217	Hydrolase, hydrolyzing O-glycosyl compounds	GRMZM2G431039_P01	4.83/61	6.7/32	42	新发现	代谢/植物防御
82	Hydrolase, hydrolyzing O-glycosyl compounds	GRMZM2G431039_P01	4.83/61	4.9/36	62	新发现	代谢/植物防御
203	Seed lipoxygenase-3	GI: 126406 (Glycine max)	6.26/97	6.6/58	156	未检出	植物防御
230	Germin-like protein subfamily 1 member 11	GRMZM2G094328_P01	6.81/27	5.3/99	131	未检出	胁迫响应
		HN vs ON					
30	Ribonuclease	GRMZM2G161274_P02	5.53/25	4.4/25	122	上调	代谢/细胞程序化死亡
182	Subtilisin-like serine protease	GRMZM2G076417_P01	6.71/85	5.6/95	293	上调	代谢/细胞程序化死亡
212	Xylanase inhibitor	GRMZM2G053206_P01	7.52/38	6.5/44	83	上调	植物防御
72	Xylem cysteine proteinase 2	GRMZM2G066326_P01	5.08/41	4.4/34	92	下调	代谢/细胞程序化死亡
223	Glycosyl hydrolase family 10	GRMZM2G002260_P01	5.25/82	5.0/22	368	新发现	植物防御
216	Hypothetical protein	GRMZM2G059706_P01	5.83/18	6.5/25	52	新发现	未知

a) 蛋白点编号与图3-13中圆圈所示蛋白编号一致；
b) 在玉米全基因组数据库或NCBI蛋白数据库中的编号；
c) 数据库中该蛋白的理论等电点和分子量；
d) 试验蛋白胶上的等电点和分子量；
e) 蛋白鉴定过程中用MASCOT搜索数据库时的得分；
f) 运用ExPASy program(http://www.expasy.org/tools)软件对鉴定到的蛋白质进行功能分类。

中检测到(图 3-14,表 3-26)。它们分别是:4 个 O-糖基水解酶,3 个 Germin-like 蛋白,3 个糖苷水解酶家族蛋白,1 个种子储存蛋白 B 和 1 个种子脂氧化酶-3。其他 11 个为已经报道蛋白,其中 2 个过氧化物酶在干旱胁迫条件下同样检测到(Alvarez et al.,2006,2008)。

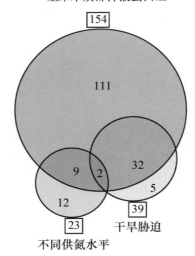

玉米木质部汁液蛋白组

图 3-14 田间不同供氮水平下,播种后 68 天(抽雄前)玉米木质部汁液中 12 个新鉴定到的蛋白以及 11 个已报道的蛋白

表 3-26 田间不同供氮水平下,播种后 68 天(抽雄前)玉米木质部汁液中 12 个新发现蛋白

蛋白编号	登录号	蛋白注释
82	GRMZM2G431039_P01	Hydrolase, hydrolyzing O-glycosyl compounds
214	GRMZM2G431039_P01	Hydrolase, hydrolyzing O-glycosyl compounds
217	GRMZM2G431039_P01	Hydrolase, hydrolyzing O-glycosyl compounds
107	GRMZM2G454550_P01	Hydrolase, hydrolyzing O-glycosyl compounds
37	GRMZM2G094328_P01	Germin-like protein subfamily 1 member 11
39	GRMZM2G094328_P01	Germin-like protein subfamily 1 member 11
230	GRMZM2G094328_P01	Germin-like protein subfamily 1 member 11
210	GRMZM2G052844_P01	Glycoside hydrolase family 28 protein
223	GRMZM2G002260_P01	Glycosyl hydrolase family 10
224	GRMZM2G002260_P01	Glycosyl hydrolase family 10
141	GI: 70672852	Seed storage protein B
203	GI: 126406	Seed lipoxygenase-3

蛋白点编号与图 3-13 中圆圈所示蛋白编号一致。

蛋白组学分析结果表明,不同供氮处理使木质部汁液中 23 个蛋白质的累积差异显著,其中的 12 个蛋白质为首次在玉米木质部汁液中检测到。功能分析结果表明,许多蛋白质参与植物防御过程,比如糖苷酶、过氧化物酶、几丁质酶、木聚糖酶抑制剂及种子脂氧化酶 3(Von Itzstein and Colman,1996;Henrissat and Davies,1997;Hiraga et al.,2001)。其中,几丁质酶抑制真菌的生长和传播(Punja and Zhang,1993;Masuda et al.,2001;Kasprzewska,2003),木聚糖酶抑制剂对植物病原菌水解活力起拮抗作用(De Lorenzo,2001)。另一部分差异累积显著的蛋白质参与了植物代谢和细胞程序化死亡,这部分蛋白质包括丝氨酸和半胱氨酸蛋白酶以及核糖核酸酶(Groover and Jones,1999;Xu and Chye,1999;Demura et al.,2002;Alvarez et al.,2006)。半胱氨酸增强玉米抗昆虫侵袭的能力,加速细胞程序化死亡(Pechan et al.,2000;Grudkowska and Zagdanska,2004)。另外,Germin-like 蛋白和过氧化物酶增强植物抗干旱、盐害、紫外线伤害的能力(Hurkman et al.,1991,1994;Zimmermann et al.,2006;Alvarez et al.,2008;Dunwell et al.,2008)。氮素不平衡时,引发玉米体内对生物和非生物胁迫的一般性胁迫反应,这种胁迫反应通常由许多参与病原菌侵害、抗非生物胁迫、代谢相关的酶和蛋白组成(表 3-27),是一种广泛存在于各种植物中的非特异性胁迫反应(Grudkowska and Zagdanska,2004;Mosolov et al.,2001)。

表 3-27　缺氮和过量供氮条件下木质部汁液中双重胁迫响应模型

胁迫反应	蛋白编号[a]	登录号	蛋白注释
一般性胁迫反应	30	GRMZM2G161274_P02	Ribonuclease
	228	GRMZM2G076417_P01	Ribonuclease
	48	GRMZM2G051943_P01	Endochitinase A
	82	GRMZM2G431039_P01	Hydrolase, hydrolyzing O-glycosyl compounds
	107	GRMZM2G454550_P01	Hydrolase, hydrolyzing O-glycosyl compounds
	214	GRMZM2G431039_P01	Hydrolase, hydrolyzing O-glycosyl compounds
	217	GRMZM2G431039_P01	Hydrolase, hydrolyzing O-glycosyl compounds
	92	AC197758.3_FGP004	Peroxidase 52
	117	GRMZM2G085967_P01	Peroxidase 39
	210	GRMZM2G052844_P01	Glycoside hydrolase family 28 protein
	223	GRMZM2G002260_P01	Glycosyl hydrolase family 10
	224	GRMZM2G002260_P01	Glycosyl hydrolase family 10
	182	GRMZM2G076417_P01	Subtilisin-like serine protease
	203	GI：126406	Seed lipoxygenase-3
	212	GRMZM2G053206_P01	Xylanase inhibitor
养分胁迫相关的反应	141	GI：70672852	Seed storage protein B
	37	GRMZM2G094328_P01	Germin-like protein subfamily 1 member 11[b]
	39	GRMZM2G094328_P01	Germin-like protein subfamily 1 member 11[b]
	230	GRMZM2G094328_P01	Germin-like protein subfamily 1 member 11[b]
	72	GRMZM2G066326_P01	Xylem cysteine proteinase 2[b]

[a] 蛋白点编号与图 3-13 中蛋白编号一致;[b] 蛋白名称右上角小写字母表示该蛋白具有双重功能。

除此之外,在玉米木质部汁液中还鉴定到种子储存蛋白 B,这是一种独特的与养分胁迫相关的蛋白质。养分充足的时候,种子储存蛋白作为养分的储存库;养分缺乏时,种子储存蛋白释放养分以维持体内的养分平衡(Kim et al.,1999;Staswick,1994;Shewry and Halford,2002)。因此缺氮时,玉米体内种子储存蛋白 B 分解释放养分,有助于氨基酸态氮的转移和再利用,使得木质部汁液中的氨基酸态氮占总氮的百分比上升。过量供氮的木质部汁液中同样检测到储存蛋白 B,但与适量供氮相比,其累积量无显著差异。吐丝前一周至吐丝后两周是籽粒发育的关键时期(Cantarero et al.,1999)。在此期间,穗轴和籽粒中氨基酸代谢相关酶活性增加,氨基酸代谢显著增强(Shimamoto and Nelson,1981;Misra and Oaks,1985;Seebauer et al.,2004)。储存蛋白 B 分解释放养分,有利于在籽粒发育关键时期维持幼穗中较高的氨基酸代谢水平。

木质部汁液中 23 个差异累积显著的蛋白质中有 4 个蛋白质具有双重作用。Germin-like 蛋白在缺氮时作为养分储存库,减少养分流失(Staswick,1994)。半胱氨酸激酶可能通过促进储存蛋白的降解调节体内氮素的平衡(Schlereth et al.,2000;Tiedemann et al.,2001);生殖生长阶段,氮素养分的不平衡直接影响玉米雌穗的发育和籽粒产量的形成(Cantarero et al.,1999)。因此,缺氮导致这些蛋白质的累积量显著降低,造成籽粒发育的关键时期玉米体内氮素失衡,影响幼穗的发育。另外,这些蛋白质的相互作用促进了氮素的再转移,也可能作为信号物质调节木质部—韧皮部循环(Liu et al.,2009)。推测生物和非生物胁迫引发了玉米植株体内两种胁迫反应机制。其中之一是在通常情况下外界环境刺激都能引发的由一系列蛋白质和非编码 RNA 参与的一般性胁迫响应(Marshall et al.,1999;Hsieh et al.,2009),另一种是养分特异性胁迫响应。

参考文献

[1]李伯航,冯光明,何文斌.1962.玉米器官建成的主次关系的研究.作物学报,1:419-426.

[2]马兴林,王庆祥.2006.通过剪叶改变源库关系对玉米籽粒营养组分含量的影响.玉米科学,14:7-12.

[3]Alvarez S,Goodger J Q,Marsh E L, et al. 2006. Characterization of the maize xylem sap proteome. Journal of Proteome Research,5:963-972.

[4]Alvarez S,Marsh E L,Schroeder S G, et al. 2008. Metabolomic and proteomic changes in the xylem sap of maize under drought. Plant,Cell and Environment,31:325-340.

[5]Andrews M. 1986. The partitioning of nitrate assimilation between root and shoot of higher plants. Plant,Cell and Environment,9:511-519.

[6]Anten N P R,Schieving F,Medina E, et al. 1995. Optimal leaf area indices in C3 and C4 mono and dicotyledonous species at low and high nitrogen availability. Physiologia Plantarum,95:541-550.

[7]Bihmidine S,Hunter Ⅲ C T,Johns C E, et al. 2013. Regulation of assimilate import into sink organs:update on molecular drivers of sink strength. Frontiers in Plant Science,4:177.

[8]Biles C L,Abeles F B. 1991. Xylem sap proteins. Plant Physiology,96:597-601.

[9]Bonser A M. 1996. Effect of phosphorus deficiency on growth angle of basal roots in *Phaseolus vulgaris*. New phytologist,132:281-288.

[10]Borrás L, Curá J A,Otegui M E. 2002. Maize kernel composition and post-flowering source-sink ratio. Crop Science,42:781-790.

[11]Brouwer R. 1962. Distribution of dry matter in the plant. Netherlands Journal of Agricul-

tural Science,31:335-348.

[12]Buhtz A,Kolasa A,Arlt K, et al. 2004. Xylem sap protein composition is conserved among different plant species. Planta,219:610-618.

[13]Cantarero M G,Cirilo A G,Andrade F H. 1999. Night temperature at silking affects kernel set in maize. Crop Science,39:703-710.

[14]Christensen L E,Below F E,Hageman R H. 1981. The effects of ear removal on senescence and metabolism of maize. Plant Physiology,68:1180-1185.

[15]Cooper H D,Clarkson D T. 1989. Cycling of amino-nitrogen and other nutrients between shoots and roots in cereals -a possible mechanism integrating shoot and root in the regulation of nutrient uptake. Journal of Experimental Botany,40:753-762.

[16]Crafts-Brandner S J. 1992. Significance of leaf phosphorus remobilization in yield production in soybean. Crop Science,3:2420-2424.

[17]De Lorenzo G,D'Ovidio R,Cervone F. 2001. The role of polygalacturonase-inhibiting proteins(PGIPs)in defense against pathogenic fungi. Annual Review of Phytopathology,39:313-335.

[18]Demura T,Tashiro G,Horiguchi G, et al. 2002. Visualization by comprehensive microarray analysis of gene expression programs during transdifferentiation of mesophyll cells into xylem cells. Proceedings of the National Academy of Sciences of the United States of America,99:15794-15799.

[19]Djordjevic M A,Oakes M,Li DX, et al. 2007. The Glycine max xylem sap and apoplast proteome. Journal of Proteome Research,6:3771-3779.

[20]Duarte P J P,Larsson C M. 1993. Translocation of nutrients in N-limited,non-nodulated pea plants. Journal of Plant Physiology,141:182-187.

[21]Dunwell J,Gibbings J G,Mahmood T, et al. 2008. Germin and germin-like proteins,evolution,structure,and function. Critical Reviews in Plant Sciences,27:342-375.

[22]Engels C,Münkle L,Marschner H. 1992. Effect of root zone temperature and shoot demand on uptake and xylem transport of macronutrient in maize(*Zea mays* L.). Journal of Experimental Botany,43:537-547.

[23]Fan X H,Tang C,Rengel Z. 2002. Nitrate uptake,nitrate reductase distribution and their relation to proton release in five nodulated grain legumes. Annals of botany,90:315-323.

[24]Farrar J. 1993. Sink strength:what is it and how do we measure it? A summary. Plant,Cell and Environment,16:1013-1046.

[25]Foyer C,Ferrario-Mery S,Noctor G. 2001. Interactions between carbon and nitrogen metabolism. In:Lea P J C,Morot-Gaudry J F. Plant nitrogen. Berlin:Springer-Verlag. 237-254.

[26]Freijsen J F,Veen B W. 1990. Phenotypic variation in growth rate as affected by N supply:nitrogen productivity. In:Lambers H,Cambridge M L,Konings H, et al. Causes and Con-sequences of Variation in Growth Rate and Productivity of Higher Plants. The

Hague: SPB Academic Publishing, 19-33.

[27] Friedman R, Levin N, Altman A. 1986. Presence and identification of polyamines in xylem and phloem exudates of plants. Plant Physiology, 82: 1154-1157.

[28] Gallais A, Coque M, Quillere I, et al. 2006. Modelling postsilking nitrogen fluxes in maize (*Zea mays*) using ^{15}N-labelling field experiments. New Phytologist, 172: 696-707.

[29] Glass A D M. 2003. Nitrogen use efficiency of crop plants: physiological constraints upon nitrogen absorption. Critical Reviews in Plant Sciences, 22: 453-470.

[30] Glawischnig E, Gierl A, Tomas A, et al. 2001. Retrobiosynthetic nuclear magnetic resonance analysis of amino acid biosynthesis and intermediary metabolism. Metabolic flux in developing maize kernels. Plant Physiology, 125: 1178-1186.

[31] Godon C, Caboche M, Daniel-Vedele F. 1995. Use of the biolistic process for the analysis of nitrate-inducible promoters in transient expression assay. Plant Science, 111: 209-218.

[32] Goodger J Q, Sharp R E, Marsh E L, et al. 2005. Relationships between xylem sap constituents and leaf conductance of well-watered and water-stressed maize across three xylem sap sampling techniques. Journal of Experimental Botany, 56: 2389-2400.

[33] Groover A, Jones A M. 1999. Tracheary element differentiation uses a novel mechanism coordinating programmed cell death and secondary cell wall synthesis. Plant Physiology, 119: 375-384.

[34] Grudkowska M, Zagdanska B. 2004. Multifunctional role of plant cysteine proteinases. Acta Biochimica Polonica, 51: 609-624.

[35] Hajabbasi M A, Schumacher T E. 1994. Phosphorus effects on root growth and development in two maize genotypes. Plant and Soil, 158: 39-46.

[36] He P, Osaki M, Takebe M, et al. 2003. Comparison of whole system of carbon and nitrogen accumulation between two maize hybrids differing in leaf senescence. Photosynthetica, 41: 399-405.

[37] Henrissat B, Davies G. 1997. Structural and sequence-based classification of glycoside hydrolases. Current Opinion in Structural Biology, 7: 637-644.

[38] Hetz W, Hochholdinger F, Schwall M, et al. 1996. Isolation and characterisation of rtcs, a mutant deficient in the formation of nodal roots. The Plant Journal, 10: 845-857.

[39] Hiraga S, Sasaki K, Ito H, et al. 2001. A large family of class Ⅲ plant peroxidases. Plant and Cell Physiology, 42: 462-468.

[40] Hirel B, Andrieu B, Valadier M H, et al. 2005. Physiology of maize Ⅱ: Identification of physiological markers representative of the nitrogen status of maize (*Zea mays*) leaves during grain filling. Physiologia Plantarum, 124: 178-188.

[41] Hirel B, Bertin P, Quilleré I, et al. 2001. Towards a better understanding of the genetic and physiological basis for nitrogen use efficiency in maize. Plant Physiology, 125:

1258-1270.

[42]Hochholdinger F，FeixG. 1998. Early post-embryonic root formation is specifically affec-
ted in the maize mutant *lrt1*. The Plant Journal,16:247-255.

[43]HochholdingerF，Woll K，Sauer M，et al. 2004. Genetic dissection of root formation
in maize (*Zea mays*) reveals root-type specific developmental programs. Annals of
Botany,93:359-368.

[44]Hsieh L C,Lin S I,Shih A C C，et al. 2009. Uncovering small RNA-mediated respon-
ses to phosphate deficiency in *Arabidopsis* by deep sequencing. Plant Physiology,151:
2120-2132.

[45]Humphries E C. 1958. Effect of removal of a part of the root system on the subsequent gro-
wth of the root and shoot. Annals of Botany,22:251-257.

[46]Hurkman W J，Lane B G，Tanaka C K. 1994. Nucleotide sequence of a transcript enco-
ding a germin-like protein that is present in salt-stressed barley(*Hordeum vulgare* L.)
roots. Plant Physiology,104:803-804.

[47]Hurkman W J,Tao H P,Tanaka C K. 1991. Germin-like polypeptides increase in barley
roots during salt stress. Plant Physiology,97:366-374.

[48]Imsande J,Touraine B. 1994. N demand and the regulation of nitrate uptake. Plant Phys-
iology,105:3-7.

[49]Jeschke W D,Hilpert A. 1997. Sink-stimulated photosynthesis and sink-dependent in-
crease in nitrate uptake:nitrogen and carbon relations of the parasitic association
Cuscuta reflexa-Ricinus communis. Plant,Cell and Environment,20:47-56.

[50]Jeschke W D,Pate J S. 1991a. Modeling of the uptake,flow and utilization of C,N and
H_2O within whole plants of *Ricinusconmunis* L. based on empirical data. Journal of
Plant Physiology,137:488-498.

[51]Jeschke W D,Pate J S. 1991b. Modelling of the partitioning,assimilation and storage of
nitrate within root and shoot organs of castor bean(*Ricinuscommunis* L.). Journal of
Experimental Botany,42:1091-1103.

[52]Kamh M,Wiesler F,Ulas A，et al. 2005. Root growth and N-uptake activity of oilseed
rape(*Brassica napus* L.)cultivars differing in nitrogen efficiency. Journal of Plant Nutri-
tion and Soil Science,168:130-137.

[53]Kasprzewska A. 2003. Plant chitinases-regulation and function. Cellular & Molecular Bi-
ology Letters,8:809-824.

[54]Kehr J,Buhtz A,Giavalisco P. 2005. Analysis of xylem sap proteins from *Brassica na-
pus*. BMC Plant Biology,5:1-13.

[55]KhamisS,ChaillouS,LamazeT. 1990. CO_2 assimilation and partitioning of carbon in maize
plants deprived of orthophosphate. Journal of Experimental Botany,41:1619-1625.

[56]Kim H,Hirai M Y,Hayashi H，et al. 1999. Role of O-acetyl-L-serine in the coordinated

regulation of the expression of a soybean seed storage-protein gene by sulfur and nitrogen nutrition. Planta,209:282-289.

[57]Lambers H,Simpson R J,Beilharz V C, et al. 1982. Growth and translocation of C and N in wheat(*Triticum aestivum*)grown with a split root system. Physiologia Plantarum,56: 421-429.

[58]Larbi A,Morales F,Abadía A, et al. 2010. Changes in iron and organic acid concentrations in xylem sap and apoplastic fluid of iron-deficient *Beta vulgaris* plants in response to iron resupply. Journal of Plant Physiology,167:255-260.

[59]Liu J, Chen F, Olokhnuud C, et al. 2009. Root size and nitrogen-uptake activity in two maize(*Zea mays*)inbred lines differing in nitrogen-use efficiency. Journal of Plant Nutrition and Soil Science,172:230-236.

[60]Lopez-Millan A F, Morales F, Abadia A, et al. 2000. Effects of iron deficiency on the composition of the leaf apoplastic fluid and xylem sap in sugar beet. Implications for iron and carbon transport. Plant Physiology,124:873-884.

[61]Malaguti D,Millard P,Wendler R, et al. 2001. Translocation of amino acids in the xylem of apple(*Malus domestica Borkh.*)trees in spring as a consequence of both N remobilization and root uptake. Journal of Experimental Botany,52:1665-1671.

[62]Marschner H,Kirkby E A,Engels C. 1996. Effect of mineral nutritional status on shoot-root partitioning of photoassimilates and cycling of mineral nutrients. Journal of Experimental Botany,47:1255-1263.

[63]Marschner H, Kirkby E A, Engels C. 1997. Importance of cycling and recycling of mineral nutrients within plants for growth and development. Botanical Acta, 110: 265-273.

[64]Marschner H. 1995. Mineral Nutrition of Higher Plants. 2nd edn. London:Academic Press.

[65]Marshall J G,Dumbroff E B,Thatcher B J, et al. 1999. Synthesis and oxidative insolubilization of cell-wall proteins during osmotic stress. Planta,208:401-408.

[66]Masuda S,Kamada H,Satoh S. 2001. Chitinase in cucumber xylem sap. Bioscience Biotechnology and Biochemistry,65:1883-1885.

[67]Misra S, Oaks A. 1985. Glutamine metabolism in corn kernels cultured in vitro. Plant Physiology,77:520-523.

[68]Moll R H, Kamprath E J, Ackson W A J. 1982. Analysis and interpretation of factors which contribute to efficiency of N utilization. Agronomy Journal,74:562-564.

[69]Morita S,Iwabuchi A,Yamazaki K. 1986. Relationships between the growth direction of primary roots and yield in rice plants. Japanese Journal of Crop Science,85:520-525.

[70]Morita S,Suga T,Yamazaki K. 1988. Relationships between root length density and yield in rice plants. Japanese Journal of Crop Science,57:438-443.

[71]Mosolov V V,Grigor'eva L I,Valueva T A. 2001. Plant proteinase inhibitors as multifunctional proteins. Applied Biochemistry and Microbiology,37:545-551.

[72]Nicole J, Dafoe C, Constabel P. 2009. Proteomic analysis of hybrid poplar xylem sap. Phytochemistry,70:856-863.

[73]Niu J F,Chen F J,Mi G H, et al. 2007. Transpiration,and nitrogen uptake and flow in two maize(*Zea mays* L.)inbred lines as affected by nitrogen supply. Annals of Botany,11:153-160.

[74]Ogawa A,Kawashima C,Yamauchi A. 2005. Sugar accumulation along the seminar root axis as affected by osmotic stress in maize:A possible physiological basis for plastic lateral root development. Plant Production Science,8:173-180.

[75]Passioura J B. 1972. The effect of root geometry on the yield of wheat growing on stored water. Australian Journal of Agriculture Research,23:745-752.

[76]Paul M J, Driscoll S P. 1997. Sugar repression of photosynthesis: the role of carbohydrates in signaling nitrogen deficiency through source:sink imbalance. Plant,Cell and Environment,20:110-116.

[77]Pechan T,Ye L,Chang Y, et al. 2000. A unique 33-ku cysteine proteinase accumulates in response to larval feeding in maize genotypes resistant to fall armyworm and other Lepidoptera. Plant Cell,12:1031-1040.

[78]Peng Y,Niu J,Peng Z, et al. 2010. Shoot growth potential drives N uptake in maize plants and correlates with root growth in the soil. Field Crops Research,115:85-93.

[79]Peuke A D,Hartung W,Jeschke W D. 1994. The uptake and flow of C,N and ions between roots and shoots in *Ricinus communis* L. II. growth with low or high nitrate supply. Journal of Experimental Botany,45:733-740.

[80]Punja Z K,Zhang Y Y. 1993. Plant chitinases and their roles in resistance to fungal diseases. Journal of Nematology,25:526-540.

[81]Rahman M S,Wilson J H. 1977. Effect of defoliation on rate of development and spikelet number per ear in six wheat varieties. Annals of Botany,41:951-958.

[82]Rajcan I,Tollenaar M. 1999. Source:sink ratio and leaf senescence in maize:I. Dry matter accumulation and partitioning during grain filling. Field Crops Research,60:245-253.

[83]Reidenbach G, Horst W J. 1997. Nitrate-uptake capacity of different root zones of *Zea mays*(L.)in vitro and in situ. Plant and Soil,196:295-300.

[84]Remison S U. 1978. Effect of defoliation during the early vegetative phase and at silking on growth of maize(*Zea mays* L.). Annals of Botany,42:1439-1445.

[85]Rufty Jr T W,MacKown C T,Volk R J. 1990. Alterations in nitrogen assimilation and partitioning in nitrogen-stressed plants. Physiologia Plantarum,79:85-95.

[86]Ryle G J A,Powell C E. 1975. Defoliation and regrowth in the graminaceous plant:The role of current assimilate. Annals of Botany,39:297-310.

[87]Schlereth A,Becker C,Horstmann C，et al. 2000. Comparison of globulin mobilization and cysteine proteinases in embryonic axes and cotyledons during germination and seedling growth of vetch(*Vicia sativa* L.). Journal of Experimental Botany,51:1423-1433.

[88]Seebauer J R,Moose S P,Fabbri B J，et al. 2004. Amino acid metabolism in maize earshoots. Implications for assimilate preconditioning and nitrogen signaling. Plant Physiology,136:4326-4334.

[89]Shewry P R,Halford N G. 2002. Cereal seed storage proteins,structures,properties and role in grain utilization. Journal of Experimental Botany,53:947-958.

[90]Shimamoto K,Nelson O E. 1981. Movement of ^{14}C-compounds from maternal tissue into maize seeds grown in vitro. Plant Physiology,67:429-432.

[91]Snapp S,Shennan C. 1992. Effects of salinity on root growth and death dynamics of tomato *Lycopersicon esculentum* Mill. New Phytologist,121:71-79.

[92]Staswick P E. 1994. Storage proteins of vegetative plant tissues. Annual Review of Plant Biology,45:303-322.

[93]Tiedemann J,Schlereth A,Müntz K. 2001. Differential tissue-specific expression of cysteine proteinases forms the basis for the fine-tuned mobilization of storage globulin during and after germination in legume seeds. Planta,212:728-738.

[94]Tilsner J,Kassner N,Struck C，et al. 2005. Amino acid contents and transport in oilseed rape(*Brassica napus* L.)under different nitrogen conditions. Planta,221:328-338.

[95]Van der Werf A，Visser A J，Schieving F，et al. 1993. Evidence for optimal partitioning of biomass and nitrogen at a range of nitrogen availabilities for a fast-and slow-growing species. Functional Ecology,7:63-74.

[96]von Itzstein M,Colman P. 1996. Design and synthesis of carbohydrate-based inhibitors of protein-carbohydrate interactions. Current Opinion in Structural Biology,6:703-709.

[97]Wardlaw I F. 1990. The control of carbon partitioning in plants. New Phytologist,116:341-381.

[98]Wells C E,Eissenstat D M. 2003. Beyond the roots of young seedlings:the influence of age and order on fine root physiology. Journal of Plant Growth Regulation,21:324-334.

[99]Wilson J B. 1988. A review of evidence on the control of shoot/root ratio，in relation to models. Annals of Botany,61:433-449.

[100]Xu F X,Chye M L. 1999. Expression of cysteine proteinase during developmental events associated with programmed cell death in brinjal. Plant Journal,17:321-327.

[101]Yan H F,Shang A X,Peng Y F，et al. 2011. Covering middle leaves and ears reveals differential regulatory roles of vegetative and reproductive organs in root growth and nitrogen uptake in maize. Crop Science,51:265-272.

[102]Young S A,Guo A,Guikema J A，et al. 1995. Rice cationic peroxidase accumulates in xylem vessels during incompatible interactions with *Xanthomonas oryzae* pv *oryzae*. Plant

Physiology,107:1333-1341.

[103]Zimmermann G,Baumlein H,Mock H P,et al. 2006. The multigene family enco-
ding germin-like proteins of barley. Regulation and function in basal host resist-
ance. Plant Physiology,142:181-192.

第4章

吐丝后光合产物运输和养分
吸收与分配

玉米生育期以吐丝期为界,可简单地划分为营养生长阶段和生殖生长阶段。吐丝前一周至吐丝后两周是籽粒库建成的关键时期,籽粒数目容易受氮素、水分供应等环境因素影响。在这一时期,穗轴、小花等器官中发生着十分活跃的糖类代谢、氨基酸代谢等过程(Seebaur et al.,2004;Bihmidine et al.,2013)。氮素营养对雌穗组织分化和生长速率的影响,主要通过改变碳、氮化合物的分配以及调节雌穗中碳氮代谢过程等实现(Paponov and Engels,2003;Seebaur et al.,2004)。不同供氮水平的玉米幼穗中转录组会有所差异,蛋白质组及所参与的代谢途径也会有所改变,这可能是导致不同供氮水平下籽粒产量差异的重要原因。

吐丝后,随着生长中心从营养生长器官向籽粒转移,籽粒发育成为碳水化合物和养分的主要库。玉米籽粒中的碳水化合物几乎全部来自吐丝后光合作用,吐丝前积累的碳主要用于营养生长阶段结构组成,只有很少一部分会通过再转移的途径进入籽粒,一般不超过 10%(Cliquet et al.,1990)。因此,玉米籽粒产量的提高主要在于保证吐丝后碳水化合物的积累及向籽粒运输等过程。

与碳水化合物的积累不同,籽粒中的氮、磷、钾等养分有相当一部分来自吐丝前积累且储存于营养器官的养分的活化和转移,例如氮素,可占 45%~65%。由于吐丝后根系衰老加速,根系吸收的氮素对籽粒全氮的贡献占 35%~55%(Gallais et al.,2006;Hirel et al.,2007;Ning et al.,2017)。吐丝后叶片、茎秆等营养器官中氮、磷、钾不断向外转移,不利于叶片光合作用的维持,影响碳水化合物的合成。但另外一方面,对于绿熟型玉米品种,由于成熟时不少氮素滞留在营养器官中,造成体内氮素利用效率(如氮素转移率)相对较低。因此,叶片中氮、磷、钾的转移与维持叶片较高的光合能力二者是相互矛盾的,如何协调叶片由"碳固定"阶段向"养分转移"阶段的转化受到广泛关注(Thomas and Ougham,2014)。即如何在保证光合产物累积不受影响的前提下,促进叶片中养分向籽粒转移,是当前研究亟待探索和解决的难题。

4.1 氮对玉米花粉和雌穗发育的影响

氮素对玉米花粉形成和雌穗组织分化、器官建成具有重要影响,是花粉形成和雌穗发育及籽粒形成的关键物质(Hirel et al.,2005)。缺氮玉米的典型表型为植株矮小、细弱、叶色黄绿、叶片衰老较快、雌穗发育延迟或不能发育、雌穗体积变小并伴有上部小花败育,籽粒数目明显减少,最终造成减产(Cazetta et al.,1999;Andrade et al.,2002;Martin et al.,2006)。

玉米籽粒的产量主要由穗粒数和粒重决定,缺氮对籽粒数目的影响大于对粒重的影响。籽粒数目与穗的建成及每穗小花原基数目息息相关(Uhart and Andrade,1995)。Jacobs 和 Pearson(1992)对吐丝期穗轴生长发育的研究表明,玉米雌穗的小花密度相对稳定,每个雌穗上的小花总数量与穗轴的表面积正相关。氮素营养状况直接影响穗轴的生长和表面积,缺氮明显降低了每穗小花数目(Below,2002)。可见,缺氮制约玉米雌穗生长,导致穗粒数减少,最终造成减产。

4.1.1 低氮导致玉米花粉萌发率下降

籽粒的形成取决于适时授粉及碳水化合物的供应(Below et al.,2000)。花粉形成和萌发是玉米成功授粉的关键。众所周知,花粉形成极易受环境胁迫的影响。干旱导致小麦、大麦、水稻和玉米花粉不育(Saini and Aspinall,1981;Sheoran and Saini,1996;Zhuang et al.,2007)。冷害会抑制高粱花粉母细胞的形成,从而导致雄性不育(Brooking,1976)。然而,营养元素缺乏如何影响花粉形成及萌发,尤其是内在的细胞遗传学机制尚不清楚。花粉活力是保证授粉效率的关键,而花粉萌发率是花粉活力的标志。在连续四周的低氮、低磷、低钾处理条件下,低氮导致花粉萌发率下降20%左右,而低磷和低钾处理对花粉萌发率并无显著改变(图4-1)。表明充足的氮素供应对维持高花粉萌发率非常重要。

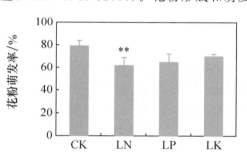

图 4-1 低氮(LN)、低磷(LP)和低钾(LK)
对玉米花粉萌发率的影响

误差线表示三个生物学重复的标准偏差。
＊＊表示对照与低氮之间极显著差异($P<0.01$)

4.1.2 低氮使花粉母细胞四分体中微核数量增加导致花粉萌发率下降

低氮可能导致花粉形成及发育过程中发生生理及细胞遗传学改变,进而使花粉萌发率降低,而细胞遗传缺陷是影响花粉萌发的关键因素(Sa'nchez-Moran et al.,2004)。染色体分离异常是一种比较常见的细胞遗传学错误,往往会导致极高的花粉败育率(Handel and Schimenti,2010)。低氮条件下,花粉母细胞四分体中微核的数量约为正常处理条件下的7倍(图 4-2 A-C)。微核的产生是花粉败育和萌发率降低的典型细胞生物学特征(Hassold and

Hunt,2001；Huang et al.，2008)。低氮可能对花粉母细胞的正常减数分裂过程造成严重破坏，进而导致染色体分离错误并产生微核，最终造成花粉萌发率下降。与此类似，冷害可以导致杙果微核发生率提高5倍，而含有微核的细胞通常会在发育成花粉之前死亡(Huang et al.，2008)。所以，低氮导致花粉萌发率降低部分归因于四分体时期大量微核的出现。

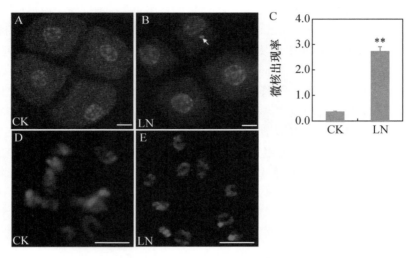

图 4-2　低氮玉米花粉母细胞中出现微核(彩插 4-2)

A. 四分体细胞，对照(CK)　B. 四分体细胞，低氮(LN)(箭头指示微核)　C. 对照及低氮条件下
微核出现的频率　D. 对照条件终变期细胞　E. 低氮条件终变期细胞

比例尺＝5 μm。误差线表示三个生物学重复的标准偏差。＊＊表示对照与低氮之间极显著差异(P＜0.01)

染色体凝聚、着丝粒取向及纺锤丝连接过程中的错误都会造成染色体分离错误，进而导致微核出现(Hassold and Hunt，2001；Santaguida and Amon，2015)。REC8 和 SGO1 是维持染色体稳定的关键因子(Watanabe and Nurse，1999；Kitajima et al.，2004)，二者的表达水平在低氮条件下没有受到显著影响(图 4-3A 和 B)，表明染色体凝聚功能正常。终变期配对染色体的形态和数量均不受低氮影响(图 4-2D 和 E)，表明低氮并不影响减数分裂第一次分裂时期染色体配对及重组。着丝粒在染色体分离过程中起关键作用(Yu et al.，2000)，而对着丝粒组装和功能起重要作用的着丝粒蛋白 CENH3 和 CENPC 表达水平并不受低氮影响(图 4-3C 和 D；Cheeseman and Desai，2008)。着丝粒的正确取向有赖于 MIS12-NDC80 桥(Li and Dawe，2009)，NDC80 对染色体和纺锤丝连接起着基础性调控作用(Joglekar et al.，2006；Alushin et al.，2010)。*Ndc80* 的下调表达(图 4-3F)一方面可能会导致着丝粒和纺锤丝的连接不稳定，使着丝粒的捕捉更加随机，增加了减数分裂第一次分裂中期姐妹着丝粒双取向的概率(DeLuca et al.，2006；Alushin et al.，2010)；另一方面可能削弱姐妹着丝粒之间 MIS12-NDC80 桥的连接作用(Cheeseman and Desai，2008；Li and Dawe，2009)。总之，*Ndc80* 下调可能导致减数分裂第一次分裂中期姐妹着丝粒的双取向(图 4-4D～F)。此外，由于 RCC1-1 为染色体和纺锤丝正确连接所必需(Chen et al.，2007；Makde et al.，2010)，*Rcc1-1* 显著下调表达可能会影响纺锤丝的正确附着(图 4-3G)。总之，*Ndc80* 和 *Rcc1-1* 的下调表达可能干扰着丝粒的正确取向，从而使细胞分裂滞留在中期(Peters，2006；Alushin et al.，2010)。Aurora B 的功能是确保在细胞周期开始之前，所有的着丝粒都已取向正确且与纺锤丝稳定连接(Kelly and Funabiki,2009；Meyer et al.,2013)。与正常处理相比,低氮条件下 *Aurora B* 的表达水平并无显著变化(图 4-3H),表明上述细胞生物学错误无法完全纠正。调控细胞分裂周期的 *Cdc20-1* 大幅上调表达可能会加速细胞分裂后期的过早开始(图 4-3I；Visintin et al.,1997)。与之前报道的 *mis12* 突变体植株相反(Li and Dawe,2009),着丝粒蛋白 *Mis12* 表达水平在低氮条件下上调表达(图 4-3E),然而,*Mis12* 的上调不足以纠正 *Ndc80*、*Cdc20-1* 和 *Rcc1-1* 异常表达导致的细胞遗传学错误。这些关键调控因子的差异表达可能会导致减数分裂第一次分裂时期着丝粒的错误取向以及减数分裂第二次分裂时期染色体的不均匀分离(图 4-4 和图 4-5),最终导致四分体时期微核的出现(图 4-6)。这与 *Ndc80* 或 *Rcc1-1* 缺失突变体中的细胞生物学错误类似(Carazo-Salas et al.,1999；McCleland et al.,2003),而含有微核的四分体细胞将会导致花粉萌发率下降(图 4-1)。减数分裂是非常复杂的细胞遗传学过程(Petronczki et al.,2003；Cheeseman and Desai,2008),因此并不排除其他减数分裂调控因子或低氮导致的其他细胞生物学错误也可能参与调控微核的形成(图 4-2A～C；Lermontova et al.,2015)。

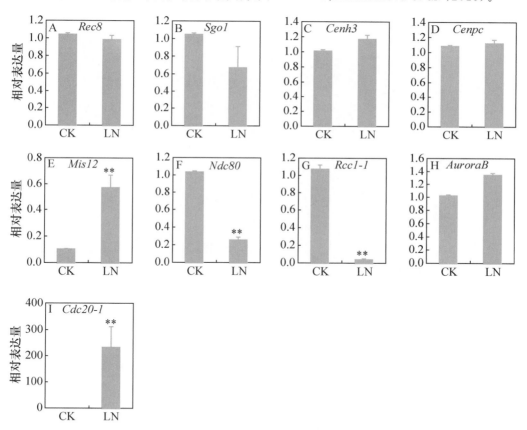

图 4-3 对照(CK)和低氮(LN)条件下,含有减数分裂细胞的雄穗小花中 *Rec8*(A)、*Sgo1*(B)、*Cenh3*(C)、*Cenpc*(D)、*Mis12*(E)、*Ndc80*(F)、*Rcc1-1*(G)、*AuroraB*(H)和 *Cdc20-1*(I)的相对表达水平

与对照相比,*Ndc80*(4 倍)和 *Rcc1-1*(27 倍)在低氮条件下显著下调表达,*Mis12*(～6 倍)和 *Cdc20*(～200 倍)则显著上调表达,而 *Rec8*、*Sgo1*、*Cenh3*、*Cenpc* 和 *AuroraB* 的表达水平无显著变化。误差线代表三个生物学重复的标准偏差。＊＊表示对照与低氮之间极显著差异($P<0.01$)

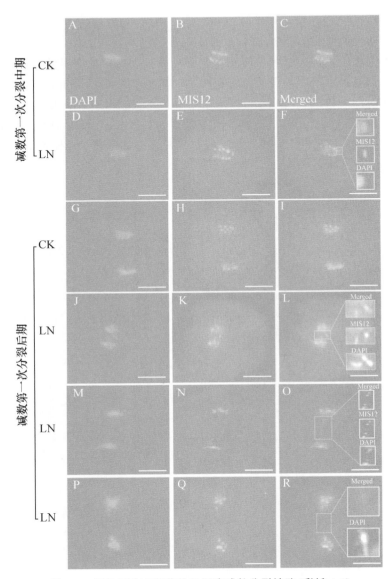

图 4-4　低氮导致玉米花粉母细胞减数分裂缺陷（彩插 4-4）

对照（CK）和低氮（LN）玉米细胞分别用 MIS12 抗体免疫染色，DNA 用 DAPI 染色。A～C. 对照条件下减数分裂

第一次分裂中期细胞中，MIS12 信号沿中期板线性排列。D～F. 低氮条件下减数分裂第一次分裂期细胞，

方框标示 MIS12 信号沿纺锤体轴线排列。G～I. 对照条件下减数分裂第二次分裂后期同源染色体分离。

J～R. 低氮条件下减数分裂第二次分裂后期细胞，方框标示染色体滞后。J～O. 或染色体桥（P～R）。

DNA 为红色，MIS12 为绿色。比例尺＝10 μm

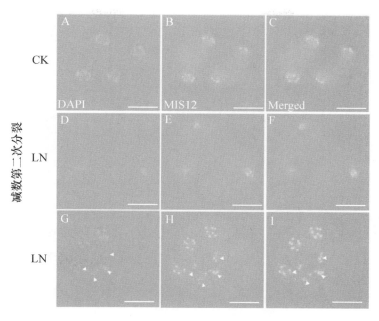

图 4-5　**低氮导致减数分裂第二次分裂过程中细胞遗传学缺陷**(彩插 4-5)
对照(CK)和低氮(LN)玉米细胞分别用 MIS12 抗体免疫染色,DNA 用 DAPI 染色。A～C:对照条件下,
减数分裂第二次分裂后期细胞中四组染色体平均分布。D～F:低氮条件下减数分裂第二次分裂后期细胞,
左侧显示正常分离细胞,右侧显示未分离细胞。G～I:低氮条件下产生多个核。DNA 为红色,
MIS12 为绿色。比例尺＝10 μm

4.1.3　氮对玉米雌穗发育的重要作用

在幼穗发育初期,杂交种与双亲的基因表达差异最大,这一时期的基因表达变化与产量性状和杂种优势的形成密切相关;某些基因在杂交种中的沉默表达可以促进籽粒的发育和抑制幼穗中小花发育(Wang et al.,2007)。通过基因芯片技术研究发现,玉米雌穗整个发育阶段共有 2 794 个基因的表达发生了明显变化,其中幼穗小花分化阶段有 1 844 个,花原基分化阶段有 936 个,花器官分化阶段有 645 个基因表达有差异。这些差异表达基因的功能主要与代谢(30.4%)、蛋白组分(29.2%)、细胞组成(15.4%)及转录相关(13.7%)(Zhu et al.,2009)。玉米雌穗上部小花败育受 2 个重复显性基因控制,而秃尖长度特征是主导基因控制、多基因协调控制的数量性状(Meng et al.,2007)。另外,氮素有效性对关键时期雌穗生长和籽粒数目的影响因基因型而异,氮素有效性与光合产物供应共同决定关键时期穗的生长和穗粒数(D'Andrea et al.,2008)。

数量性状座位(quantitative trait locus,QTL)相关技术广泛应用于玉米产量及相关性状对氮素胁迫的响应及氮素利用率的研究中(刘建超等,2009;Coque and Gallais,2006)。缺氮条件下,穗长、穗粗、穗行数、行粒数、穗粒重和百粒重等 6 个穗部性状检测到的 QTL 位点主要分布于第 1、2、5 和 8 号染色体上,且数量显著低于正常供氮(刘宗华等,2007)。对缺氮条件下苗期玉米的 QTL 定位发现了 3 个 QTL 位点与产量性状相关,且分布于第 5、7 和 8 号染色体上(刘建超等,2009)。此外,采用生物信息学方法对 85 个在低氮胁迫下与玉米产量及相关性

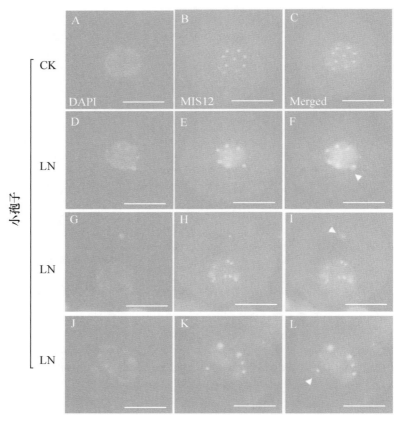

图 4-6　**低氮导致花粉母细胞中微核形成**（彩插 4-6）

对照（CK）和低氮（LN）玉米细胞分别用 MIS12 抗体免疫染色，DNA 用 DAPI 染色。A～C：对照条件下的
正常单倍体细胞。D～F：低氮条件下非常接近主核的微核。G～I：低氮条件下离主核较远的微核。
J～R：低氮条件下大的微核。DNA 为红色，MIS12 为绿色。白色箭头指向微核。比例尺＝10 μm

状相关的 QTL 位点进行整合与一致性分析，确定了 11 个一致性的产量性状 QTL 位点，其中
1 个与籽粒产量、6 个与百粒重、4 个与穗粒数一致，它们分别位于第 5、1 及 8 号染色体上（杨
晓军等，2010；Coque and Gallais，2006）。蛋白组学研究结果表明，在整个胚乳全蛋白组鉴定
过程中，代谢类蛋白占总蛋白的比例最大（24％），其中与碳、氮代谢相关的蛋白分别占 17％ 和
13％（Méchin et al.，2004）。虽然玉米雌穗发育后期，胚乳中丙酮酸正磷酸双激酶的累积对胚
乳中淀粉和蛋白质的平衡起重要作用（Méchin et al.，2004），但是玉米产量的形成很大程度上
取决于雌穗的早期发育，抽雄期至吐丝期是决定受精胚珠数目的敏感时期，也是玉米穗发育和
产量形成的关键时期（Hanway，1963）。这一时期，不同供氮水平玉米幼穗蛋白质组会发生相
应变化，从而调控玉米对氮素做出响应。

4.1.4　不同供氮水平对玉米抽雄前幼穗中蛋白质累积的影响

田间不同氮水平下，采集播种后 74 天即抽雄前玉米的幼穗，采用与第 3 章 3.5 节相同的
方法对幼穗的蛋白质进行鉴定和功能分析以及差异显著性分析。从 2-D 胶图可以看出，在分

子量 14～100 ku,等电点(pI)在 4 到 7 之间,每块胶上有 1 300 个以上可见的蛋白点(图 4-7)。通过胶图分析软件对其中各处理蛋白点的累积量进行分析,共有 50 个蛋白点差异累积显著。

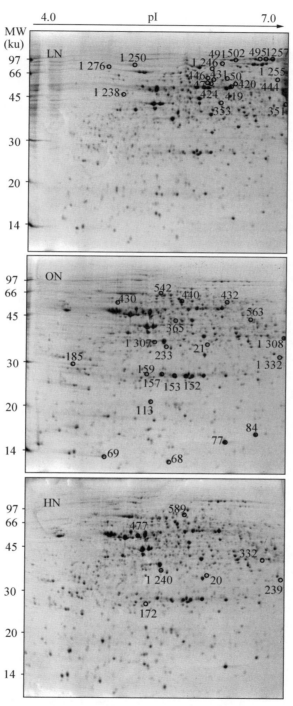

图 4-7　田间不同供氮水平下玉米播种后 74 天(抽雄前)幼穗中 47 个差异累积蛋白质

LN＝不施氮,ON＝适量供氮(250 kg/hm²),HN＝高氮(365 kg/hm²)。图中圆圈表示编号的蛋白。

对这些蛋白进行质谱鉴定,搜索玉米全基因组数据库,共鉴定得到 47 个蛋白质,其中有 40 个蛋白质为低氮(LN)处理下差异累积显著,7 个蛋白质为高氮(HN)处理下差异累积显著(表 4-1)。

表 4-1　田间不同供氮水平下,播种后 74 天(抽雄前)玉米幼穗中 47 个差异累积显著的蛋白质

蛋白编号	蛋白注释	登录号 a	MASCOT 得分b	差异累积	功能分类c
		LN 与 N250 相比			
446	Aconitate hydratase	GRMZM2G176397_P01	53	上调	代谢
502	Aconitate hydratase	GRMZM2G467338_P01	178	上调	代谢
431	ATP synthase	GRMZM5G829375_P01	265	上调	代谢
50	Lipoxygenase	GRMZM2G109130_P01	37	上调	植物防御
353	tRNA synthetases class II domain containing protein	GRMZM2G083836_P01	61	上调	未知
491	Ketol-acid reductoisomerase	GRMZM2G004382_P01	250	上调	代谢
495	Methylenetetrahydrofolate reductase	GRMZM2G347056_P01	63	上调	代谢
424	Pyruvate decarboxylase	GRMZM2G087186_P01	167	上调	代谢
351	Ubiquitin carboxyl-terminal hydrolase	GRMZM2G017086_P01	115	上调	代谢
420	Ubiquitin carboxyl-terminal hydrolase	GRMZM2G017086_P01	113	上调	代谢
47	Putative clathrin adaptor complexes medium subunit	GRMZM2G042089_P01	100	上调	代谢
419	Alcohol dehydrogenase	GRMZM2G442658_P02	289	上调	植物防御
444	Alcohol dehydrogenase 2	GRMZM2G098346_P01	85	上调	植物防御
157	Ascorbate peroxidase	GRMZM2G140667_P01	396	下调	植物防御
152	Ascorbate peroxidase	GRMZM2G137839_P01	349	下调	植物防御
153	Ascorbate peroxidase 1	GRMZM2G054300_P01	479	下调	植物防御
84	ATP binding/nucleoside diphosphate kinase	GRMZM2G178576_P02	265	下调	代谢
69	Glycine-rich RNA-binding protein	GRMZM2G042118_P01	146	下调	植物防御
185	Glycine-rich RNA-binding protein	GRMZM2G009448_P01	60	下调	植物防御
563	RNA recognition motif containing protein	GRMZM2G167505_P01	171	下调	代谢
77	RNA recognition motif containing protein	GRMZM2G080603_P01	137	下调	代谢
432	RNA-binding protein 45	GRMZM2G426591_P01	94	下调	代谢
21	Sex determination protein tasselseed-2	GRMZM2G069523_P01	326	下调	代谢
430	T-complex protein	GRMZM2G434173_P01	326	下调	植物防御
440	Beta glucosidase 13	GRMZM2G016890_P01	57	下调	代谢
542	Beta-D-xylosidase	GRMZM2G136895_P01	146	下调	代谢
233	Cinnamoyl-CoA reductase family	GRMZM2G033555_P01	76	下调	植物防御
365	IAA-Ala conjugate hydrolase/metallopeptidase	GRMZM2G090779_P01	389	下调	代谢
68	Nuclear transport factor 2B	GRMZM2G006953_P02	219	下调	代谢
113	Auxin-binding protein	GRMZM2G116204_P01	49	下调	代谢
159	Glutathione dehydrogenase (ascorbate)	GRMZM2G035502_P01	65	下调	代谢
1276	Chloroplast heat shock protein 70	GRMZM2G079668_P01	202	新发现	植物防御
1250	Heat shock protein 81-4	GRMZM2G112165_P01	208	新发现	植物防御

续表 4-1

蛋白编号	蛋白注释	登录号 a	MASCOT 得分 b	差异累积	功能分类 c
1246	N-1-naphthylphthalamic acid binding/aminopeptidase	GRMZM2G169095_P01	117	新发现	代谢
1255	Protein elongation factor	GRMZM2G040369_P01	110	新发现	植物防御
1257	Protein elongation factor	GRMZM2G040369_P01	215	新发现	植物防御
1238	Protein pro-resilin precursor	GRMZM2G701082_P04	88	新发现	未知
1307	60S acidic ribosomal protein P0	GRMZM2G066460_P01	158	未检出	植物防御
1332	Dienelactone hydrolase family protein	GRMZM2G073079_P01	104	未检出	代谢
1308	Hydroxyproline-rich glycoprotein family protein	GRMZM2G020940_P01	367	未检出	植物防御
N365 与 N250 相比					
20	Sex determination protein tasselseed-2	GRMZM2G069523_P01	358	上调	代谢
589	Transketolase	GRMZM2G033208_P01	162	上调	代谢
477	ATP synthase	GRMZM2G021331_P01	270	下调	代谢
172	Dienelactone hydrolase family	GRMZM2G179301_P02	299	下调	代谢
1240	Calmodulin binding/glutamate decarboxylase	GRMZM2G017110_P02	54	下调	代谢
332	NADP-dependent oxidoreductase	GRMZM2G328094_P01	197	下调	植物防御
239	Prohibitin2	GRMZM2G107114_P01	241	下调	代谢

a 在玉米全基因组数据库中的编号；b 蛋白鉴定过程中用 MASCOT 搜索数据库时的得分；c 运用 ExPASy program (http://expasy.org/tools)软件对鉴定到的蛋白质进行功能分类。

编号为 351 和 420 的蛋白点经鉴定为泛素羧基末端水解酶(GRMZM2G017086_P01)；编号为 1255 和 1257 的蛋白点鉴定为蛋白延长因子(GRMZM2G040369_P01)。可能由于蛋白为同一个基因编码的产物或者属于高度同一性的蛋白家族,之所以在蛋白胶图上是两个点,可能是翻译后修饰不同。因而,在计数的时候将它们视为两个不同蛋白质。这 47 个差异累积显著的蛋白功能主要与代谢和植物防御相关,其中 28 个蛋白质与代谢相关,17 个蛋白质与植物防御相关,剩余的 2 个为未知功能蛋白质(表 4-1)。与对照(ON)相比,LN 处理的玉米幼穗中有 6 个特异累积蛋白质,13 个蛋白质的累积显著上调,18 个蛋白质的累积显著下调,3 个蛋白质只在对照中检测到。同时,HN 处理与对照相比,幼穗中检测到 2 个蛋白质的累积显著上调,5 个蛋白质的累积显著下调(表 4-1)。

4.1.5　不同供氮水平对幼穗发育的多种代谢途径影响

将不同供氮水平的幼穗中差异累积显著的蛋白搜索 KEGG 数据库,对蛋白参与的代谢途径进行分析(Nakao et al. ,1999),看到有 14 个差异累积显著的蛋白参与 11 条不同的代谢途径(表 4-2)。其中,抗坏血酸过氧化物酶(蛋白编号 157 和 152)、抗坏血酸过氧化物酶 1(蛋白编号 153)和谷胱甘肽脱氢酶(蛋白编号 159)参与了抗坏血酸和 aldarate 代谢;叶绿体热休克蛋白 70(蛋白编号 1276)和热休克蛋白 81-4(蛋白编号 1250)参与植物与病原体的相互作用。另外,有 3 个蛋白质参与了多种代谢途径。谷胱甘肽脱氢酶既参与谷胱甘肽的代谢,又参与抗坏血酸和 aldarate 代谢;脂氧合酶(蛋白编号 50)参与了亚麻油酸和阿尔法亚麻油酸代谢;乙酮醇酸还原异构酶(蛋白编号 491)参与了泛酸和辅酶 A 生物合成、缬氨酸、亮氨酸和异亮氨酸的生物合成;脂氧合酶和乙酮醇酸还原异构酶还参与了另一个未知的代谢途径。此外,ATP 合酶(蛋白编号 431)、tRNA 合酶(蛋白编号 353)、T-complex 蛋白(蛋白编号 430)分别参与了次生代谢生物合成、氨酰基转移核糖核酸(Aminoacyl-tRNA)生物合成和内质网蛋白合成过程。

表 4-2　依据 KEGG 分析的 14 个蛋白质所参与的 11 条代谢途径

途径编号[a]	生物学途径名称	蛋白质登录号[b]	蛋白注释
		GRMZM2G140667_P01	Ascorbate peroxidase
		GRMZM2G137839_P01	Ascorbate peroxidase
ko00053	Ascorbate and aldarate metabolism	GRMZM2G054300_P01	Ascorbate peroxidase 1
		GRMZM2G035502_P01	Glutathione dehydrogenase (ascorbate)[c]
ko04626	Plant-pathogen interaction	GRMZM2G079668_P01	Chloroplast heat shock protein 70
		GRMZM2G112165_P01	Heat shock protein 81-4
ko00591	Linoleic acid metabolism	GRMZM2G109130_P01	Lipoxygenase[c]
ko00592	Alpha-Linolenic acid metabolism	GRMZM2G109130_P01	Lipoxygenase[c]
ko00770	Pantothenate and CoA biosynthesis	GRMZM2G004382_P01	Ketol-acid reductoisomerase[c]
ko00290	Valine, leucine and isoleucine biosynthesis	GRMZM2G004382_P01	Ketol-acid reductoisomerase[c]
ko01100	Uncharacterized metabolic pathways	GRMZM2G109130_P01	Lipoxygenase[c]
		GRMZM2G004382_P01	Ketol-acid reductoisomerase[c]
ko00480	Glutathione metabolism	GRMZM2G035502_P01	Glutathione dehydrogenase (ascorbate)[c]
ko01110	Biosynthesis of secondary metabolites	GRMZM5G829375_P01	ATP synthase
ko00970	Aminoacyl-tRNA biosynthesis	GRMZM2G083836_P01	tRNA synthetases class Ⅱ domain containing protein
ko04141	Protein processing in endoplasmic reticulum	GRMZM2G434173_P01	T-complex protein

[a]生物学途径编号:KEGG 数据库中生物学途径的编号;[b]在玉米全基因组数据库中的登录号;[c]参与多种代谢途径的蛋白质。

　　基因本体论分析(GO)结果表明,幼穗中 37 个差异累积显著的蛋白共参与了 21 种不同的生物学过程。如养分胁迫反应过程、代谢过程、氧化还原过程等(图 4-8A)。如图 4-8b 所示,幼穗中 29 个差异累积显著的蛋白定位于 14 个细胞内组成元件中,例如,质膜、叶绿体、内质网。另外,雌穗中 39 个差异累积显著的蛋白的分子功能涵盖水解作用、GTP 结合功能、核酸结合功能、氧化还原活性等(图 4-8C)。

　　基于上述 GO 分析以及文献检索,可将玉米抽雄前幼穗中差异累积显著的 35 个已注释的蛋白质进行进一步的功能分类(表 4-3)。结果表明,35 个差异累积显著的蛋白质中有 14 个与生物和非生物胁迫相关,因此,将其归入一般胁迫响应的一大类中。另外,21 个差异累积显著的蛋白质与玉米吐丝前幼穗中激素代谢、穗发育以及 C/N 代谢相关。

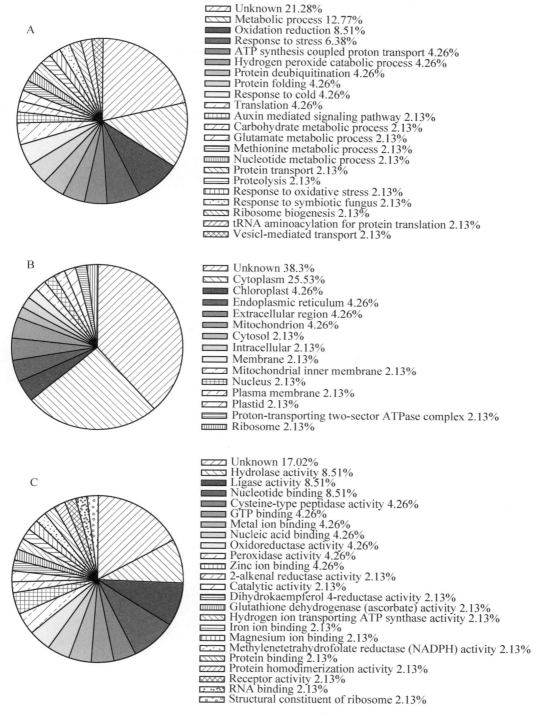

A

Unknown 21.28%
Metabolic process 12.77%
Oxidation reduction 8.51%
Response to stress 6.38%
ATP synthesis coupled proton transport 4.26%
Hydrogen peroxide catabolic process 4.26%
Protein deubiquitination 4.26%
Protein folding 4.26%
Response to cold 4.26%
Translation 4.26%
Auxin mediated signaling pathway 2.13%
Carbohydrate metabolic process 2.13%
Glutamate metabolic process 2.13%
Methionine metabolic process 2.13%
Nucleotide metabolic process 2.13%
Protein transport 2.13%
Proteolysis 2.13%
Response to oxidative stress 2.13%
Response to symbiotic fungus 2.13%
Ribosome biogenesis 2.13%
tRNA aminoacylation for protein translation 2.13%
Vesicl-mediated transport 2.13%

B

Unknown 38.3%
Cytoplasm 25.53%
Chloroplast 4.26%
Endoplasmic reticulum 4.26%
Extracellular region 4.26%
Mitochondrion 4.26%
Cytosol 2.13%
Intracellular 2.13%
Membrane 2.13%
Mitochondrial inner membrane 2.13%
Nucleus 2.13%
Plasma membrane 2.13%
Plastid 2.13%
Proton-transporting two-sector ATPase complex 2.13%
Ribosome 2.13%

C

Unknown 17.02%
Hydrolase activity 8.51%
Ligase activity 8.51%
Nucleotide binding 8.51%
Cysteine-type peptidase activity 4.26%
GTP binding 4.26%
Metal ion binding 4.26%
Nucleic acid binding 4.26%
Oxidoreductase activity 4.26%
Peroxidase activity 4.26%
Zinc ion binding 4.26%
2-alkenal reductase activity 2.13%
Catalytic activity 2.13%
Dihydrokaempferol 4-reductase activity 2.13%
Glutathione dehydrogenase (ascorbate) activity 2.13%
Hydrogen ion transporting ATP synthase activity 2.13%
Iron ion binding 2.13%
Magnesium ion binding 2.13%
Methylenetetrahydrofolate reductase (NADPH) activity 2.13%
Protein binding 2.13%
Protein homodimerization activity 2.13%
Receptor activity 2.13%
RNA binding 2.13%
Structural constituent of ribosome 2.13%

图 4-8 **47 个差异累积蛋白质的 GO 注释**

A. 生物过程 B. 细胞成分 C. 分子功能

图例为类别和每一类蛋白数占总数的百分比。

97

表 4-3   田间不同供氮水平下,播种后 74 天(抽雄前)玉米幼穗中差异
累积显著的 35 个已注释蛋白的功能分类

功能分类[a]	登录号[b]	蛋白注释
一般胁迫响应	GRMZM2G079668_P01	Chloroplast heat shock protein 70
	GRMZM2G140667_P01	Ascorbate peroxidase
	GRMZM2G035502_P01	Glutathione dehydrogenase(ascorbate)d
	GRMZM2G328094_P01	NADP-dependent oxidoreductase
	GRMZM2G042118_P01	Glycine-rich RNA-binding protein
	GRMZM2G009448_P01	Glycine-rich RNA-binding protein
	GRMZM2G080603_P01	RNA recognition motif containing protein
	GRMZM2G109130_P01	Lipoxygenase
	GRMZM2G033555_P01	Cinnamoyl-CoA reductase family
	GRMZM2G434173_P01	T-complex protein
	GRMZM2G006953_P02	Nuclear transport factor 2B
	GRMZM2G042089_P01	Putative clathrin adaptor complexes medium subunit
	GRMZM2G017086_P01	Ubiquitin carboxyl-terminal hydrolase
	GRMZM2G017086_P01	Ubiquitin carboxyl-terminal hydrolase
激素代谢与功能	GRMZM2G090779_P01	IAA-Ala conjugate hydrolase/metallopeptidase
	GRMZM2G169095_P01	N-1-naphthylphthalamic acid binding /aminopeptidase
	GRMZM2G116204_P01	Auxin-binding protein
	GRMZM2G016890_P01	Beta glucosidase 13
穗发育	GRMZM2G069523_P01	Sex determination protein tasselseed-2
	GRMZM2G069523_P01	Sex determination protein tasselseed-2
	GRMZM2G107114_P01	Prohibitin2
	GRMZM2G136895_P01	Beta-D-xylosidase
	GRMZM2G167505_P01	RNA recognition motif containing protein
	GRMZM2G426591_P01	RNA-binding protein 45
碳氮代谢	GRMZM2G176397_P01	Aconitate hydratase
	GRMZM2G467338_P01	Aconitate hydratase
	GRMZM5G829375_P01	ATP synthase
	GRMZM2G347056_P01	Methylenetetrahydrofolate reductase
	GRMZM2G004382_P01	Ketol-acid reductoisomerase
	GRMZM2G035502_P01	Glutathione dehydrogenase(ascorbate)d
	GRMZM2G021331_P01	ATP synthase
	GRMZM2G017110_P02	Calmodulin binding /glutamate decarboxylase
	GRMZM2G033208_P01	Transketolase
	GRMZM2G179301_P02	Dienelactone hydrolase family
	GRMZM2G073079_P01	Dienelactone hydrolase family protein

[a]功能分类基于 GO 分析和文献报道;[b]在玉米全基因组数据库中的登录号。

4.1.6 不同供氮水平引发的植物一般性胁迫响应机制

GO 分析结果表明,不同供氮水平下,幼穗中 7 个差异累积显著的蛋白质与非生物胁迫反应相关,其中包括叶绿体热休克蛋白 70(蛋白编号 1276)、抗坏血酸盐过氧化物酶(蛋白编号 157)、谷胱甘肽脱氢酶(蛋白编号 159)、依赖 NADP 的氧化还原酶(蛋白编号 332)、富含甘氨酸的 RNA 结合蛋白(蛋白编号 69,185)及含有 RNA 识别基序蛋白(蛋白编号 77)。包括干旱、盐害、寒害、热害等一系列胁迫反应都使得热休克蛋白质累积上调(Swindell et al.,2007)。细胞质抗坏血酸过氧化物酶 1 参与干旱和热害胁迫反应(Mittler and Zilinskas,1994;

Koussevitzky et al.，2008)。抗坏血酸过氧化物酶参与了植物应对臭氧和二氧化硫胁迫的响应(Kubo et al.，1995)。谷胱甘肽脱氢酶参与 UV-B 辐射胁迫反应(Jiménez et al.，1998；Costa et al.，2002)；依赖 NADP 的氧化还原酶通过光合保护信号还参与高光照胁迫反应(Phee et al.，2004)。拥有 RNA 结合结构域的蛋白质对植物抗寒害和抗氧化胁迫有重要作用(Carpenter et al.，1994；Martín et al.，2006)。另外，还有一些蛋白质对植物抗生物胁迫响应具有重要作用。未成熟的籽粒易受真菌的感染，脂氧合酶是真菌和籽粒相互作用中的关键酶(Wilson et al.，2001)。肉桂酰辅酶 A 还原酶通过促进木质素的生物合成以及与 GTPase 的结合在植物防御反应过程中起重要作用(Lauvergeat et al.，2001；Kawasaki et al.，2006)。缺氮下调 DNA-complex 蛋白质的表达水平，有利于细菌转移 DNA 侵入宿主细胞核当中(Zeng et al.，2006)。细胞核-质膜转移蛋白将多种蛋白向细胞核中转移，缺氮使得这种蛋白的累积显著下调(Jiang et al.，1998)。此外，假定的网格蛋白适配亚基(putative clathrin adaptor sub-unit)与植物内吞作用相关，缺氮条件下该蛋白累积显著下调(Holstein，2002)。

泛素化与去泛素化通过参与多种细胞过程调节基因表达(Wilkinson，2000；Zhang，2003；Henry et al.，2003)。泛素羧基末端水解酶表达上调可使缺氮条件下玉米幼穗泛素化水平降低，这可能是通过裂解泛素羧基末端氨基酸残基实现的；而去泛素化可调节植物体内氮素水平(Pickart and Rose，1985；Takami et al.，2007)。因此，不同供氮水平引发了植物一般性胁迫响应机制，包括许多非特异性响应，这些响应机制在其他生物或非生物胁迫条件下都可能发生。

4.1.7　不同供氮水平对玉米抽雄前幼穗中激素代谢、穗发育及碳/氮代谢的影响

在幼穗中检测到的差异累积显著的蛋白质中，有 21 个蛋白质与抽雄前幼穗中激素代谢、穗发育以及 C/N 代谢相关(表 4-3)。缺氮影响植物体内生长素代谢和运输，IAA-Ala 共轭水解酶催化水解 IAA-Ala 中的氨基，释放激活吲哚-3-乙酸(Rampey et al.，2004)。因此，IAA-Ala 共轭水解酶在植物发芽和开花等多种生长发育过程中起重要作用(Davies et al.，1999；Rampey et al.，2004)。N-1-萘邻氨甲基苯甲酸结合氨基肽酶是生长素极性运输的负调控因子(Bernasconi et al.，1996；Murphy et al.，2000)。N-1-萘邻氨甲基苯甲酸结合蛋白通过干扰生长素的输出抑制玉米的生长和发育(Murphy et al.，2000)。生长素结合蛋白是定位于玉米胚芽鞘、心叶、中胚轴外表皮细胞中的生长素受体(Löbler and Klämbt，1985；Shimomura et al.，1986)。IAA-Ala 共轭水解酶(蛋白编号 365)和生长素结合蛋白(蛋白编号 113)累积下调，N-1-萘邻氨甲基苯甲酸结合蛋白累积上调表明缺氮通过影响生长素的产生、运输及功能拮抗来抑制玉米幼穗的生长。此外，β-葡糖苷酶 13 参与共轭赤霉素(Schliemann，1984)的水解，激活细胞分裂素(Brzobohatý et al.，1993)和 ABA 代谢(Matsuzaki and Koiwai，1986)，通过催化烷基和烷基 β-D-葡萄糖苷的水解来保护植物幼嫩组织对抗食草动物或其他害虫(Czjzek et al.，2001)。上述激素水平的调节可能影响碳水化合物在幼穗中的分配，最终降低籽粒产量(Ray et al.，1983；Daie et al.，1986；Reed and Singletary，1989)。

缺氮和过量供氮对幼穗中蛋白累积的调节作用截然相反。首先，性别决定蛋白 Tasselseed-2 在玉米花分生组织性别决定过程中起到重要作用(DeLong et al.，1993；Irish，

1996)。缺氮使 Tasselseed-2(蛋白编号 21)累积下调诱导雄穗上雌花的形成,过量供氮使 Tasselseed-2(蛋白编号 20)累积上调,从而抑制这一正常发育过程。其次,过量供氮使抑制素蛋白(蛋白编号 239)累积下调,从而延缓雌穗的衰老。抑制素可能作为膜结合的分子伴侣,通过使线粒体蛋白发生错误折叠损坏线粒体膜而加速植物细胞衰老(Ahn et al. ,2006)。抑制素基因表达水平的下调,导致细胞变小,细胞数量减少,造成花和花瓣变小(Chen et al. ,2005),这也可能是过量供氮减少雌穗大小和籽粒数目的原因。反之,缺氮使 $\beta\text{-}D\text{-}$木糖苷酶(蛋白编号 542)累积下调,可能影响幼穗的早期发育。$\beta\text{-}D\text{-}$木糖苷酶参与木聚糖或阿拉伯糖的分解而使细胞壁硬化(Itai et al. ,2003)。在番茄的发育早期,$\beta\text{-}D\text{-}$木糖苷酶表达量升高,而在果实成熟时其表达量降低(Itai et al. ,2003)。最后,RNA 与蛋白的相互作用在包括开花过程在内的植物发育过程中起到重要作用(Schomburg et al. ,2001;Lorković and Barta,2002)。氮素营养可能通过差异调节 RNA 识别基序蛋白(蛋白编号 563)和 RNA 结合蛋白45(蛋白编号 432)的累积,影响玉米幼穗的发育。

缺氮和过量供氮对玉米抽雄前幼穗中碳/氮代谢的影响不同。缺氮导致碳水化合物代谢途径中关键酶的活性增强,从而影响碳的代谢,其中包括乌头酸水合酶(蛋白编号 446,502)、三磷酸腺苷合成酶(蛋白编号 431)、亚甲基四氢叶酸还原酶(蛋白编号 495)。乌头酸水合酶参与三羧酸循环(Wendel et al. ,1988)。定位于叶绿体类囊体膜上的 ATP 合成酶是卡尔文循环必需的酶,在细胞能量的供应过程中起到重要作用(Mccarty,1992)。亚甲基四氢叶酸还原酶(蛋白编号 495)参与了叶酸调控的植物中的单糖代谢过程(Roje et al. ,1999)。对于氮代谢相关蛋白而言,缺氮使酮醇酸还原异构酶(蛋白编号 491)的累积量增加,酮醇酸还原异构酶在植物体缬氨酸、亮氨酸、异亮氨酸等支链氨基酸的合成过程中起重要作用(Bryan and Miflin,1980;Durner et al. ,1993)。然而,缺氮减少谷胱甘肽脱氢酶的累积(蛋白编号 159),表明对谷胱甘肽、抗坏血酸及 Aldarate 代谢起负作用(Crook,1941)。

过量供氮通过改变玉米抽雄前幼穗中碳/氮代谢而延长穗的发育,其中包括降低 ATP 合成酶(蛋白编号 477)活性,使谷氨酸脱羧酶的累积下调。结合钙调蛋白/谷氨酸脱羧酶(GAD;蛋白编号 1240)调节谷氨酸代谢,在控制植物发育过程中起重要作用。GAD 钙调蛋白的激活缩短烟草茎秆,阻碍薄壁细胞延长(Baum et al. ,1996)。氮源不同使得拟南芥叶片中 GAD 活性不同,GAD2 通过调节基因的表达和 RNA 的稳定性影响氮代谢(Turano and Fang,1998)。过量供氮通过使转酮醇酶(蛋白编号 589)的累积上调而改变氨基酸和维生素的生物合成。转酮醇酶通过卡尔文循环参与二氧化碳的固定,通过供应核苷酸、芳香族氨基酸及维生素生物合成的前体物质参与糖酵解过程(Gerhardt et al. ,2003)。此外,缺氮和过量供氮使双烯内酯水解酶的累积量降低,通过半胱氨酸-组氨酸-天门冬氨酸来调节氮素代谢(Cheah et al. ,1993)。

4.2 吐丝后光合作用及同化产物向籽粒运输

4.2.1 吐丝后叶片光合作用的昼夜变化

叶片光合速率、光合产物的输出、光合相关酶活性、碳水化合物浓度等均有明显的昼夜变化规律(Willy et al. 1987;Rogers et al. ,2004;Leakey et al. ,2004;Ainsworth et al. ,2007)。

这些过程的昼夜变化能够在一定程度上反映光合产物在叶片内的合成和输出。氮素会显著影响一天中不同时段叶片光合速率以及碳水化合物的浓度。

在叶片光合速率的昼夜变化中,不同供氮处理之间的差异主要出现在中午前后,此时段光照强度为一天中最高。供氮显著提高穗位叶光合速率,在吐丝期,供氮处理与不供氮处理的叶片光合速率差异出现在中午 12:00 和 15:00;在吐丝后 15 天和 30 天,在上午 9:00 也出现差异。随着生育期延长,叶片光合速率的最大值逐渐降低,N150 处理(150 kg/hm²)与 N300 处理(300 kg/hm²)之间差异明显(图 4-9;图 4-10)。Echarte 等(2008)和 Ding 等(2005)的研究中也发现低氮处理会导致吐丝后叶片光合速率显著下降。

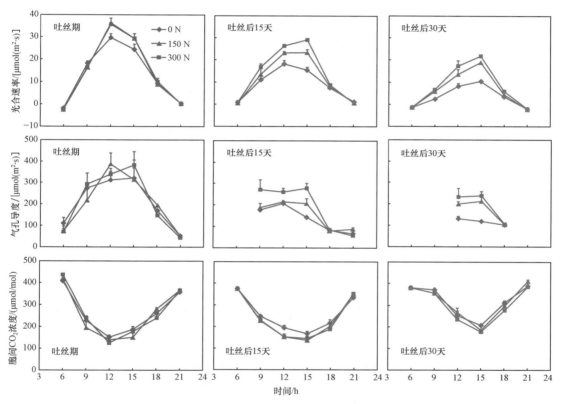

图 4-9　不同供氮水平对玉米吐丝期、吐丝后 15 天和 30 天昼夜穗位叶光合速率(上)、
气孔导度(中)以及胞间 CO_2 浓度(下)的影响

通过计算白天 6:00 至 21:00 叶片光合速率与叶面积的乘积,可得整个叶片 CO_2 净吸收量,用于表征叶片光合能力(图 4-10)。可以看出,穗位叶光合能力在吐丝后逐渐降低。施氮显著提高了吐丝期穗位叶的光合能力,但是中等供氮和高氮处理之间并无显著差异。至吐丝后 15 天和 30 天,三个氮水平之间穗位叶的光合能力均出现明显差异。

叶片气孔导度的昼夜变化规律与光合速率相似,而胞间 CO_2 浓度的变化恰恰相反(图 4-9)。吐丝期,施氮对气孔导度和胞间 CO_2 浓度昼夜变化没有显著影响。然而,吐丝后 15 天,与 N0 和 N150 处理相比,高氮处理显著提高了 9:00 至 15:00 的气孔导度。吐丝后 30 天,N0 处理的叶片气孔导度显著低于施氮处理,尤其是在 12:00 和 15:00。但施氮处理对胞间 CO_2

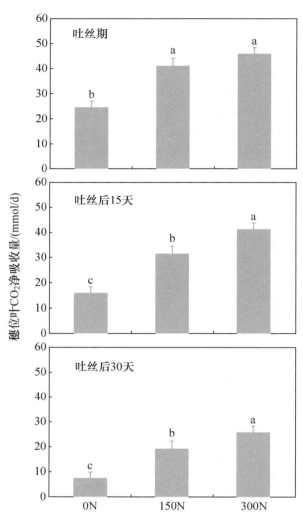

图 4-10　不同供氮水平对吐丝期、吐丝后 15 天和 30 天玉米穗位叶净 CO$_2$ 吸收量的影响(6:00—21:00)

浓度在大多数情况下无显著影响。

　　不同氮肥用量对玉米新、老品种的气孔导度没有影响,但吐丝后老品种的叶片光合速率对缺氮的反应比新品种更为敏感(Ding et al.,2005)。说明缺氮降低叶片光合速率并不是由于气孔导度的变化所造成,而是加速了叶绿素和其他光合蛋白的降解,降低了光合能力(Masclaux-Daubresse et al.,2010)。CO$_2$ 固定的减少与缺氮降低 PEPc 的含量和活性有关(Sugiharto et al.,1990;Ding et al.,2005)。然而 Rubisco 的含量和活性对于氮素缺乏的反应不如 PEPc 敏感(Sugiharto et al.,1990;Echarte et al.,2008;Maria et al.,2000)。此外,Echarte 等(2008)认为缺氮导致光合速率降低主要是减少了单位光量子所能固定的 CO$_2$ 量,而非降低光子捕获的数量。胞间 CO$_2$ 浓度与气孔导度的变化密切相关。随着生育期推进,气孔导度逐渐降低,然而胞间 CO$_2$ 浓度开始增加,这与 Ding 等(2005)的结果一致。Paponov 和 Engels(2003)认为玉米生殖生长期叶片的衰老会导致胞间 CO$_2$ 浓度增加,表明 CO$_2$ 羧化作用的降低比气孔导度下降更为显著。同样,吐丝后15天与N300处理相比,从12:00—18:00 N0和N150处理气孔导度分别下降了23%和16%,然而两个处理的光合速率分别下降了31%和13%;吐丝后30天,气孔导度下降了39%和9%,但是光合速率下降了48%和19%。

4.2.2 吐丝后叶片碳水化合物积累的昼夜变化

与光合速率的变化类似,叶片中糖类和淀粉等碳水化合物浓度也具有鲜明的昼夜变化规律(图4-11)。吐丝期葡萄糖浓度的昼夜变化呈二次曲线状,在上午9:00—12:00之间达到最大值。然而至吐丝后15天和30天,随着生育进程的延伸,葡萄糖浓度的昼夜变化逐渐减弱。缺氮处理显著降低了叶片中蔗糖的合成与积累,不施氮处理的玉米穗位叶蔗糖浓度一直处于最低水平,施氮处理明显提高了蔗糖浓度,尤其是在12:00—21:00。Klages等(2001)报道了苹果韧皮部的蔗糖浓度最大值也出现在下午时刻。然而,中等供氮和高氮处理二者无明显差异。

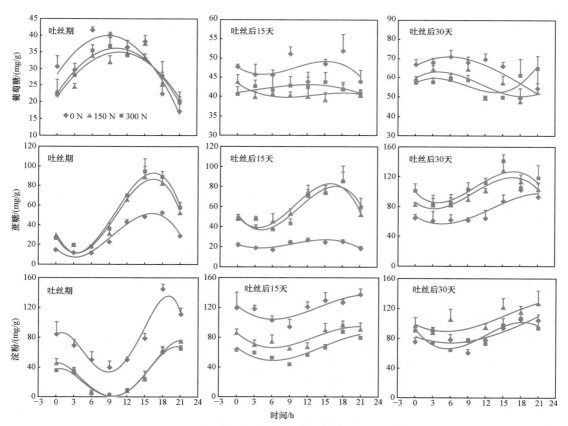

图4-11 不同供氮对玉米吐丝期、吐丝后15天和30天昼夜变化
过程中穗位叶葡萄糖(上)、蔗糖(中)以及淀粉(下)浓度的影响

氮素供应显著影响了吐丝期和吐丝后15天叶片中的淀粉浓度(图4-11)。在这两个时期,缺氮处理叶片中的淀粉浓度显著高于施氮处理。然而与灌浆初期相比,吐丝后30天施氮与不

施氮处理的叶片淀粉浓度变化差异缩小,昼夜变化减弱。各施氮处理叶片中的淀粉在上午9点出现明显减少,达到最低水平,但仍表现为缺氮处理较高(尤其是吐丝期和吐丝后15天)。缺氮处理植株叶片中淀粉大量累积,表明缺氮条件下,光合产物的合成可能不是限制籽粒产量的主要因素,而可能使光合产物由源到库的转运或库中碳水化合物的利用受到限制。缺氮导致叶片中淀粉积累增加,蔗糖合成减少,一方面是为了减少反馈抑制,使叶片光合速率最大化;另一方面,表明叶片光合作用固定的碳的分配,容易受到氮素供应的影响。

4.2.3 缺氮对叶片中光合产物向淀粉和蔗糖分配及代谢的影响

对于玉米等C4植物,当白天CO_2同化速率超过蔗糖合成速率时,光合作用固定的碳则以淀粉(或称之为过渡性淀粉)的形式暂时储存在维管束鞘细胞的叶绿体中,这部分淀粉在夜晚降解、输出,供植物生长需要(Taiz and Zeiger,2010;Stitt and Zeeman,2012)。如前文所述,与适量供氮相比,缺氮玉米穗位叶中积累了大量淀粉(图4-11;Peng et al.,2013;2014)。通过电子透射电镜切片的观察,证实淀粉粒只分布在维管束鞘细胞中(图4-12);而且不同供氮处理之间差异明显,与N200处理相比,缺氮的叶片淀粉粒较大,而且单位叶绿体中淀粉粒数目较多(图4-12和图4-13)。吐丝后20天时,缺氮叶片的淀粉粒数目和大小仍然具有明显昼夜变化规律,但N200处理的昼夜变化微弱、相对稳定。表明淀粉粒的数目、大小均因生育期而异,且受到环境因素的影响(如缺氮)。这与拟南芥中叶片淀粉含量的昼夜变化主要由淀粉粒大小而非数目所致的结果有所不同(Crumpton-Taylor et al.,2012)。N0处理叶片的维管束鞘细胞中的叶绿体在吐丝期小于N200处理;吐丝后20天时,N0与N200处理类似。然而,缺氮处理叶片中叶绿体数目较少,尤其是在吐丝后20天或21天。这些结果一定程度解释了缺氮叶片淀粉大量累积的现象(图4-12和图4-13)。

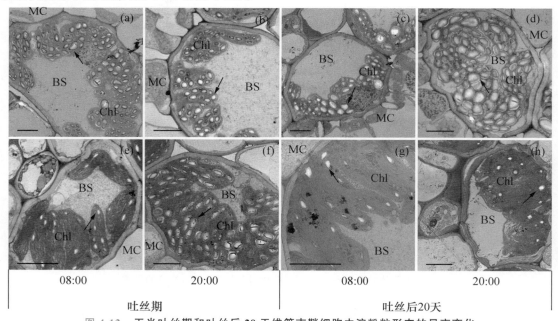

图 4-12 玉米吐丝期和吐丝后 20 天维管束鞘细胞中淀粉粒形态的昼夜变化

(a)~(d)N0,(e)~(h)N200。MC,叶肉细胞;BS,维管束鞘细胞;Chl,叶绿体;箭头所指为淀粉粒。标尺为 5 μm。

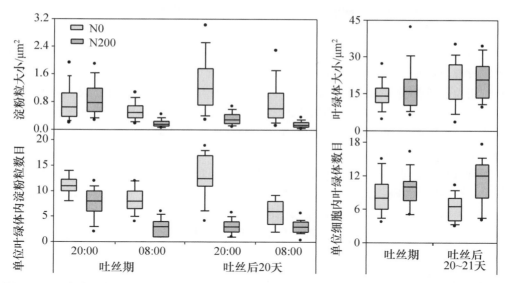

图 4-13 玉米吐丝期和吐丝后 20(或 21)天穗位叶维管束鞘细胞中叶绿体及淀粉粒的数目和大小

箱线图中实线和虚线分别代表数据的中值和平均值,上下边缘分别代表

75 和 25 百分位数,上下误差线分别代表 95 和 5 百分位数。

作为储藏性物质,淀粉可以影响植株生长(Sulpice et al.,2009)。例如,尽管玉米叶片淀粉合成于维管束鞘细胞的叶绿体中,而蔗糖合成于细胞质中,但二者竞争共同底物——丙糖磷酸(Taiz and Zeiger,2010),进而导致碳水化合物的分配发生改变。与 N200 和 N300 处理相比,缺氮导致穗位叶中淀粉与蔗糖的比值明显增加(图 4-14),表明缺氮时叶片光合作用固定的碳更多地向淀粉分配。影响碳在淀粉和蔗糖之间分流的一个重要环节,就是丙糖磷酸/磷酸转运蛋白(Taiz and Zeiger,2010;Stitt and Zeeman,2012)。在拟南芥中,丙糖磷酸/磷酸转运蛋白(TPT1)负责丙糖磷酸从叶绿体向细胞质中运输,同时交换等量无机磷(Stitt and Zeeman,2012)。当细胞质中蔗糖合成下降时,由于受无机磷的限制,丙糖磷酸更多地停留在叶绿体中,向淀粉分配增加(Börnke and Sonnewald,2011)。此外,缺氮时氨基酸合成明显受到限制,因此对碳骨架(有机酸或氨基酸的前体)的需求也降低,如苹果酸、柠檬酸和 2-氧化戊二酸等(Scheible et al.,1997;Paul and Pellny,2003),因此导致更多的碳向淀粉分配,而向蔗糖合成的分配相对减少(图 4-14)。

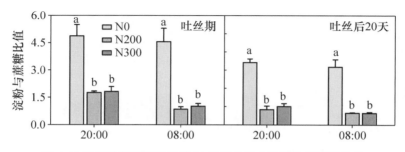

图 4-14 玉米吐丝期和吐丝后 20 天穗位叶中淀粉和蔗糖的比值

高等植物的腺苷二磷酸葡萄糖焦磷酸化酶(AGPase)由大、小亚基共同组成(Slattery et al.,

2000），是淀粉合成的关键限速酶（Sakulsingharoj et al.，2004）。在吐丝期，与施氮处理相比，缺氮时 *Agpsl1* 和 *Agpll1* 基因的相对表达量略微下调，吐丝后 20 天时明显下调（图 4-15）。这与 Schlüter 等（2012）关于缺氮抑制苗期玉米淀粉合成代谢转录水平的结果一致，表明缺氮玉米叶片淀粉周转较慢。缺氮叶片中淀粉合成代谢的转录水平下调与光合速率显著下降一致，意味着通过光合作用固定的总碳较少（Taiz and Zeiger，2010）。与籽粒不同，叶片中的淀粉水解主要是 β-淀粉酶（Stitt and Zeeman，2012），α-淀粉酶的作用微弱。在 04:00 和 08:00，所有处理中 *Bmy* 的表达水平均明显上调，昼夜变化明显，但几乎不受供氮水平的影响。麦芽糖为淀粉水解后从叶绿体中向细胞质中输出的碳水化合物主要形式（Stitt and Zeeman，2012），而氮处理对 *Mex1-like* 的表达量影响较小。缺氮对玉米叶片中蔗糖和淀粉代谢的影响与其他作物不同，如在烟草中，低硝酸盐供应能够增加 AGPase 大亚基的转录水平（Scheible et al.，1997）。或者浮萍在缺氮时，叶片淀粉合成相关的酶活性和基因表达水平均上调，而淀粉水解相关过程下调，因此导致叶片中淀粉大量累积（Zhao et al.，2015）。表明不同物种对供氮水平的响应不同。

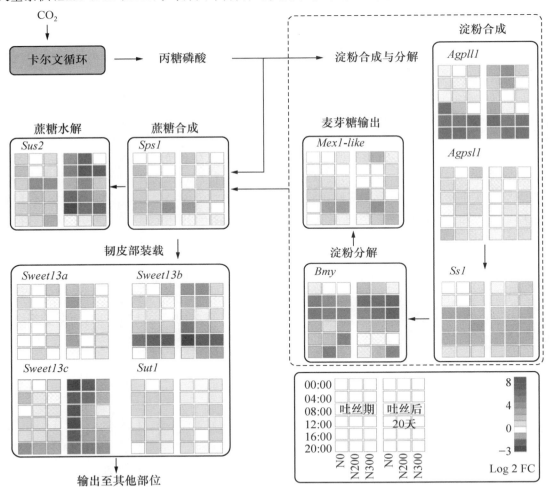

图 4-15　玉米吐丝期和吐丝后 **20** 天穗位叶中蔗糖和淀粉代谢及蔗糖输出
部分相关基因相对表达水平的昼夜变化（彩插 4-15）
每隔 4 h 收获一次叶片（*n* = 4）

4.2.4 缺氮对叶片中蔗糖输出的影响

叶片光合作用固定的碳,主要用于新生组织或库器官的生长与发育,如幼叶、根系等。玉米吐丝后光合产物主要用于籽粒的发育和灌浆。光合产物由源到库的运输首先需要在叶片中向韧皮部装载,植物以共质体途径或质外体途径完成装载。多数植物采用两种途径共同完成。胞间连丝构成了叶片中糖类从叶肉细胞向维管束鞘细胞及向维管薄壁细胞运输的共质体途径。在玉米叶片中,细胞质中合成的蔗糖通过胞间连丝从叶肉细胞向维管束鞘细胞及维管薄壁细胞输出(Braun and Slewinski,2009;Taiz and Zeiger,2010)。在一些玉米蔗糖输出突变体的叶片中,蔗糖输出的共质体途径被胼胝质阻塞,从而影响蔗糖运输(Russin et al.,1996)。胼胝质是一种以 β-1,3 键结合的葡聚糖,在植株受到胁迫时容易积累。Kong et al.(2013)曾报道,小麦缺氮后,灌浆中期在麦穗穗梗的维管束中胼胝质积累增加,一定程度上影响了籽粒产量。然而,通过电子透射电镜切片的观察与比较,发现无论在吐丝期还是吐丝后20天,缺氮玉米叶片和N200处理叶片叶肉细胞、维管束鞘细胞、维管薄壁细胞之间的胞间连丝的解剖结构类似,胞间连丝形态无明显差异,未发现堵塞现象(图4-16)。尽管如此,胞间连丝是否能够正常行使功能,尚不确定。但是,对于采用质外体途径进行韧皮部蔗糖装载的植物(如玉米),主要通过快速调节蔗糖转运蛋白的活性来控制叶片中碳的输出及韧皮部装载,表现出很强的可塑性;而共质体途径装载的植物调节碳的输出则依赖于小脉、胞间连丝等共质体结构的适应性变化(Slewinski and Braun,2010)。因此,与质外体装载的过程相比,蔗糖在共质体途径中的运输可能很少会受到环境因素(如缺氮)的影响。

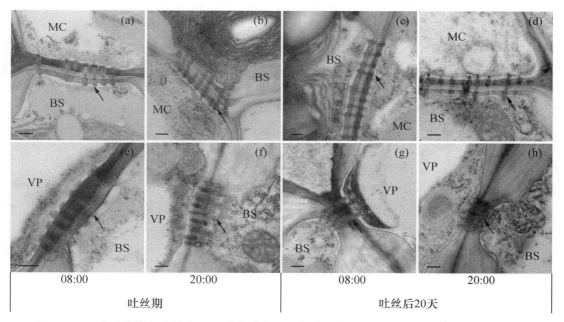

图 4-16 玉米吐丝期和吐丝后20天穗位叶中不同类型细胞之间胞间连丝的透射电镜照片观察

(a)~(d)N0,(e)~(h)N200。MC,叶肉细胞;BS,维管束鞘细胞;VP,维管薄壁细胞。

图中箭头所指为胞间连丝,标尺为 200 nm。

蔗糖到达维管薄壁细胞后,由 SWEETs 蛋白负责输出至质外体空间(Chen et al.,2012),由 SUTs 负责韧皮部装载或长距离运输过程中蔗糖的再吸收(Slewinski et al.,2009)。*Sweet13a* 和 *Sweet13c* 基因表达水平明显受氮处理的影响,表现为缺氮时表达量下调,尤其是吐丝后 20 天(图 4-15),表明 SWEETs 蔗糖输出蛋白活性较低。在昼夜变化过程中,叶片中的蔗糖含量一般在 12:00 前后达到峰值(Peng et al.,2014),而对于 SUT1 转运蛋白,发现主要在 12:00 时,缺氮穗位叶中 *ZmSut1* 的表达量明显低于其他 N200 或 N300 处理(图 4-15)。这些结果表明,与充足供氮相比,缺氮明显降低了蔗糖在韧皮部装载的活性。

4.2.5 雌穗中碳水化合物的累积规律

蔗糖进入韧皮部后,经过长距离运输,先进入穗轴,之后才能到达籽粒。在雌穗发育初期或灌浆早期,穗轴和籽粒(或小花)之间发生着十分活跃的碳水化合物代谢(Bihmidine et al.,2013)。从吐丝前 10 天到吐丝期,穗轴中葡萄糖和果糖浓度一直增加,在吐丝期达到峰值后,两种糖的浓度开始下降,直到最后成熟。同时,在吐丝前的穗轴中,葡萄糖和果糖浓度随着施氮量的增加而增加,但吐丝以后在发育的籽粒中却是随着施氮量的增加而减少(图 4-17)。蔗糖和淀粉浓度的变化趋势以及对施氮的响应与葡萄糖和果糖完全相反。吐丝之前蔗糖和淀粉浓度随着施氮量的增加而减少,并且在吐丝期达到最低值。吐丝后蔗糖浓度有一个短暂的升高过程,然后开始下降,淀粉浓度却一直增加直到成熟期。这说明光合产物从穗轴进入籽粒的过程中,首先转化为单糖,进入籽粒后重新合成蔗糖以及淀粉。

有研究认为,蔗糖到达穗轴后,少量可以直接进入胚乳,多数经小花梗液泡或细胞壁中的蔗糖转化酶或位于转移细胞层细胞壁中的蔗糖转化酶分解为果糖和葡萄糖(Bihmidine et al.,2013),而后进入胚乳。在籽粒发育初期,转化酶参与的蔗糖分解是影响库强的关键因素,因为转化酶不仅参与蔗糖代谢,而且产生的己糖信号可调节细胞循环及细胞分化的过程(Bihmidine et al.,2013)。吐丝期无论在 08:00 还是 20:00,与充足供氮(N200 或 N300)相比,缺氮玉米上部穗轴中蔗糖浓度较高或类似,但果糖和葡萄糖浓度明显较低,导致总可溶性糖浓度显著降低(图 4-18),表明蔗糖向己糖的分解可能受到影响。在储藏器官中,己糖通常是淀粉合成的底物,缺氮玉米上部穗轴中淀粉大量累积,说明分解的蔗糖主要用于淀粉的合成,而向籽粒中运输较少,或缺氮玉米籽粒对碳水化合物的利用相对较少,因此,导致淀粉在穗轴局部累积(图 4-18)。Sosso 等(2015)报道,ZmSWEET4c 转运蛋白在转移细胞层发挥功能,负责己糖的转运,这为调控己糖向籽粒中运输提供了新的突破口。

对于吐丝期的下部穗轴,不同氮处理之间的淀粉浓度类似,总可溶性糖浓度在缺氮植株中较低。缺氮植株中,下部穗轴果糖和葡萄糖浓度明显高于上部穗轴(图 4-18),因此,可向籽粒提供较多的己糖。与此一致,下部籽粒中果糖和葡萄糖浓度也高于上部籽粒(图 4-19)。下、上部籽粒分别代表雌穗中优势籽粒和弱势籽粒,二者对非生物胁迫的响应也不同(Chen et al.,2016)。然而,在灌浆前半期,氮素对不同部位穗轴的影响比对籽粒的影响更强烈,如在吐丝后 20 天,缺氮导致上、下部穗轴中碳水化合物浓度明显较低,而籽粒中差异较小,尤其是籽粒中果糖、葡萄糖和淀粉浓度。综上,与 N200 或 N300 处理相比,缺氮玉米上、下部穗轴或籽粒中含有类似或明显较高的糖类或淀粉浓度,表明缺氮的玉米叶片能够提供相对充足的碳水化合物到雌穗中(至少到穗轴中),但穗轴中蔗糖的分解、或分解后的单糖向籽粒运输、或籽粒利用这些碳水化合物的能力较低,可能与缺氮导致减产更为紧密。

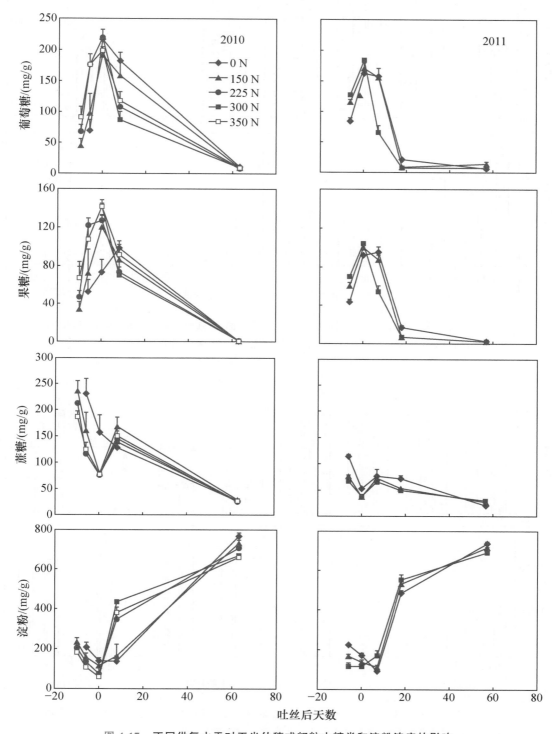

图 4-17　不同供氮水平对玉米幼穗或籽粒中糖类和淀粉浓度的影响

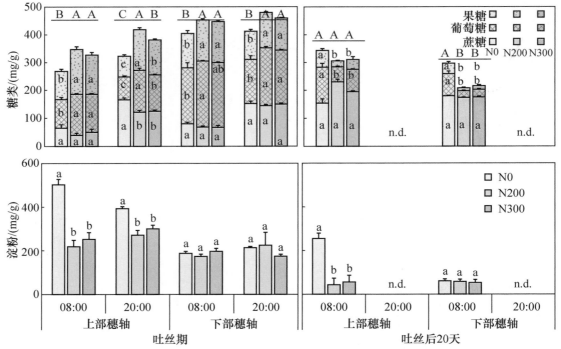

图 4-18　不同供氮处理对玉米吐丝期和吐丝后 20 天上部、下部穗轴中糖类和淀粉浓度的影响

图中不同字母表示处理之间糖类浓度差异显著(大写字母:果糖、葡萄糖与蔗糖之和;
小写字母:每一类糖或淀粉),P<0.05。样品收获于 08:00 和 20:00。n.d.,未测定。

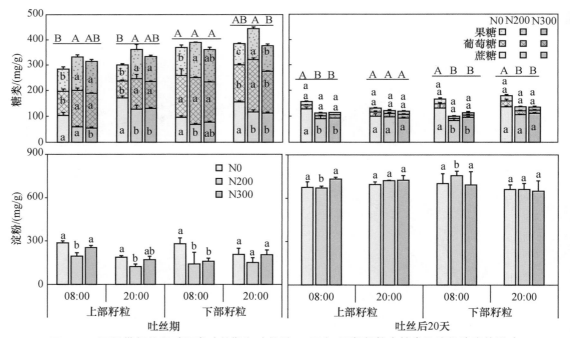

图 4-19　不同供氮处理对玉米吐丝期和吐丝后 20 天上、下部籽粒中糖类和淀粉浓度的影响

图中不同字母表示处理之间糖类浓度差异显著(大写字母:果糖、葡萄糖与蔗糖之和;小写字母:每一类糖或淀粉),
P<0.05。样品收获于 08:00 和 20:00。n.d.,未测定。

4.2.6　茎注射蔗糖对缺氮玉米叶片与雌穗中碳水化合物积累的影响

在吐丝期干旱胁迫条件下，由于光合产物供应不足，导致生殖器官发育提前停止，通过蔗糖注射能够在很大程度上恢复穗和籽粒的发育，降低玉米产量的损失（Boyle et al.，1991；Zinselmeier et al.，1995；McLaughlin and Boyer；2004，Hiyane et al.，2010）。说明干旱胁迫导致的玉米减产是由于光合作用受到影响，碳水化合物供应不足所致。干旱导致的籽粒败育可能与穗早期发育时激素以及一些相关的酶活性有关（Boyle et al.，1991）。为回答缺氮条件下玉米减产是否也是由于光合作用受到影响所致，对缺氮玉米从吐丝前4天开始至吐丝后第4天，间隔两天进行茎蔗糖注射。注射结果使吐丝期和吐丝后6天幼穗和籽粒中葡萄糖和蔗糖浓度有所提高，尽管并不是每个处理均达到显著水平（表4-4），但玉米穗中增加的蔗糖却没有能够增加籽粒产量（表4-4）。Zinselmeier等（1995）也发现在水氮供应充足条件下，蔗糖的注射对产量贡献不大。茎注射蔗糖处理对于任何氮处理的叶片光合速率没有显著影响（Boyle et al.，1991；Zinselmeier et al.，1995；McLaughlin and Boyle，2004；Hiyane et al.，2010）。

表 4-4　不同供氮量和蔗糖注射对吐丝前 6 天、吐丝期、吐丝后 6 天和 52 天穗干重、穗中糖类和淀粉浓度的影响

吐丝后天数	氮水平	干重/(g/株)		葡萄糖/(mg/g)		果糖/(mg/g)		蔗糖/(mg/g)		淀粉/(mg/g)	
		对照	注射	对照	注射	对照	注射	对照	注射	对照	注射
-6	低氮	0.4b	—	133.0b	—	107.3a	—	129.3a	—	277.4a	—
	中氮	1.2ab	—	155.5a	—	121.7a	—	101.0ab	—	213.6b	—
	高氮	1.6a	—	149.2ab	—	127.8a	—	91.8b	—	218.9b	—
0	低氮	1.4b	3.2b*	173.4a	189.2ab*	136.4a	153.5a	79.9a	103.8a*	139.3a	111.0a
	中氮	4.2b	5.6b	171.9a	186.4b	137.1a	154.6a*	74.5a	79.3a	133.7a	137.4a
	高氮	7.8a	8.7a	176.3a	208.7a*	147.4a	146.9a	60.1a	75.1a*	141.4a	135.6a
6	低氮	7.6b	8.9b	166.6a	176.2a	99.3a	106.9a	61.8a	84.0a*	246.4a	245.9a
	中氮	21.4a	21.8a	171.7a	182.7a*	104.9a	137.0a	86.6a	87.7a	186.1a	248.6a*
	高氮	18.9a	21.3a	142.9a	175.7a*	120.3a	130.0a	80.3a	95.1a*	177.5a	156.2a
52	低氮	28.6c	28.1c	8.2b	9.3ab	1.7a	1.2a	17.8a	17.3a	716.0a	713.6a
	中氮	118.8b	119.1b	8.8ab	7.0b	2.2a	2.3a	21.4a	24.6a	662.8ab	651.4ab
	高氮	161.5a	170.4a	11.4a	11.3a	2.0a	5.7a	21.2a	21.4a	633.1b	627.0b

每一列中不同字母表示氮处理之间的差异达到显著水平；* 表示蔗糖注射处理与对照差异达到显著水平（$P<0.05$）。

蔗糖注射没有能够弥补缺氮玉米籽粒产量的损失，表明缺氮对源库之间光合产物的形成和转运的影响与干旱不同。在干旱时，玉米籽粒发育过程中蔗糖、还原性糖类以及淀粉的浓度显著降低，同时酸性蔗糖转化酶活性减弱。蔗糖注射能够一定程度提高籽粒总碳水化合物的浓度以及相关酶类的活性（Zinselmerier et al.，1995）。然而，缺氮条件下，吐丝期幼穗和籽粒中糖类的浓度并不受影响（表4-4），因此蔗糖注射对最终籽粒产量没有贡献。这表明，与水分胁迫不同，缺氮并没有影响幼穗和籽粒发育过程中碳的供给。另一方面，缺氮对产量的影响可能在玉米生长的早期就已经决定了，因此在吐丝期短暂的碳水化合物供应并不能改变缺氮对产量的影响；或者，缺氮籽粒库容较小，对碳水化合物的利用能力较低所致。

4.3 吐丝后光合产物和养分的累积与分配

4.3.1 吐丝后光合产物的累积与分配

玉米吐丝后干物质的积累与叶面积大小、叶片衰老时间、光合速率等密切相关。在吐丝期,玉米叶片已经全部展开,叶面积达到最大。通过比较我国不同年代六个玉米品种的光合面积和光合产物分配差异,看到新品种各层叶片的叶面积大于老品种,总叶面积也明显较大。白马牙、金皇后、中单 2 号、唐抗 5 号、农大 108 和郑单 958 在吐丝期的叶面积分别为 5 918、4 730、6 845、7 399、8 518 和 7 745 cm²/株,而且新品种(农大 108 和郑单 958)的叶片持绿时间较长(图 4-20),表明叶片衰老缓慢或延迟。王空军等(1999;2001)的研究发现,与 20 世纪 50 年代和 70 年代的玉米品种相比,90 年代推出的品种叶绿素 a、叶绿素 b、类胡萝卜素等的含量高且光合持续时间长,叶片清除活性氧的能力较强、衰老缓慢;在灌浆期有利于光合能力的维持,增强群体光合速率(董树亭等,2000),帮助植株固定更多的碳水化合物。Ding 等(2005)认为,这主要与新品种吐丝后光合能力下降幅度较小有关,且得益于磷酸烯醇式丙酮酸羧化酶(PEPC)活性、可溶性蛋白含量的维持,而与气孔导度的关系不大。同时,新品种的这一特性有利于地上部将更多的碳水化合物向根系分配,延缓根系衰老(表 4-5),促进养分吸收,养分吸收增加又有利于光合作用的维持和籽粒增产(Ciampitti and Vyn,2011)。

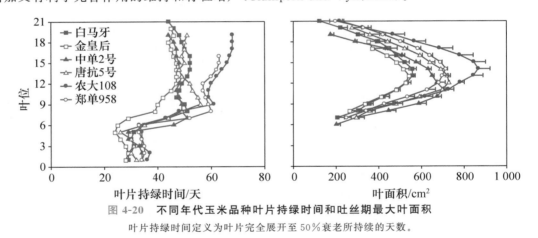

图 4-20 不同年代玉米品种叶片持绿时间和吐丝期最大叶面积

叶片持绿时间定义为叶片完全展开至 50% 衰老所持续的天数。

玉米吐丝后干物质积累及占总生物量的比重是影响籽粒产量的关键因素之一(Echarte et al.,2008)。玉米籽粒产量约等于吐丝后整株干物质的积累量(Lee and Tollenaar,2007)。由于新品种叶面积较大,叶片衰老缓慢(图 4-20),而且光合作用持续时期及灌浆期较长,所以吐丝后整株干物质的净增积累量明显高于老品种,吐丝后干物质的积累量占成熟期总量超过 50%,而老品种不足 50%(表 4-5)。白马牙、金皇后、中单 2 号、唐抗 5 号、农大 108 和郑单 958,平均籽粒产量分别为 78.4、77.7、105.3、125.3、152.6、162.2 g/株,相当于 4.7、4.7、6.3、7.5、9.2、9.7 t/hm²。吐丝后积累的干物质占籽粒产量的比重为 87%~108%(2009 年)和 95%~142%(2010 年)。

表 4-5　不同年代玉米吐丝后干物质的净增量及占成熟期总干重的比例

年份	器官	白马牙	金皇后	中单2号	唐抗5号	农大108	郑单958
		干物质净增量/(g/株)					
	上部叶	−0.3bc	2.7ab	4.7a	−3.1c	−2.5c	2.2ab
	中部叶	−0.4a	−1.1a	1.7a	−1.9a	−0.4a	0.6a
	下部叶	−6.3bcd	−3.0ab	−1.7a	−6.2bc	−8.9cd	−9.9d
	茎	−7.2a	−19.5b	−20.7b	−9.6ab	−0.6a	−6.8a
	籽粒	95.3bc	78.0c	102.2b	155.3a	168.8a	178.1a
2009	穗轴+苞叶	16.8bc	13.3c	15.7c	26.0a	27.9a	12.3c
	根	−5.1b	−2.5ab	−2.0ab	−0.7a	−2.2ab	−3.7ab
	整株	92.8b	67.8b	99.9b	159.8a	182.0a	172.9a
		营养器官转移率/%					
		−1.0a	−8.4a	−0.6a	3.4a	8.4a	−2.8a
		吐丝后比例/%					
		42.4ab	37.1b	42.3ab	52.6a	52.1a	50.4a
	上部叶	−1.3bc	−2.8c	0.2ab	0.0ab	−0.1ab	1.3a
	中部叶	−1.4b	−2.0b	−0.1ab	−0.1ab	0.2ab	1.4a
	下部叶	−5.9a	−4.8a	−4.5a	−5.8a	−7.6a	−4.9a
	茎	−0.5b	−6.4b	8.9b	8.3b	39.9a	42.8a
	籽粒	61.5d	77.4c	108.3b	95.2b	136.3a	146.2a
2010	穗轴+苞叶	20.6a	15.6ab	16.6a	17.3a	23.2a	6.5b
	根	−2.0ab	−3.3b	−1.3ab	−0.7ab	2.1a	0.5ab
	整株	61.0c	73.8c	128.1b	114.2b	193.9a	193.9a
		营养器官转移率/%					
		5.8bc	−1.9c	14.0abc	14.6abc	35.1a	27.1ab
		吐丝后比例/%					
		29.2c	35.7bc	46.2ab	43.9ab	54.2a	52.6a

表格中负数表示从吐丝期至成熟后期各器官干物质积累下降。同一行不同字母表示品种间差异显著($P<0.05$)

如果不考虑呼吸消耗和吐丝前碳同化物的再分配等因素,吐丝后累积的干物质几乎全部用于籽粒灌浆(从数值上看),这与吐丝后营养器官(如不同部位叶片、茎秆、根系)干物重小幅下降一致(表4-5)。各品种吐丝后营养器官中干物重下降少、甚至在新品种中有所增加,可能与不同生育时期合成的碳水化合物的用途不同有关。Cliquet 等(1990)在玉米拔节期用[13]C 标记植株,发现在成熟时只有 0.5% 的[13]C 分配到籽粒中,表明吐丝前积累的碳对产量贡献较小,籽粒中的碳水化合物几乎全部来自吐丝后的光合作用。这与营养生长阶段同化的碳主要用于合成纤维素或其他结构性组分,只有少量非结构碳水化合物在吐丝后发生转移,而且转移比例较低的观点一致(Cliquet et al.,1990;He et al.,2004)。

4.3.2　吐丝后氮磷钾养分的累积与分配

玉米进入生殖生长阶段后,根系衰老加速,养分吸收能力逐渐降低。尽管不少研究报道,玉米根系在灌浆后期仍然能够从土壤中吸收一定量的养分（Ma and Dwyer 1998；Ning et al.，2017），但吐丝后吸收的养分无法满足籽粒灌浆的需求。籽粒中的碳水化合物主要来自吐丝后光合作用。与此不同，籽粒中相当一部分矿质元素必须通过营养器官的转移来获取。因此，吐丝前吸收并储存在营养器官中的氮、磷和钾，活化后通过再转移进入籽粒，用于弥补籽粒养分累积的差额。

不同年代玉米品种吐丝后吸氮量占收获时总量的比例为16%～43%，吐丝后吸磷所占比例为16%～55%，高于吐丝后吸氮比例，新品种吐丝后氮和磷吸收量以及吐丝后吸收比例明显高于老品种（表4-6和表4-7）。一方面，新品种籽粒产量高，地上部需求大，籽粒灌浆所需的氮、磷等养分更多（Peng et al.，2010；Yan et al.，2011）；另一方面，新品种叶片衰老缓慢，持绿时间较长，有利于更多的碳水化合物向根系分配，延缓根系衰老，促进养分吸收。此外，新品种吐丝后养分吸收比例高于老品种，还与其抗逆能力强有关，如在开花期前后进行短期缺氮胁迫，新品种比老品种在吐丝后表现出明显的氮素吸收恢复能力，来弥补短期缺氮造成的损失（Mueller and Vyn，2016）。

表 4-6　不同年代玉米吐丝后氮素净增量及占成熟期总氮含量的比例

年份	器官	白马牙	金皇后	中单 2 号	唐抗 5 号	农大 108	郑单 958
		氮素净增加量/(mg/株)					
	上部叶	−116a	−62a	−112a	−194b	−207b	−109a
	中部叶	−100a	−100a	−139ab	−155ab	−202b	−192ab
	下部叶	−259ab	−145a	−221ab	−279bc	−416d	−397cd
	茎	−320ab	−316ab	−447b	−421b	−178a	−339ab
	籽粒	1 552b	1 242b	1 566b	2 192a	2 187a	2 168a
2009	穗轴＋苞叶	−137a	−159ab	−120a	−104a	−131a	−235b
	根	−111b	−54ab	−68ab	−55ab	−20a	−54ab
	整株	510ab	4 060b	459b	984ab	1 033a	841ab
		营养器官转移率/%					
		−47ab	−45ab	−50b	−50b	−41a	−50b
		吐丝后比例/%					
		19a	16a	17a	28a	27a	24a
	上部叶	−136b	−175c	−214d	−145bc	−125ab	−93a
	中部叶	−167b	−193b	−174b	−149b	−97a	−125ab
	下部叶	−287a	−272a	−200a	−212a	−290a	−275a
	茎	161b	−206c	89b	109b	507a	356ab
	籽粒	960d	1 449c	1 949b	1 642c	1 983b	2 349a
2010	穗轴＋苞叶	−13a	−118ab	−58ab	−119ab	−99a	−197b
	根	−16bc	−50c	−14bc	−2bc	58a	22ab
	整株	501d	435 e	1 379bc	1 124cd	1 938ab	2 038a
		营养器官转移率/%					
		−19a	−50b	−22a	−21a	3a	−10a
		吐丝后比例/%					
		16b	16bc	37a	33ab	42a	43a

表格中负数表示从吐丝期至成熟后期各器官氮含量下降。同一行不同字母表示品种之间差异显著（$P<0.05$）

表 4-7　不同年代玉米吐丝后磷素净增量及占成熟期总磷含量的比例

年份	器官	白马牙	金皇后	中单 2 号	唐抗 5 号	农大 108	郑单 958
		磷素净增加量/(mg/株)					
	上部叶	−17ab	−16ab	−14a	−24c	−23bc	−18ab
	中部叶	−13a	−22ab	−20ab	−21ab	−26b	−26b
	下部叶	−24ab	−20a	−25ab	−34bc	−46d	−45cd
	茎	−57abc	−60abc	−80bc	−85c	−49a	−56ab
	籽粒	245c	225c	280bc	477a	430ab	351abc
2009	穗轴＋苞叶	−36ab	−39ab	−27a	−36ab	−44ab	−57b
	根	−9ab	−5ab	−6ab	−7ab	−5a	−10b
	整株	88c	63c	109bc	271a	238ab	140abc
		营养器官转移率/%					
		−64ab	−71b	−68b	−69b	−58a	−68b
		吐丝后比例/%					
		27bc	22c	31abc	44a	42ab	31abc
	上部叶	−21c	−25c	−17c	−9b	2a	−6ab
	中部叶	−22de	−28 e	−14cd	0b	19a	−6cd
	下部叶	−33a	−29a	−22a	−17a	−14a	−30a
	茎	−6ab	−73b	−1ab	15a	29a	13a
	籽粒	178d	261c	413b	365b	510a	536a
2010	穗轴＋苞叶	−10a	−35abc	−22a	−33abc	−44bc	−57c
	根	−2ab	−7b	−3ab	−4ab	3a	2a
	整株	85c	64d	334b	317b	505a	453a
		营养器官转移率/%					
		−30b	−62c	−21ab	−13ab	1a	−18ab
		吐丝后比例/%					
		19b	16b	49a	49a	55a	53a

表格中负数表示从吐丝期至成熟后期各器官磷含量下降。同一行不同字母表示品种之间差异显著（$P < 0.05$）

吐丝后籽粒中氮、磷累积量明显超过同期的氮、磷吸收量,说明吐丝后营养器官有大量氮和磷输出(表 4-6 和表 4-7)。通过"差减法"可计算出吐丝期至成熟期各营养器官中养分的转移量和转移率。新品种(农大 108 和郑单 958)吐丝后叶片中氮和磷总转移量明显高于老品种(白马牙和金皇后),叶片氮和磷转移量高于其他营养器官(2009 年个别品种的磷除外)。同时,由于下部叶、中部叶、上部叶数目不等(分别含有 11～13 片、3 片、5 片叶),所以各品种吐丝后氮和磷转移量均表现为下部叶＞中部叶和上部叶(表 4-6 和表 4-7)。但值得注意的是,新品种营养器官中氮和磷总转移率低于老品种。这与其他研究报道一致,即绿熟型玉米吐丝后氮素转移效率低于黄熟型品种(Pommel et al.,2006;He et al.,2004)。穗轴和苞叶中表现为氮和磷净输出,表明在灌浆过程中,穗轴也能作为源为籽粒提供一定量的养分;然而,若阻止授粉,去除籽粒的库强作用,穗轴则会扮演库的角色,影响氮、磷等养分的吸收(Ning et al.,2012;Yan et al.,2011)。

与吐丝后氮和磷的变化不同,大多数情况下,从吐丝期至成熟期,穗轴和苞叶中的钾素表现为净增加；而且各品种吐丝后整株钾素净累积量变化较小，甚至在老品种中出现净减少（表4-8）。这一现象与玉米成熟期根际土壤中钾素的浓度显著高于非根际土壤的结果一致，表明可能有钾素在吐丝后通过根系损失到根际土壤（详见第5章5.4节；Peng et al.，2012）。这些结果表明，氮磷和钾的吸收与分配规律不同且不同步，主要与他们各自在植株体内的生理功能不同有关。氮和磷是构成植物体内蛋白质等许多化合物的重要组分，无论玉米吐丝前营养器官的快速生长还是吐丝后籽粒的发育，都需要吸收和补充大量的氮和磷。但钾离子不参与植物组织的结构组成，主要分布在细胞质和液泡中，参与酶的激活或调节细胞渗透势平衡等（李春俭，2015；Hawkesford et al.，2012；Carroll et al.，1994）。因此，钾素在吐丝前营养生长阶段尤为重要。由于钾素以离子态存在于植物体内，可能在生长后期植株或叶片衰老过程中，钾离子随雨水等淋洗掉，一定程度上促进了吐丝后植株钾素损失。

氮、磷、钾三者之间比较，成熟期籽粒中氮磷钾含量占整株吸收量的比例为磷最高（48%～84%）、氮次之（34%～64%）、钾最低（12%～31%）（表4-9）。氮磷钾在植株体内的生理功能不同，决定了它们在玉米不同生长阶段具有各自不同的吸收与分配规律。

表4-8　不同年代玉米吐丝后钾素净增量及占成熟期总钾含量的比例

年份	器官	白马牙	金皇后	中单2号	唐抗5号	农大108	郑单958
		钾素净增加量/(mg/株)					
	上部叶	−101b	−47a	−47a	−132c	−182d	−96b
	中部叶	−81a	−80a	−69a	−122b	−183c	−77a
	下部叶	−123a	−93a	−130a	−141a	−250b	−186ab
	茎	−264b	−256b	−265b	−271b	−172ab	90a
	籽粒	338ab	270c	387bc	473ab	577a	556ab
2009	穗轴＋苞叶	53c	73bc	164abc	219ab	296a	23c
	根	−33a	−36a	−72a	−13a	0a	−2a
	整株	−211a	−169a	−31a	14a	87a	307a
		营养器官转移率/%					
		−39b	−36b	−22ab	−27ab	−27ab	−14a
		吐丝后比例/%					
		−18a	−16a	−2a	1a	5a	14a
	上部叶	−147b	−148b	−99a	−108a	−153b	−128ab
	中部叶	−153ab	−137ab	−113a	−138ab	−164b	−116a
	下部叶	−198ab	−150a	−175ab	−195ab	−181ab	−230b
	茎	−222a	−257a	−110a	−167a	−149a	18a
	籽粒	169e	258d	433b	325c	545a	534a
2010	穗轴＋苞叶	−25a	−13a	16a	14a	22a	−190b
	根	−11ab	−34a	−18ab	1ab	65a	63a
	整株	−586b	−480ab	−66a	−267ab	−15a	−50a
		营养器官转移率/%					
		−38a	−45a	−23a	−27a	−25a	−23a
		吐丝后比例/%					
		−45b	−47b	−3a	−14ab	−1a	−3a

表格中负数表示从吐丝期至成熟后期各器官钾含量下降。同一行不同字母表示品种之间差异显著（$P < 0.05$）

表 4-9　不同年代玉米籽粒氮磷钾含量占成熟期总氮磷钾含量的比例　　　　%

品种	氮		磷		钾	
	2009 年	2010 年	2009 年	2010 年	2009 年	2010 年
白马牙	57bc	34c	74b	48b	29a	12b
金皇后	54c	53a	77b	52ab	26a	25a
中单 2 号	59abc	52a	79ab	61ab	27a	22ab
唐抗 5 号	64a	49ab	84a	57ab	28a	18ab
农大 108	58abc	41bc	76b	55ab	31a	26a
郑单 958	62ab	50ab	78ab	63a	27a	22ab

表格中同一列不同字母表示品种之间差异显著($P<0.05$)

　　总之,从吐丝后不同器官之间干物质的变化看,籽粒中的碳水化合物主要来自吐丝后的光合作用。但籽粒中的养分除了部分来自根系从土壤中吸收外,相当一部分来自营养器官中的活化和再转移。由于氮和磷是构成光合蛋白的重要组分,同时钾离子也参与众多酶的激活及碳水化合物运输等过程,所以,叶片中养分的大量转移或输出(尤其是氮素)不利于光合作用的维持。但另一方面,若氮素转移不充分,则影响其利用效率。因此,关于玉米如何协调吐丝后不同阶段内氮素吸收与转移、与光合作用的关系及对产量的影响,详见本章第 4.4 节。

4.4　吐丝后氮素向籽粒运输

　　玉米籽粒灌浆所需的氮素主要有两个来源,一是吐丝后从土壤中吸收,二是吐丝前吸收并储存在营养器官中的氮素,可被活化、通过再转移的方式进入籽粒(Gallais et al.,2007;Hirel et al.,2007;Gallais et al.,2006)。籽粒灌浆速率在吐丝后不同阶段并不相同(Johnson and Tanner,1972),意味着对碳、氮同化物的需求也不同。因此,探索玉米吐丝后不同阶段氮素转移与吸收及向籽粒分配的规律,对提高玉米产量和氮素利用率具有重要意义。

4.4.1　吐丝后叶片衰老与氮素转移

　　关于玉米吐丝后叶片衰老和氮素转移的研究一直备受关注(Thomas and Ougham,2014;Borrell et al.,2001)。进入生殖生长阶段后,籽粒发育与营养器官竞争碳同化物和养分,加速了叶片、根系等器官中氮素向外转移以及衰老,尤其是受到干旱、缺氮等环境胁迫时更为明显。叶绿体是叶片衰老过程中氮转移的主要来源(Masclaux-Daubresse et al.,2010)。其中核酮糖-1,5-二磷酸羧化酶/加氧酶(Rubisco)在 C3 植物叶片中占可溶性蛋白含量的比例达 50%,在 C4 植物叶片中达 20%(Sage et al.,1987;Mae et al.,1983)。Rubisco 与其他光合蛋白一起,在叶片衰老时大量降解,提供籽粒生长过程中需求的氮素(Masclaux-Daubresse et al.,2010)。叶片衰老过程中,叶绿体降解部分依赖于自体吞噬作用(Li et al.,2015;Schippers et al.,2015),涉及两种含有叶绿体基质蛋白的自噬小体由叶绿体向液泡运输。一是含有 Rubisco 的小体首先在叶绿体膜上形成突起,然后分离成为自噬小体,被转运到液泡中降解;

二是许多其他依赖自吞噬作用且含有 ATG 8-INTERACTING 的质体小球被运送到液泡中降解（Schippers et al. ,2015）。同时,叶绿体中也存在一些不依赖自体吞噬作用的蛋白质降解途径,如叶绿体囊泡的形成,可促使部分叶绿体蛋白转运到液泡中降解。而且,叶绿体基质蛋白可直接在一些衰老相关的小泡中降解,这些小泡中含有相关的蛋白水解酶（Schippers et al. ,2015）。

叶片衰老过程中,叶绿素等色素分子也不断降解,表观表现为叶片逐渐失绿。但与 Rubisco 等蛋白不同,叶绿素中氮素占叶片全氮的比例相对较低,而且分解代谢产生的氮素通常停留在叶片中,并不向外输出,主要以线性四吡咯分解产物存在于液泡中（Hörtensteiner and Feller,2002）。值得注意的是,叶片表现出持绿特征,并不代表叶片中的氮素转移较少。例如,在一些非功能性持绿的玉米中,由于叶绿素的分解代谢受阻,叶片明显持绿,但光合速率却较低,表明其他光合相关的蛋白可能发生水解（Thomas and Ougham,2014）。

叶绿素含量容易受品种、叶片位置、供氮水平等因素的影响。从图 4-21 结果中不同部位叶片的平均值来看,N200、N400 和 N500 处理中,从吐丝期至吐丝后 46 天,持绿型品种郑单 958 不同冠层叶片的 SPAD 值下降了 10%～23%,明显低于先锋 32D79 的下降幅度 25%～64%。不同冠层叶片相比较,下部叶片衰老要早于中、上部叶片。这代表了叶片生长和发育的正常程序。在衰老过程中,叶片细胞尤其是叶绿体中的蛋白质被分解并向外转移,在营养生长阶段保证了新生叶片的生长,在吐丝后提供籽粒发育对氮素的需求。缺氮时叶片衰老更加明显（Hawkesford et al. ,2012）,与不施氮的 N0 处理相比,N200、N400 和 N500 处理植株叶片的 SPAD 值较高,且能在吐丝后维持较长时间（尤其是绿熟型品种郑单 958）。而在灌浆后半期,即使是绿熟型的郑单 958,在低氮条件下叶片 SPAD 值也快速下降（图 4-21）,表明只有在持续供氮时,玉米才能表现持绿特征（Subedi and Ma,2005）,充足供氮是绿熟型玉米叶片持绿的前提。然而,N200、N400 和 N500 处理叶片的 SPAD 值没有明显差异,两个品种在吐丝后不同时期各冠层均表现一致（图 4-21）。这可能与供应高量氮肥时,多余的氮素主要向 Rubisco 等蛋白质分配,而非继续向叶绿素分配有关（Hirel et al. ,2005）。

4.4.2 吐丝后叶片中的主要含氮化合物变化

从不同层次叶片的平均值看,N200、N400 和 N500 处理的叶片氮浓度和含量比 N0 处理分别高 32%～55%（郑单 958）及 11%～22%（先锋 32D79）（图 4-22）。尽管如此,供氮植株的叶片氮浓度、氮含量和叶绿素含量从吐丝或之后 15 天开始下降。氮浓度和含量的下降幅度大于叶片 SPAD 值的下降程度（图 4-21 和图 4-22）,说明叶片衰老过程中,氮素转移优先来源于可溶性蛋白降解,比如 Rubisco（Martinez et al. ,2008）。玉米穗位叶中 Rubisco 含量大约在吐丝后 15 天明显下降（Smart et al. ,1995）。在其他作物中如马铃薯,与正常供氮相比,缺氮植株不同部位叶片衰老过程中 Rubisco 的含量均明显降低,说明在供氮不足时,Rubisco 作为氮源向外转移（Tercé-Laforgue et al. ,2004）。

叶片衰老过程中伴随叶绿体降解、蛋白质转运和氨基酸代谢,谷氨酸、谷氨酰胺和天冬酰胺是韧皮部中氮素运输的主要形式（Masclaux-Daubresse et al. ,2010）,且容易受供氮水平影响。谷氨酸脱氢酶、谷氨酰胺合成酶、天冬酰胺合成酶是韧皮部中参与上述三种氨基酸合成代谢的关键酶。与 N200 或 N300 处理相比,N0 处理的玉米在吐丝期穗位叶中总游离氨基酸和可溶性蛋白浓度显著下降,分别降低 39%～41% 和 19%～35%；在吐丝后 21 天下降更明显,

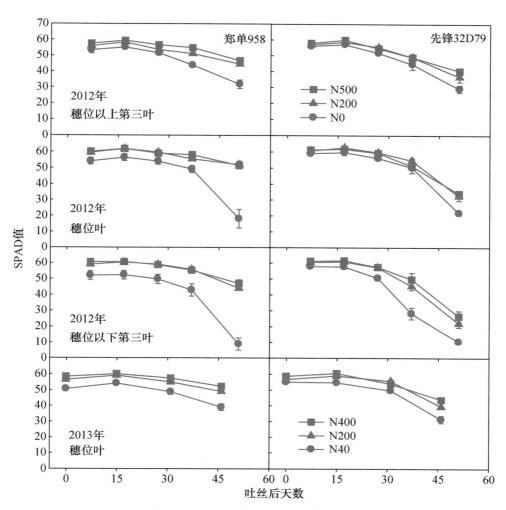

图 4-21　玉米郑单 958 和先锋 32D79 吐丝后不同部位叶片 SPAD 值变化

分别为 $47\%\sim52\%$ 和 $30\%\sim42\%$（图 4-23）。各氨基酸组分在不同供氮水平和不同衰老时期中变异较大，但浓度较高的氨基酸主要为谷氨酸、谷氨酰胺、天冬氨酸、天冬酰胺、丙氨酸或脯氨酸（图 4-24）。与 N200 处理相比，N0 处理的玉米穗位叶中谷氨酸和谷氨酰胺浓度在吐丝期分别下降了 42% 和 32%，在吐丝后 21 天分别下降了 52% 和 45%；丙氨酸浓度在吐丝期和吐丝后 21 天分别下降了 29% 和 51%。虽然穗位叶天冬酰胺浓度相对较低，但吐丝期和吐丝后 21 天 N0 处理叶片中天冬酰胺浓度仅分别为 N200 处理植株的 32% 和 4%（图 4-24）。这些结果表明，在缺氮时叶片氮素向外转移的绝对量较少。

4.4.3　玉米吐丝后不同时间氮素吸收与转移

4.4.3.1　吐丝后表观氮素转移

大多数关于玉米吐丝后氮素转移的研究采用"差减法"计算表观转移率。图 4-25 利用该方法计算，看到 2012 年吐丝后 0～34 天叶片中氮素转移率为 23%，茎中为 36%；2013 年吐丝

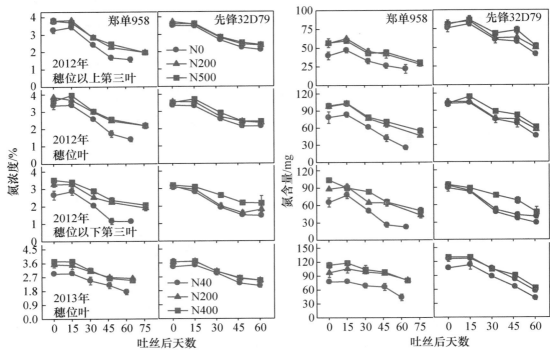

图 4-22 玉米郑单 958 和先锋 32D79 吐丝后不同部位叶片氮浓度和氮含量变化

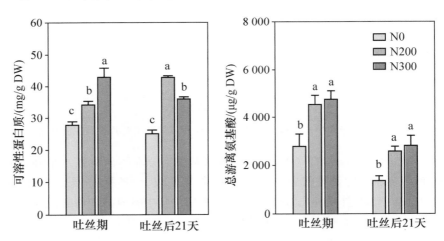

图 4-23 不同供氮水平对玉米吐丝期和吐丝后 21 天穗位叶中
可溶性蛋白质和总游离氨基酸浓度的影响

后 0～15 天和 15～30 天叶片中分别为 3％和 12％,而同期内茎中分别为 12％和 21％。在灌浆期后半阶段(吐丝 30 天或 34 天之后),叶片中继续发生大量氮素转移,但茎秆中的氮素转移大大减少,甚至出现氮素净增加(图 4-25)。说明在灌浆前半期,营养器官的氮素转移主要发生于茎中,叶片中氮素的转移则主要发生在后半期。这有利于在快速灌浆期维持叶片的氮素浓度、光合速率及碳水化合物生产。此外,由灌浆后半期茎中氮素净增加可推测出,灌浆后半期叶片中转移出去的氮素主要积累在茎中。

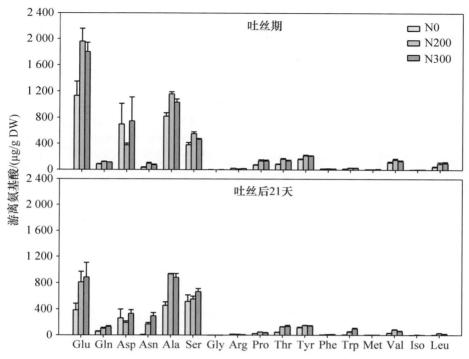

图 4-24　不同供氮水平对玉米吐丝期和吐丝后 21 天穗位叶中各游离氨基酸浓度的影响

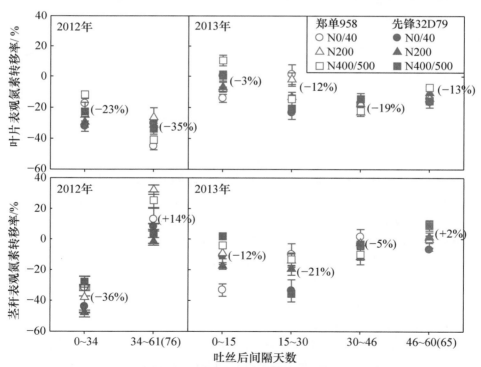

图 4-25　玉米吐丝后不同阶段内叶片和茎秆中表观氮素转移率

括号中数字表示两个玉米品种不同氮处理的平均值，负值表示净转移，正值表示净增加。

综合来看,吐丝后各营养器官均不同程度地发生氮素转移,根和茎中转移率最低、穗轴＋苞叶和下部叶中转移率最高(表 4-10)。氮水平主要影响中部叶、下部叶、茎、穗轴＋苞叶中的氮素转移率。品种之间差异明显,除穗轴＋苞叶之外,先锋 32D79 各营养器官氮素转移率明显高于绿熟型品种郑单 958。这与其他学者关于绿熟型比黄熟型玉米品种氮素转移率低的研究结果一致(Pommel et al.,2006;He et al.,2004)。

表 4-10　氮和品种差异对玉米吐丝后不同营养器官氮素表观转移率的影响

年份	表观氮素转移率/%					
	上部叶	中部叶	下部叶	茎秆	根系	穗轴＋苞叶
2012	51.8a	53.4a	63.0a	22.1b	24.9a	74.5a
2013	31.5b	44.6b	54.6b	35.5a	15.2a	61.1b
氮水平						
N0/40	42.9a	53.7a	65.0a	37.0a	26.0a	66.5b
N200	40.3a	47.6ab	59.6b	31.5a	20.6a	67.3ab
N500/400	42.0a	46.2b	51.8c	17.8b	13.5a	69.7a
品种						
郑单 958	35.8b	42.5b	53.2b	18.1b	6.3b	69.8a
先锋 32D79	47.5a	55.5a	64.4a	39.4a	33.8a	65.9b
变异来源						
年份	***	***	**	**	n.s.	***
氮	n.s.	*	**	**	n.s.	**
品种	***	***	***	***	***	***
年份×氮	n.s.	n.s.	n.s.	n.s.	n.s.	***
年份×品种	n.s.	n.s.	n.s.	n.s.	n.s.	n.s.
氮×品种	n.s.	n.s.	n.s.	n.s.	n.s.	n.s.
年份×氮×品种	n.s.	n.s.	n.s.	n.s.	n.s.	*

＊,$P<0.05$;＊＊,$P<0.01$;＊＊＊,$P<0.001$;n.s.,不显著($P>0.05$)

4.4.3.2　利用 ^{15}N 研究吐丝后氮素吸收与转移

虽然"差减法"广泛用于表征植物不同生长阶段体内的氮素转移,但该方法无法区分吐丝前后吸收的氮素动向。越来越多的研究采用 ^{15}N 稳定性同位素示踪法,因其能够区分吐丝前后吸收的氮素,且准确性高。但研究常见于室内培养试验,在田间的应用比较少(Ning et al.,2017;Gallais et al.,2007;Gallais et al.,2007)。我们在田间,于玉米拔节期和吐丝期分别进行 ^{15}N 标记,详细研究籽粒中氮素的来源,即来自营养器官转移还是来自吐丝后从土壤中吸收,详细方法可参考 Gallais 等(2006;2007)。

(1)^{15}N 在玉米吐丝后不同器官中的分配

无论是吐丝前或吐丝后吸收的 ^{15}N,吐丝后不同时期在各营养器官,包括根、茎、叶、穗轴＋苞叶中的分配比例(％)不断下降,而向籽粒中的转移比例增加。在灌浆前半期(吐丝后 30 天内),缺氮(N40)和充足供氮(N200)两个处理吐丝前吸收的 ^{15}N 在叶片中的比例分别为 35％～48％和 30％～41％,吐丝后吸收的氮素分配到叶片的比例分别为 22％～27％和 18％～19％,表现为 N40 处理高于 N200 处理。与叶片中的分配比例不同,N40 处理的 ^{15}N 向茎中分配比例明显低于 N200 处理。吐丝后不同时期吸收的 ^{15}N 向穗轴和苞叶中的分配比例在 N40 处理中较高,是 N200 植株的 1.6～2.8 倍。成熟期,吐丝前吸收的 ^{15}N 在 N40 和 N200 处理植株籽粒的分配比例分别为 63% 和 60%,而吐丝后吸收 ^{15}N 的分配比例分别为 76% 和 70%,高于吐丝前吸收的 ^{15}N 分配比例(图 4-26)。

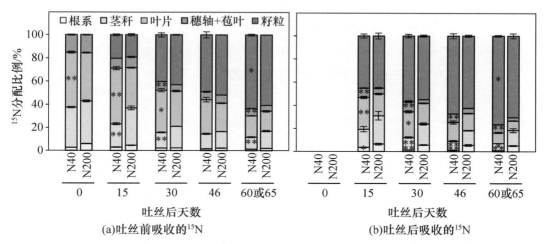

图 4-26　不同供氮处理玉米吐丝前(a)和吐丝后(b)吸收的 ^{15}N 在不同时期各器官中的分配比例

星号表示氮水平之间差异显著性。

(2)吐丝后氮素的吸收与分配及营养器官中氮素的转移

从吐丝至成熟期,N40 和 N200 处理植株吐丝前吸收的氮素分别有 1.10 g 和 1.77 g 从营养器官转移到籽粒中,对应的转移率为 58% 和 60%,对籽粒总氮的贡献达 53% 和 61%。大部分氮转移(>60%)发生在灌浆前半期(吐丝后 30 天),尤其是 N200 处理,主要发生在吐丝后 15～30 天(图 4-27)。

灌浆后期 N40 和 N200 处理的玉米仍能从土壤中吸收氮素(图 4-27)。到成熟期,N40 处理玉米吐丝后吸氮量比 N200 处理少 19%,主要是吐丝后 0～15 天和 15～30 天吸收较少;但 N40 处理籽粒中来源于吐丝后吸收的氮仅比 N200 处理少 11.7%。N40 处理中,吐丝后 0～15 天、15～30 天、30～46 天和 46～60 天吸收且分配到籽粒中的氮素比例分别为 45%、56%、70% 和 96%;而 N200 处理中,该比例在吐丝后不同阶段相对稳定(43%～50%)。N200 的营养器官中通过再分配进入籽粒的氮素是 N40 植株的 2～3 倍,且在吐丝后 15～30 天分配比例较高。成熟期籽粒中氮素有 39%～47% 来源于吐丝后吸收。

4.4.4　氮素由穗轴向籽粒转运

无论是营养器官中转移的氮素,还是吐丝后从土壤中吸收的氮素,在进入籽粒前,都要先进入穗轴。穗轴作为连接营养器官和籽粒之间同化物运输的桥梁,对植株生长、发育和养分吸收具有重要作用。一方面,穗轴作为养分的临时储存器官,为籽粒灌浆提供各种养分(Crawford et al.,1982);另一方面,当阻止籽粒授粉或去除籽粒后,穗轴可扮演库的角色,影响根系对氮、磷等养分的吸收(Ning et al.,2012)。Seebaur 等(2004)的研究结果表明,在籽粒灌浆初期,穗轴中存在着十分活跃的氨基酸代谢。穗轴中含量较高的几种氨基酸主要为谷氨

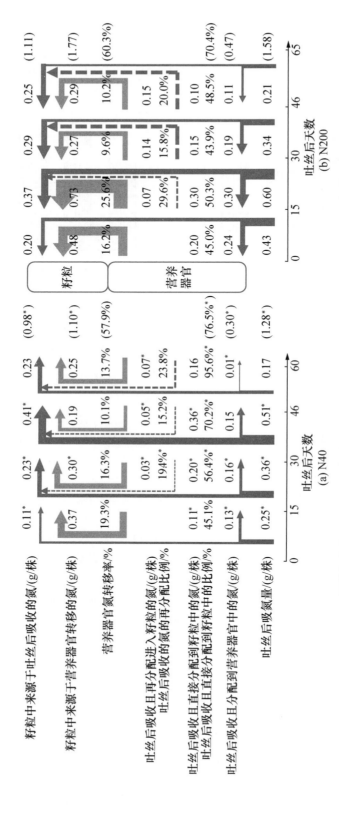

图4-27 不同供氮处理N40(a)和N200(b)玉米在吐丝后不同阶段内氮素转移与吸收及向籽粒分配的变化

氮素转移为灰色箭头，吐丝后氮素吸收与分配为黑色箭头。虚线箭头表示吐丝后氮吸收且累积在营养器官中的氮在某一阶段内再分配进入籽粒的量和比例。箭头粗细及小数表示相应阶段内氮素吸收或转移量的多少。箭号中数字表示吐丝至成熟期总量变化。营养器官包括根、茎、叶、穗轴+苞叶。*表示氮水平之间差异显著（P<0.05）

酰胺、天冬氨酸、天冬酰胺、谷氨酸和丙氨酸。穗轴中谷氨酰胺浓度在吐丝后 2～14 天急剧下降；然而，若阻止授粉，其他氨基酸(尤其是天冬酰胺)则大量累积。各氨基酸含量容易受供氮水平的影响，其中以天冬酰胺最为明显。而且，穗轴中天冬氨酸转氨酶、谷氨酰胺合成酶、天冬酰胺合成酶是该时期穗轴中氮素转移及转化的主要酶，对天冬酰胺与谷氨酰胺比值的调节可能是影响籽粒氮素积累及氮素营养状况的关键因素。通过比较同一穗上败育粒和生长籽粒间的差异，Cañas 等(2010)发现在败育粒中，编码天冬酰胺合成酶的两个基因 *ZmAS3* 和 *ZmAS4* 的表达水平、天冬酰胺积累均明显高于正常籽粒，推测若籽粒发生败育，其中的氮素可能主要通过天冬酰胺的形态经穗轴再次转移进入正常发育的籽粒。

总之，氮素由叶片(源)向籽粒(库)的转移，不仅影响源叶中碳水化合物的生产，而且影响籽粒生长、发育及蛋白质积累。多数学者或通过增加源叶中氮素的供应，或增加库中氮素的需求来提高氮素的转运能力。Zhang 等(2014)综合了这两个方面，提出了"push"和"pull"模型，利用转基因技术，同时提高韧皮部中氨基酸的装载能力及胚中氨基酸的吸收能力，发现转基因豌豆比对照的总生物量增加 24%，韧皮部中氨基酸装载增加近 2.3 倍，而且籽粒产量和氮含量分别增加了 35% 和 6%。可见，无论在源器官还是库器官，氮素运输与吸收方面均表现出良好的可塑性。

4.5　吐丝后磷向籽粒运输

4.5.1　吐丝后营养器官中磷的再转移

植物生长前期，营养体内磷的转移比例较低，当下部叶片受光环境不好或开始衰老、或根系养分吸收减少时，植物营养体内磷的转移开始"活跃"(Veneklaas et al. ,2012)。Aerts (1996)指出，衰老叶片会活化转移出超过 50% 的磷以满足其他部位代谢需求。叶绿体是叶片衰老代谢的起始部位，磷的活化和再转移也主要发生于该部位。大量质体蛋白、DNA、RNA、磷酸酯和磷脂等含磷化合物被分解(Noodén and Leopold,1988;Smart,1994;Noodén et al. ,1997)。衰老叶片中磷的活化再利用需要多种 RNA 酶、紫色磷酸酶和磷转运蛋白的参与(Bariola et al. ,1994;Hurley et al. ,2010 Veneklaas et al. ,2012)。由于细胞磷大部分以核酸形式存在，RNA 酶在叶片磷的再转移过程中起到重要作用(Taylor et al. ,1993;Bariola et al. ,1999;Morcuende et al. ,2007)。另外，紫色磷酸酶也参与大量含磷有机物的分解过程，包括将核酸分解为单核苷酸(Plaxton and Tran,2011)。叶片衰老过程中活化出的磷经过长距离运输进入籽粒，磷转运蛋白参与其中，且与乙烯信号过程有关(Chapin and Jones,2009;Nagarajan et al. ,2011)。衰老叶片中磷的长距离运输发生于韧皮部，且无机磷为主要的运输形式，也包括少量有机磷，如核苷酸(包括 ATP)和己糖磷酸((Jeschke et al. ,1997;Schachtman et al. ,1998)。然而 Batten 和 Wardlaw(1987)发现，缺磷胁迫下小麦中有部分磷是通过韧皮部运向根部，再通过木质部运向籽粒。在北京上庄实验站磷肥长期定位实验小区进行的研究发现，缺磷条件下，玉米穗位叶总磷及无机磷浓度随着施磷量的增加而显著增加，当施磷量超过 150 kg/hm² 时达到最大值，不再继续随施磷量增加而增加，与吐丝时相比，吐丝后 30 天穗位叶无机磷和全磷浓度均降低(图 4-28)。

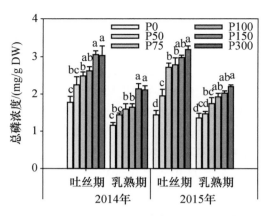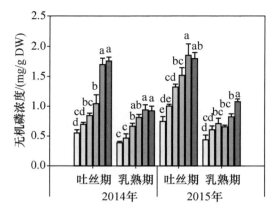

图 4-28   不同供磷水平处理下玉米吐丝期和乳熟期穗位叶总磷浓度和无机磷浓度

P0～P300,0～300 kg/hm²。误差线代表平均值的标准误差($n=4$)。

相同字母代表磷处理间差异未达到显著水平($P<0.05$)

植株营养体内磷的再转移容易受各种因素影响,如土壤水分(Pugnaire et al.,1992)、供磷水平(Rodriguez and Goudriaan,1995)、库强(Güsewell,2005)、叶片寿命(Escudero et al.,1992)以及各种水解酶、磷转运蛋白的活性和乙烯浓度等(Bariola et al.,1994;Hurley et al.,2010;Veneklaas et al.,2012)。促进磷在较老组织的活化再转移会提高植株体内磷利用效率(Snapp and Lynch,1996;Peng and Li,2005;Veneklaas et al.,2012)。佟屏亚等(1994)研究表明,夏玉米营养器官对磷素吸收的高峰期出现在抽雄受精前后 10～15 天,然后磷素在营养器官间重新分配并大量向籽粒转移,营养器官的磷浓度持续下降,而籽粒浓度持续增高。玉米茎中磷再转移主要发生在吐丝期至乳熟期,转移比例可达 50.3%～75.9%(表 4-11)。供磷对茎中磷的转移比例影响较弱,但充足供磷或极度缺磷均会降低茎中磷的再转移比例。吐丝后期叶片中磷的再转移大于吐丝前期,而缺磷仅显著增加下部叶片磷转移比例。

表 4-11   不同供磷水平下玉米吐丝后不同阶段不同器官磷再转移比例和

籽粒中来源于转移的磷占籽粒磷增加量的比例(CRPG)

生育阶段	器官	年份	施磷量/(kg/hm²)					
			0	50	75	100	150	300
			磷再转移比例/%					
吐丝期 至 乳熟期	上部叶	2013	23.7b	49.7a	20.8b	18.6b	30.2b	23.2b
		2014	41.1a	49.4a	38.4a	39.3a	31.4a	36.6a
	中部叶	2013	28.6a	28.4a	15.7b	13.9b	11.9b	6.8b
		2014	26.2a	34.1a	33.3a	38.4a	26.4a	37.5a
	下部叶	2013	41.3a	44.1a	33.5ab	23.4b	22.8b	28.7b
		2014	62.2a	44.9b	44.0b	35.8c	31.9c	34.9c
	茎	2013	50.3b	66.8a	54.7ab	60.2ab	54.2ab	54.7ab
		2014	62.6b	75.9a	61.3b	60.9b	59.9b	62.6b
			CRPG					
		2013	35.7ab	44.2a	28.8bc	19.8c	16.4c	22.3bc
		2014	41.1b	55.7a	41.5b	38.7b	36.7b	43.1ab

续表 4-11

生育阶段	器官	年份	施磷量/（kg/hm²）					
			0	50	75	100	150	300
乳熟期至成熟期	上部叶	2013	43.8a	34.8a	45.2a	36.2a	30.7a	27.5a
		2014	60.1a	67.8a	52.8a	53.3a	51.7a	51.7a
	中部叶	2013	51.6ab	46.5ab	56.8a	46.3ab	45.3ab	38.2ab
		2014	74.1ab	81.3a	67.5b	64.5b	79.7a	71.1ab
	下部叶	2013	34.6b	36.1b	48.3ab	54.0a	44.8ab	45.5ab
		2014	40.8c	74.7a	71.1a	57.6b	71.4a	66.6ab
	茎	2013	4.9a	2.6b	2.5b	1.7b	2.1b	2.7b
		2014	27.7a	19.1a	20.1a	20.1a	25.5a	26.0a
CRPG								
		2013	24.8a	20.1a	29.9a	27.7a	22.8a	24.3a
		2014	51.4a	60.3a	58.8a	42.5a	69.9a	58.7a

表格中同一行相同字母代表磷处理间差异未达到显著水平（$P<0.05$）

　　Masoni 等（2007）研究表明，玉米营养器官磷的转移对籽粒磷贡献比例为 $38\%\sim86\%$。但玉米营养器官转移的磷对籽粒磷的贡献比例在年际间变化较大，为 $20\%\sim60\%$。充足供磷时，吐丝后期营养器官再转移的磷对籽粒磷的贡献比例要大于吐丝前期，而缺磷处理在年际间则无显著规律。供磷对玉米营养器官中磷对籽粒磷的贡献比例影响较弱，但充足供磷或极度缺磷均会降低该比例（表 4-11）。

4.5.2　玉米籽粒中磷的累积

　　玉米结实关键期在吐丝前两周至吐丝后 3 周（Tollenaar et al.，1992）。玉米籽粒数目与穗发育初期穗上小花原基数（Uhart and Andrade，1995）和小花育性（受精和灌浆）密切相关。在吐丝期，供磷水平对穗长、不同部位籽粒数目及百粒重均没有显著影响。吐丝期后，施磷显著增加玉米穗长、不同部位籽粒数目，当施磷量超过 75 kg/hm² 时，以上指标均不再随着施磷量增加而增加（图 4-29）。

　　Lemcoff and Loomis（1986）认为，籽粒数目减少或败育是由于雌穗中同化物供应不足，即源供应的影响。Cazetta 等（1999）通过外源供应蔗糖和氮进一步验证了这一结论。也有研究指出，同化物的供应和雌穗发育没有直接关系，因为在败育植株的籽粒中碳水化合物和氨基酸的浓度与正常籽粒相当，甚至更高（Reed et al.，1988；Reed and Singletary，1989）。缺磷显著降低玉米籽粒磷浓度以及百粒重，却未显著降低籽粒碳浓度。上部籽粒百粒重显著低于中部和下部籽粒，而其碳、磷浓度并没有显著降低（表 4-12 和表 4-13）。以上结果表明，籽粒磷浓度与干物质累积并没有相关性。但缺磷显著降低叶面积及叶片持绿期，以及穗长、籽粒数目。因此，玉米叶片生长（源）以及籽粒发育（库）受抑制才是缺磷减产的主要原因。

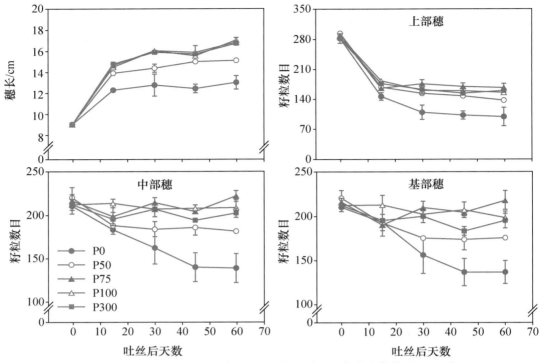

图 4-29　不同供磷水平下玉米吐丝后穗长及穗不同部位籽粒数目（2014 年）

P0～P300，0～300 kg/hm²。误差线代表平均值的标准误差（$n=4$）。

每次取样时，将穗长等分三份以确定上、中和基部穗。

表 4-12　不同供磷水平下玉米穗不同部位籽粒碳浓度和百粒重（2014 年）

吐丝后天数	穗部位	施磷量/（kg/hm²）				
		0	50	75	100	300
		碳浓度/%				
0		40.9	42.4	42.9	45.4	41.7
		A	A	A	A	A
15	上部	41.3a	41.1a	41.1a	41.7a	41.3a
	中部	40.9a	40.9a	41.1a	41.0a	41.3a
	基部	40.8a	42.7a	41.7a	41.7a	41.4a
		A	A	A	A	A
30	上部	42.0a	42.4a	42.4a	42.3a	41.9a
	中部	42.1a	42.4a	42.0a	42.4a	42.2a
	基部	42.3a	42.2a	42.1a	42.3a	41.7a
		A	A	A	A	A
45	上部	42.5a	42.4a	41.9a	42.5a	42.1a
	中部	41.8a	42.1a	42.2a	43.3a	41.6a
	基部	42.6a	42.4a	43.7a	42.0a	41.9a
		A	A	A	A	A
60	上部	41.0a	42.1a	42.1a	42.9a	43.0a
	中部	42.6a	42.1a	42.1a	41.7a	42.5a
	基部	41.7a	41.6a	42.2a	42.7a	43.0a
		B	B	AB	AB	A

续表 4-12

吐丝后天数	穗部位	施磷量/(kg/hm²)				
		0	50	75	100	300
		百粒重/g				
0		0.3 A	0.2 A	0.3 A	0.3 A	0.3 A
15	上部 中部 基部	1.4b 2.1a 1.8ab D	2.3b 3.9a 3.2ab C	3.0b 4.9a 4.2ab B	4.6b 6.8a 6.0ab A	5.1b 7.1a 6.3a A
30	上部 中部 基部	11.5b 16.7a 15.8a C	13.0b 18.5a 17.5a B	16.3b 20.5a 19.6ab A	17.7b 21.7a 20.2ab A	17.0b 20.8a 19.1ab A
45	上部 中部 基部	13.4b 21.5a 20.0a C	16.4b 24.0a 25.8a B	21.6b 26.5a 26.0a A	21.1b 27.5a 26.4a A	21.2b 28.5a 28.0a A
60	上部 中部 基部	15.4b 24.1a 23.8a C	17.7b 26.8a 25.4a B	22.1b 29.2a 27.7a A	24.9b 30.2a 30.0a A	23.8b 28.2a 28.8a A

每次取样时,将穗长均分三份以确定上部穗、中部穗和基部穗。相同大、小写字母分别代表磷水平和部位间无显著差异。

表 4-13 不同供磷水平下玉米穗不同部位籽粒磷浓度(2014 年)

吐丝后天数	穗部位	施磷量/(kg/hm²)				
		0	50	75	100	300
		磷浓度/(mg/g)				
0		3.6 B	4.1 A	4 A	4.4 A	4.7 A
15	上部 中部 基部	3.5a 3.2b 3.2b B	3.6a 3.4a 3.4a A	3.5a 3.4a 3.6a A	3.5a 3.4a 3.6a A	3.5a 3.4a 3.5a A
30	上部 中部 基部	1.7a 1.6a 1.6a D	2.0a 1.9a 2.0a C	2.2a 2.3a 2.4a B	2.3a 2.4a 2.4a B	2.7a 2.9a 2.9a A
45	上部 中部 基部	1.7a 1.6a 1.5a D	2.2a 2.1a 2.0a C	2.4a 2.4a 2.4a B	2.4a 2.4a 2.2a B	2.5a 2.8a 2.6a A
60	上部 中部 基部	1.7a 1.6a 1.9a D	2.1a 1.7a 2.0a C	2.9a 2.3a 2.4a B	2.5a 2.5a 2.6a B	2.5a 2.7a 2.9a A

每次取样时,将穗长均分三份以确定上部穗、中部穗和基部穗。相同大、小写字母分别代表磷水平和部位间无显著差异。

Johnson 和 Tanner(1972)将玉米灌浆分为三个阶段:干物质缓慢累积期、干物质直线增加阶段以及干物质累积速度减缓阶段。干物质直线增加阶段一般在玉米吐丝后 18 天左右开始出现(Seebauer et al.,2010)。玉米籽粒干物质累积主要依赖吐丝后叶片光合。以往研究发现,缺磷胁迫使植物叶片光合固定同化的磷酸丙糖更多地用于合成淀粉,导致叶片淀粉浓度增加,光合碳利用效率降低(Rao et al.,1989;Khamis et al.,1990;Qiu and Israel,1992)。但施磷未影响玉米叶片单个鞘细胞中的叶绿体数目(图 4-30A;图 4-31)。施磷显著降低了吐丝期17:00 时穗位叶中鞘细胞叶绿体大小及 8:00 和 17:00 时鞘细胞叶绿体中淀粉粒大小和数目(图 4-30B~D;图 4-31)。但施磷未显著影响乳熟期鞘细胞叶绿体中淀粉粒数目,只显著增加8:00 时鞘细胞叶绿体中淀粉粒大小(图 4-30C~D;图 4-31)。

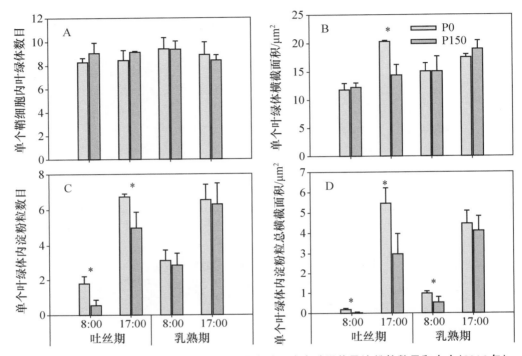

图 4-30　低磷和充足供磷时玉米穗位叶维管束鞘细胞中叶绿体及淀粉粒数目和大小(2016 年)

P0,0 kg/hm²;P150,150 kg/hm²。取样时间:08:00 和 17:00。

误差线代表平均数标准差(n=4)。* 表示磷处理间差异显著(P<0.05)

　　叶片中磷的再转移会显著受到库的碳需求调节(Marshall and Wardlaw,1973;Pugnaire and Chapin,1992;Peng and Li,2005)。然而,与籽粒干物质累积相比,在吐丝后的大部分时间内,不同供磷水平下玉米籽粒磷的累积速率较稳定,仅在接近成熟期时累积速率显著降低,缺磷导致玉米籽粒磷累积速率及成熟期籽粒磷含量显著降低(图 4-32)。

　　作物籽粒中的磷大部分以植素形式储存。由于植素降解困难,在籽粒中的大量存在会影响人类对籽粒中矿质元素的吸收(Veneklaas et al.,2012)。大麦籽粒植酸含量的降低伴随着产量的降低(Raboy,2007)。作物磷收获指数是指作物成熟期籽粒磷累积量占地上部磷累积量的比例(Veneklaas et al.,2012)。是否可以提高产量而降低种子磷浓度?Calderini(1995)研究指出,1920—1990 年间,小麦的磷收获指数相对于籽粒收获指数呈降低趋势。然而 Jones(1989)通过对 1840—1983 年间的小麦研究指出,随着籽粒收获指数的增加,磷收获指数呈增加趋势。通过比较田间不同供磷水平下玉米磷收获指数发现,磷收获指数并不随着供磷量的变化而变化(图 4-33)。

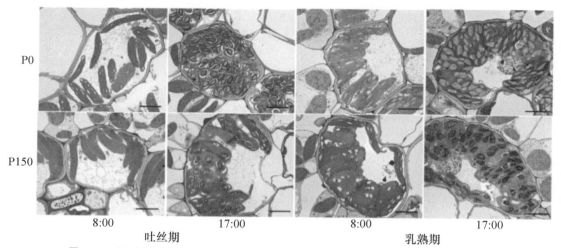

图 4-31　低磷和充足供磷时玉米穗位叶中叶绿体及淀粉粒的数目和大小(2016 年)

P0,0 kg/hm²；P150,150 kg/hm²。叶片取样时间:08:00 和 17:00。图中比例尺为 5 μm。

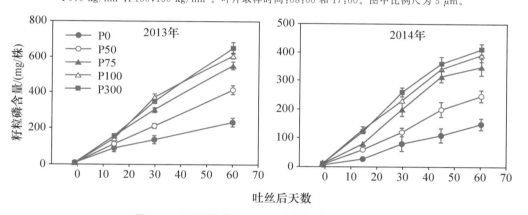

图 4-32　不同供磷水平下玉米籽粒磷含量的变化

P0～P300,0～300 kg/hm²。误差线代表平均值的标准误差($n=4$)

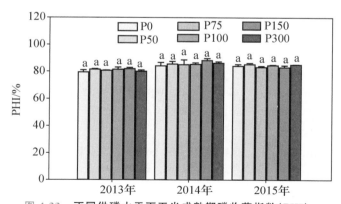

图 4-33　不同供磷水平下玉米成熟期磷收获指数(PHI)

P0～P300,0～300 kg/hm²。误差线代表平均值的标准误差($n=4$)。

相同字母代表磷处理间差异未达到显著水平($P<0.05$)

参考文献

[1]董树亭,王空军,胡昌浩.2000.玉米品种更替过程中群体光合特性的演变.作物学报,26(2):200-204.

[2]郝玉兰,潘金豹,张秋芝,等.2002.玉米穗位叶蛋白质含量等生理性状的变化研究.玉米科学,21(4):32-34.

[3]胡昌浩,董树亭.1998.我国不同年代玉米生育特性演进规律研究Ⅱ.物质生产特性的演进.玉米科学,6(3):49-53.

[4]李春俭.2015.高级植物营养学.北京:中国农业大学出版社.

[5]刘建超,李建生,米国华,等.2009.不同氮水平下玉米苗期生长性状及成熟期产量的QTL定位.中国农业科学,42:3413-3420.

[6]刘宗华,汤继华,卫晓轶,等.2007.氮胁迫和正常条件下玉米穗部性状的QTL分析.中国农业科学,40:2409-2417.

[7]佟屏亚,凌碧莹.1994.夏玉米氮、磷、钾积累和分配态势研究.玉米科学,2(2):65-69.

[8]王空军,董树亭,胡昌浩,等.2001.我国1950s-1990s推广的玉米品种叶片光合特性演进规律研究.植物生态学报,25(2):247-251.

[9]王空军,胡昌浩.1999.我国不同年代玉米开花后叶片保护酶活性及膜脂过氧化作用的演进.作物学报,25(6):700-706.

[10]薛吉全,张仁和,马国胜,等.2010.种植密度、氮肥和水分胁迫对玉米产量形成的影响.作物学报,36:1022-1029.

[11]杨晓军,谢传晓,李新海,等.2010.低氮逆境下玉米产量及相关性状QTL整合与一致性分析.玉米科学,18:32-39.

[12]朱兆良,文启孝.1992.中国土壤氮素.南京:江苏科学技术出版社.

[13]Ahn C S,Lee J H,Reum H A,et al.2006.Prohibitin is involved in mitochondrial biogenesis in plants. The Plant Journal,46:658-667.

[14]Ainsworth E A,Rogers A,Leakey A D B,et al.2007.Does elevated atmospheric[CO_2] alter diurnal C uptake and the balance of C and N metabolites in growing and fully expanded soybean leaves? Journal of Experimental Botany,58:579-591.

[15]Albà M M,Pagès M.1998.Plant proteins containing the RNA-recognition motif. Trends in Plant Science,3:15-21.

[16]Alushin G M,Ramey V H,Pasqualato S,et al.2010.The Ndc80 kinetochore complex forms oligomeric arrays along microtubules.Nature,467(7317):805-810.

[17]Andrade F H,Echarte L,Rizzalli R,et al.2002.Kernel number prediction in maize under nitrogen or water stress.Crop Science,42:1173-1179.

[18]Austin R B,Edrich J A,Ford M A,et al.1977.The fate of dry matter,carbohydrates and ^{14}C lost from the leaves and stems of wheat during grain filling.Annuals of Botany,41:

1309-1321.

[19]Bariola P A，Howard C J，Taylor C B，et al. 1994. The *Arabidopsis* ribonuclease gene *RNS1* is tightly controlled in response to phosphate limitation. The Plant Journal,6(5)：673-685.

[20]Bariola P A，MacIntosh G C，Green P J. 1999. Regulation of s-like ribonuclease levels in *Arabidopsis*. Antisense inhibition of RNS1 or RNS2 elevates anthocyanin accumulation. Plant Physiology,119(1)：331-342.

[21]Batten G D，Wardlaw I F. 1987. Senescence of the flag leaf and grain yield following late foliar and root applications of phosphate on plants of differing phosphorus status. Journal of Plant Nutrition,10(7)：735-748.

[22]Baum G，Lev-Yadun S，Fridmann Y，et al. 1996. Calmodulin binding to glutamate decarboxylase is required for regulation of glutamate and GABA metabolism and normal development in plants. The EMBO Journal,15：2988-2996.

[23]Below F E，Christensen L E，Reed A J，et al. 1981. Availability of reduced N and carbohydrates for ear development of maize. Plant Physiology,68(5)：1186-1190.

[24]Below F E. 2002. Nitrogen metabolism and crop productivity. In：Pessarakli M. Handbook of Plant and Crop Physiology. 2nd edition. New York.

[25]Bihmidine S，Hunter Ⅲ C T，Johns C E，et al. 2013. Regulation of assimilate import into sink organs：update on molecular drivers of sink strength. Frontiers in Plant Science,4：177.

[26]Börnke F，Sonnewald S. 2011. Biosynthesis and metabolism of starch and sugars. In：John Wiley & Sons,Chichester. Plant Metabolism and Biotechnology. UK,1-25.

[27]Borrell A，Hammer G，Oosterom E. 2001. Stay-green：a consequence of the balance between supply and demand for nitrogen during grain filling？ Annals of Applied Biology,138(1)：91-95.

[28]Boyle M G，Boyer J S，Morgan P W. 1991. Stem infusion of liquid culture medium prevents reproductive failure of maize at low water potential. Crop Science,31（5）：1246-1252.

[29]Braun D M，Slewinski T L. 2009. Genetic control of carbon partitioning in grasses：roles of sucrose transporters and tie-dyed loci in phloem loading. Plant Physiology,149（1）：71-81.

[30]Brooking I R. 1976. Male sterility in *Sorghum bicolor*（L.）*Moench* induced by low night temperature. I. Timing of the stage of sensitivity. Functional Plant Biology,3(5)：589-596.

[31]Bryan J K，Miflin B J. 1980. Synthesis of the aspartate family and branched-chain amino acids. In：Miflin B J. The Biochemistry of Plants. New York：Academic press,403-453.

[32]Brzobohatý B，Moore I，Kristoffersen P，et al. 1993. Release of active cytokinin by a beta-glucosidase localized to the maize root meristem. Science,262：1051-1054.

[33]Cañas R A，Quilleré I，Lea P J，et al. 2010. Analysis of amino acid metabolism in the ear of maize mutants deficient in two cytosolic glutamine synthetase isoenzymes high-

lights the importance of asparagine for nitrogen translocation within sink organs. Plant Biotechnology Journal,8(9):966-978.

[34]Cañas R A,Quilleré I,Christ A, et al. 2009. Nitrogen metabolism in the developing ear of maize(*Zea mays* L.),analysis of two lines contrasting in their mode of nitrogen management. New Phytologist,184:340-352.

[35]Carazo-Salas R E,Guarguaglini G,Gruss O J, et al. 1999. Generation of GTP-bound Ran by RCC1 is required for chromatin-induced mitotic spindle formation. Nature,400(6740):178-181.

[36]Carpenter C D,Kreps J A,Simon A E. 1994. Genes encoding glycine-rich *Arabidopsis thaliana* proteins with RNA-binding motifs are influenced by cold treatment and an endogenous circadian rhythm. Plant Physiology,104:1015-1025.

[37]Carroll M J,Slaughter L H,Krouse J M. 1994. Turgor potential and osmotic constituents of *Kentucky bluegrass* leaves supplied with four levels of potassium. Agronomy Journal,86(6):1079-1083.

[38]Cazetta J O,Seebauer J R,Below F E. 1999. Sucrose and nitrogen supplies regulate growth of maize kernels. Annals of Botany,84:747-754.

[39]Chapin L J,Jones M L. 2009. Ethylene regulates phosphorus remobilization and expression of a phosphate transporter(phPT1)during petunia corolla senescence. Journal of Experimental Botany,60(7):2179-2190.

[40]Cheah E,Austin C,Ashley G W, et al. 1993. Substrate-induced activation of dienelactone hydrolase,an enzyme with a naturally occurring Cys-His-Asp triad. Protein Engineering,6:575-583.

[41]Cheeseman I M,Desai A. 2008. Molecular architecture of the kinetochore-microtubule interface. Nature Reviews Molecular Cell Biology,9(1):33-46.

[42]Chen J C,Jiang C Z,Reid M S. 2005. Silencing a prohibitin alters plant development and senescence. The Plant Journal,44:16-24.

[43]Chen L,Qu X,Hou B, et al. 2012. Sucrose efflux mediated by SWEET proteins as a key step for phloem transport. Science,335(6065):207-211.

[44]Chen T,Muratore T L,Schaner-Tooley C E, et al. 2007. N-terminal α-methylation of RCC1 is necessary for stable chromatin association and normal mitosis. Nature Cell Biology,9(5):596-603.

[45]Chen T,Xu G,Wang Z, et al. 2016. Expression of proteins in superior and inferior spikelets of rice during grain filling under different irrigation regimes. Proteomics,16(1):102-121.

[46]Ciampitti I A,Vyn T J. 2011. A comprehensive study of plant density consequences on nitrogen uptake dynamics of maize plants from vegetative to reproductive stages. Field Crops Research,121(1):2-18.

[47]Cliquet J B,Deléens E,Mariotti A. 1990. C and N mobilization from stalk and leaves during kernel filling by ^{13}C and ^{15}N tracing in *Zea mays* L. Plant Physiology, 94(4):

1547-1553.

[48]Coque M,Gallais A. 2006. Genomic regions involved in response to grain yield selection at high and low nitrogen fertilization in maize. Theoretical and Applied Genetics,112: 1205-1220.

[49]Costa H,Gallego S M,Tomaro M L. 2002. Effect of UV-B radiation on antioxidant defense system in sunflower cotyledons. Plant Science,162:939-945.

[50]Crawford T W,Rendig V V,Broadbent F E. 1982. Sources,fluxes,and sinks of nitrogen during early reproductive growth of maize(*Zea mays* L.). Plant Physiology,70(6): 1654-1660.

[51]Crook E M. 1941. The system dehydroascorbic acid-glutathione. Biochemical Journal,35: 226-236.

[52]Crumpton-Taylor M,Grandison S,Png K M Y, et al. 2012. Control of starch granule numbers in *Arabidopsis* chloroplasts. Plant Physiology,158(2):905-916.

[53]Czjzek M,Cicek M,Zamboni V, et al. 2001. Crystal structure of a monocotyledon(maize *ZMGlu1*)beta-glucosidase and a model of its complex with p-nitrophenyl beta-D-thioglucoside. Biochemical Journal,354:37-46.

[54]D'Andrea K E,Otegui M E,Cirilo A G. 2008. Kernel number determination differs among maize hybrids in response to nitrogen. Field Crops Research,105:228-239.

[55]Daie J,Watts M,Aloni B, et al. 1986. *In vitro* and *in vivo* modification of sugar transport and translocation in celery by phytohormones. Plant Science,46:35-41.

[56]Davies R T,Goetz D H,Lasswell J, et al. 1999. *IAR3* encodes an auxin conjugate hydrolase from *Arabidopsis*. Plant Cell,11:365-376.

[57]DeLong A,Calderon-Urrea A,Dellaporta S L. 1993. Sex determination gene *TASSEL-SEED2* of maize encodes a short-chain alcohol dehydrogenase required for stage-specific floral organ abortion. Cell,74:757-768.

[58]DeLuca J G,Gall W E,Ciferri C, et al. 2006. Kinetochore microtubule dynamics and attachment stability are regulated by Hec1. Cell,127(5):969-982.

[59]Ding L, Wang K, Jiang G, et al. 2005. Effects of nitrogen deficiency on photosynthetic traits of maize hybrids released in different years. Annals of Botany,96:925-930.

[60]Durner J,Knörzer O C,Böger P. 1993. Ketol-acid reductoisomerase from barley(*Hordeum vulgare*)(purification,properties,and specific inhibition). Plant Physiology,103:903-910.

[61]Echarte L, Rothstein S, Tollenaar M. 2008. The response of leaf photosynthesis and dry matter accumulation to nitrogen supply in an older and a newer maize hybrid. Crop Science,48(2):656-665.

[62]Escudero A,Del Arco J M,Sanz I C, et al. 1992. Effects of leaf longevity and retranslocation efficiency on the retention time of nutrients in the leaf biomass of different woody species. Oecologia,90(1):80-87.

[63]Gallais A,Coque M,Le Gouis J, et al. 2007. Estimating the proportion of nitrogen remobilization and of postsilking nitrogen uptake allocated to maize kernels by nitrogen-15 la-

beling. Crop Science,47(2):685-691.

[64]Gallais A,Coque M, Quilléré I, et al. 2006. Modelling postsilking nitrogen fluxes in maize (*Zea mays*)using ^{15}N-labelling field experiments. New Phytologist,172(4):696-707.

[65]Gerhardt S,Echt S,Busch M, et al. 2003. Structure and properties of an engineered transketolase from maize. Plant Physiology,132:1941-1949.

[66]Glover D V,Mertz E T. 1987. Corn. In:Olson RA,Frey KJ. Nutritional Quality of Cereal Grains:Genetic and Agronomic Improvement. Madison:American Society of Agronomy, WI,183-336.

[67]Güsewell S. 2005. Nutrient resorption of wetland graminoids is related to the type of nutrient limitation. Functional Ecology,19(2):344-354.

[68]Handel M A,Schimenti J C. 2010. Genetics of mammalian meiosis:regulation,dynamics and impact on fertility. Nature Reviews Genetics,11(2):124-136.

[69]Hanway J J. 1963. Growth stages of corn(*Zea mays* L.). Agronomy Journal,55:487-492.

[70]Hassold T, Hunt P. 2001. To err(meiotically)is human:the genesis of human aneuploidy. Nature Reviews Genetics,2(4):280-291.

[71]Hawkesford M,Horst W,Kichey T, et al. 2012. Functions of macronutrients. In:Marschner. Marschner's Mineral Nutrition of Higher Plants,3rd edition. London,UK:Academic Press,178-189.

[72]He P,Zhou W,Jin J. 2004. Carbon and nitrogen metabolism related to grain formation in two different senescent types of maize. Journal of Plant Nutrition,27(2):295-311.

[73]Hegyi Z G,Pók I,Kizmus L, et al. 2002. Plant height and height of the main ear in maize (*Zea mays* L.) at different locations and different plant densities. Acta Agronomica Hungarica,50:75-84.

[74]Henry K W,Wyce A,Lo W S, et al. 2003. Transcriptional activation via sequential histone H2B ubiquitylation and deubiquitylation,mediated by SAGA-associated Ubp8. Genes & Development,17:2648-2663.

[75]Hirel B,Gouis J L,Ney B, et al. 2007. The challenge of improving nitrogen use efficiency in crop plants:towards a more central role for genetic variability and quantitative genetics within integrated approaches. Journal of Experimental Botany, 58 (9): 2369-2387.

[76]Hirel B,Martin A,Tercé-Laforgue T, et al. 2005. Physiology of maize I:A comprehensive and integrated view of nitrogen metabolism in a C4 plant. Physiologia Plantarum,124:167-177.

[77]Hiyane R,Hiyane S,Tang A C, et al. 2010. Sucrose feeding reverses shade-induced kernel losses in maize. Annuals of Botany,106:395-403.

[78]Holstein S H E. 2002. Clathrin and plant endocytosis. Traffic,3:614-620.

[79]Hörtensteiner S,Feller U. 2002. Nitrogen metabolism and remobilization during senescence. Journal of Experimental Botany,53(370):927-937.

[80]Hurley B A, Tran H T,Marty N J, et al. 2010. The dual-targeted purple acid phosphatase isozyme AtPAP26 is essential for efficient acclimation of Arabidopsis to nutritional phosphate

deprivation. Plant Physiology,153(3):1112-1122.

[81]Irish E E. 1996. Regulation of sex determination in maize. Bioessays,18:363-369.

[82]Itai A,Ishihara K,Bewley J D. 2003. Characterization of expression,and cloning,ofb-D-xylosidase and α-L-arabinofuranosidase in developing and ripening tomato(*Lycopersicon esculentum* Mill.)fruit. Journal of Experimental Botany,54:2615-2622.

[83]Jacobs B C, Pearson C J. 1992. Pre-flowering growth and development of the inflorescences of maize. I. Primordia production and apical dome volume. Journal of Experimental Botany,43:557-563.

[84]Jeschke W D, Kirkby E A, Peuke A D, et al. 1997. Effects of P deficiency on assimilation and transport of nitrate and phosphate in intact plants of castor bean(*Ricinus communis* L.). Journal of Experimental Botany,48(1):75-91.

[85]Jiang C J,Imamoto N,Matsuki R, et al. 1998. *In vitro* characterization of rice importin β1,molecular interaction with nuclear transport factors and mediation of nuclear protein import. FEBS Letters,437:127-130.

[86]Jiménez A,Hernández J A,Pastori G M, et al. 1998. The role of the ascorbate-glutathione cycle of mitochondria and peroxisomes in the senescence of pea leaves. Plant Physiology,118:1327-1335.

[87]Joglekar A P, Bouck DC, Molk JN, et al. 2006. Molecular architecture of a kinetochore-microtubule attachment site. Nature Cell Biology,8(6):581-585.

[88]Johnson D R,Tanner J W. 1972. Calculation of the rate and duration of grain filling in corn(*Zea mays* L.). Crop Science,12(4):485-486.

[89]Jones G P D, Blair G J,Jessop R S. 1989. Phosphorus efficiency in wheat-a useful selection criterion? Field Crops Research,21(3-4):257-264.

[90]Kawasaki T, Koita H, Nakatsubo T, et al. 2006. Cinnamoyl-CoA reductase,a key enzyme in lignin biosynthesis,is an effector of small GTPase Rac in defense signaling in rice. Proceedings of the National Academy of Sciences of the United States of America,103:230-235.

[91]Kelly A E,Funabiki H. 2009. Correcting aberrant kinetochore microtubule attachments:an Aurora B-centric view. Current Opinion in Cell Biology,21(1):51-58.

[92]Kitajima T S,Kawashima S A,Watanabe Y. 2004. The conserved kinetochore protein shugoshin protects centromeric cohesion during meiosis. Nature,427(6974):510-517.

[93]Klages K,Donnison H,Wünsche J, et al. 2001. Diurnal changes in non-structural carbohydrates in leaves,phloem exudate and fruit in 'Braeburn' apple. Australian Journal of Plant Physiology,28:131-139.

[94]Kong L,Wang F,Si J, et al. 2013. Increasing in ROS levels and callose deposition in peduncle vascular bundles of wheat (*Triticum aestivum* L.) grown under nitrogen deficiency. Journal of Plant Interactions,8(2):109-116.

[95]Koussevitzky S,Suzuki N,Huntington S, et al. 2008. Ascorbate peroxidase 1 plays a key role in the response of *Arabidopsis thaliana* to stress combination. Journal of Biological

Chemistry,283:34197-34203.

[96]Kubo A,Saji H,Tanaka K, et al. 1995. Expression of *Arabidopsis* cytosolic ascorbate peroxidase gene in response to ozone or sulfur dioxide. Plant Molecular Biology,29: 479-489.

[97]Laubengayer RA. 1949. The vascular anatomy of the eight-rowed ear and tassel of golden bantam sweet corn. American Journal of Botany,36:236-244.

[98]Lauvergeat V, Lacomme C, Lacombe E, et al. 2001. Two cinnamoyl-CoA reductase (CCR)genes from *Arabidopsis thaliana* are differentially expressed during development and in response to infection with pathogenic bacteria. Phytochemistry,57:1187-1195.

[99]Leakey A D B,Bernacchi C J,Dohleman F G, et al. 2004. Will photosynthesis of maize (*Zea mays*)in the US Corn Belt increase in future[CO_2] rich atmospheres? An analysis of diurnal courses of CO_2 uptake under free-air concentration enrichment(FACE). Global Change Biology,10:951-962.

[100]Lee EA,Tollenaar M. 2007. Physiological basis of successful breeding strategies for maize grain yield. Crop Science,47:202-215.

[101]Lemcoff J H,Loomis R S. 1994. Nitrogen and density influences on silk emergence,endosperm development,and grain yield in maize(*Zea mays* L.). Field Crops Research, 38:63-72.

[102]Lermontova I,Sandmann M,Mascher M, et al. 2015. Centromeric chromatin and its dynamics in plants. The Plant Journal,83(1):4-17.

[103]Li X,Dawe R K. 2009. Fused sister kinetochores initiate the reductional division in meiosis I. Nature Cell Biology,11(9):1103-1108.

[104]Löbler M,Klämbt D. 1985. Auxin-binding protein from coleoptile membranes of corn (*Zea mays* L.). II. Localization of a putative auxin receptor. Journal of Biological Chemistry,260:9854-9859.

[105]Lorković Z J,Barta A. 2002. Genome analysis,RNA recognition motif(RRM)and K homology(KH) domain RNA-binding proteins from the flowering plant *Arabidopsis thaliana*. Nucleic Acids Research,30:623-635.

[106]Ma B L,Dwyer L M. 1998. Nitrogen uptake and use of two contrasting maize hybrids differing in leaf senescence. Plant and Soil,199(2):283-291.

[107]Mae T,Makino A,Ohira K. 1983. Changes in the amounts of ribulose bisphosphate carboxylase synthesized and degraded during the life span of rice leaf(*Oryza sativa* L.) . Plant and Cell Physiology,24(6):1079-1086.

[108]Makde R D,England J R,Yennawar H P, et al. 2010. Structure of RCC1 chromatin factor bound to the nucleosome core particle. Nature,467(7315):562-566.

[109]Maria G E,Ricardo B F,Artur R T. 2000. Protein degradation in C_3 and C_4 plants subjected to nutrient starvation. Particular reference to ribulose bisphosphate carboxylase/oxygenase and glycolate oxidase. Plant Science,153:15-23.

[110]Martin A,Lee J,Kichey T, et al. 2006. Two cytosolic glutamine synthetase isoforms of maize

(*Zea mays* L.) are specifically involved in the control of grain production. Plant Cell, 18：3252-3274.

[111]Martín V, Rodríguez-Gabriel M A, McDonald W H, et al. 2006. Cip1 and Cip2 are novel RNA-recognition-motif proteins that counteract Csx1 function during oxidative stress. Molecular Biology of the Cell, 17：1176-1183.

[112]Martínez D E, Costa M L, Gomez F M, et al. 2008. 'Senescence-associated vacuoles' are involved in the degradation of chloroplast proteins in tobacco leaves. Plant Journal, 56 (2)：196-206.

[113]Masclaux-Daubresse C, Daniel-Vedele F, Dechorgnat J, et al. 2010. Nitrogen uptake, assimilation and remobilization in plants：challenges for sustainable and productive agriculture. Annals of Botany, 105(7)：1141-1157.

[114]Masoni A, Ercoli L, Mariotti M, et al. 2007. Post-anthesis accumulation and remobilization of dry matter, nitrogen and phosphorus in durum wheat as affected by soil type. European Journal of Agronomy, 26(3)：179-186.

[115]Matsuzaki T, Koiwai A. 1986. Germination inhibition in stigma extracts of tobacco and identification of MeABA, ABA, and ABA-*β-D*-Gluco-pyranoside. Agricultural and Biological Chemistry, 50：2193-2199.

[116]Mccarty R E. 1992. A plant biochemist's view of H^+-ATPases and ATP syntheses. Journal of Experimental Biology, 172：431-441.

[117]McCleland M L, Gardner R D, Kallio M J, et al. 2003. The highly conserved Ndc80 complex is required for kinetochore assembly, chromosome congression, and spindle checkpoint activity. Genes & Development, 17(1)：101-114.

[118]McLaughlin J E, Boyer JS. 2004. Glucose localization in maize ovaries when kernel number decreases at low water potential and sucrose is fed to the stems. Annuals of Botany, 94：75-86.

[119]Méchin V, Balliau T, Château-Joubert S, et al. 2004. A two-dimensional proteome map of maize endosperm. Phytochemistry, 65：1609-1618.

[120]Meng Z, Zhang F, Ding Z, et al. 2007. Inheritance of ear tip-barrenness trait in maize. Agricultural Sciences in China, 6：628-633.

[121]Meyer R E, Kim S, Obeso D, et al. 2013. Mps1 and Ipl1/Aurora B act sequentially to correctly orient chromosomes on the meiotic spindle of budding yeast. Science, 339 (6123)：1071-1074.

[122]Mittler R, Zilinskas B A. 1994. Regulation of pea cytosolic ascorbate peroxidase and other antioxidant enzymes during the progression of drought stress and following recovery from drought. The Plant Journal, 5：397-405.

[123]Morcuende R, Bari R, Gibon Y, et al. 2007. Genome-wide reprogramming of metabolism and regulatory networks of Arabidopsis in response to phosphorus. Plant Cell and Environment, 30 (1)：85-112 .

[124]Mozfar A. 1990. Kernel abortion and distribution of mineral elements along the maize

ear. Agronomy Journal,82:511-514.

[125]Mueller S M,Vyn T J. 2016. Maize plant resilience to N stress and post-silking N capacity changes over time:A review. Frontiers in Plant Science,7:53.

[126]Murphy A,Peer W A,Taiz L. 2000. Regulation of auxin transport by aminopeptidases and endogenous flavonoids. Planta,211:315-324.

[127]Nagarajan V K,Jain A,Poling MD, et al. 2011. *Arabidopsis Pht1*;5 mobilizes phosphate between source and sink organsand influences the interaction between phosphate homeostasis and ethylenesignaling. Plant Physiology,156:1149-1163.

[128]Nakao M,Bono H,Kawashima S, et al. 1999. Genome-scale gene expression analysis and pathway reconstruction in KEGG. Genome Inform Ser Workshop Genome Inform,10:94-103.

[129]Ning P,Fritschi F B,Li C. 2017. Temporal dynamics of post-silking nitrogen fluxes and their effects on grain yield in maize under low to high nitrogen inputs. Field Crops Research,204:249-259.

[130]Ning P,Li S,Yu P, et al. 2013. Post-silking accumulation and partitioning of dry matter,nitrogen,phosphorus and potassium in maize varieties differing in leaf longevity. Field Crops Research,144:19-27.

[131]Ning P,Liao C,Li S, et al. 2012. Maize cob plus husks mimics the grain sink to stimulate nutrient uptake by roots. Field Crops Research,130(2):38-45.

[132]Noodén L D,Guiamet J J,John I. 1997. Senescence mechanisms. Physiologia Plantarum,101(4):746-753.

[133]Noodén L D,Leopold A C. 1988. Senescence and aging in plants. San Diego:Academic Press.

[134]Paponov I A,Teale W D,Trebara M, et al. 2005. The PIN auxin efflux facilitators:evolutionary and functional perspectives. Trends in Plant Science,10:170-177.

[135]Paponov I A,Engels C. 2003. Effect of nitrogen supply on leaf traits related to photosynthesis during grain filling in two maize genotypes with different N efficiency. Journal of Plant Nutrition and Soil Science,166:756-763.

[136]Paul M J,Pellny T K. 2003. Carbon metabolite feedback regulation of leaf photosynthesis and development. Journal of Experimental Botany,54:539-547.

[137]Peng Y,Li C,Fritschi F B. 2013. Apoplastic infusion of sucrose into stem internodes during female flowering does not increase grain yield in maize plants grown under nitrogen-limiting conditions. Physiologia Plantarum,148(4):470-480.

[138]Peng Y,Li C,Fritschi F B. 2014. Diurnal dynamics of maize leaf photosynthesis and carbohydrate concentrations in response to differential N availability. Environmental and Experimental Botany,99:18-27.

[139]Peng Y,Yu P,Zhang Y, et al. 2012. Temporal and spatial dynamics in root length density of field-grown maize and NPK in the soil profile. Field Crops Research,131:9-16.

[140]Peng Z,Li C. 2005. Transport and partitioning of phosphorus in wheat as affected by P

withdrawal during flag-leaf expansion. Plant and Soil,268(1):1-11.

[141]Peters J M. 2006. The anaphase promoting complex/cyclosome:a machine designed to destroy. Nature reviews Molecular Cell Biology,7(9):644-656.

[142]Petronczki M,Siomos M F,Nasmyth K. 2003. Un menage a quatre:the molecular biology of chromosome segregation in meiosis. Cell,112(4):423-440.

[143]Phee B K,Cho J H,Park S, et al. 2004. Proteomic analysis of the response of *Arabidopsis* chloroplast proteins to high light stress. Proteomics,4:3560-3568.

[144]Pickart C M,Rose I A. 1985. Ubiquitin carboxyl-terminal hydrolase acts on ubiquitin carboxyl-terminal amides. Journal of Biological Chemistry,260:7903-7910.

[145]Plaxton W C,Tran H T. 2011. Metabolic adaptations of phosphate-starvedplants. Plant Physiology,156:1006-1015.

[146]Pommel B,Gallais A,Coque M, et al. 2006. Carbon and nitrogen allocation and grain filling in three maize hybrids differing in leaf senescence. European Journal of Agronomy,24(3):203-211.

[147]Pommel B,Gallais A,Coque M, et al. 2006. Carbon and nitrogen allocation and grain filling in three maize hybrids differing in leaf senescence. European Journal of Agronomy,24(3):203-211.

[148]Pugnaire F I,Chapin F S. 1992. Environmental and physiological factors governing nutrient resorption efficiency in barley. Oecologia,90:120-126.

[149]Raboy V. 2007. Seed phosphorus and the development of low-phytate crops. In:Turner B,Richardson A,Mullaney E. Inositol Phosphates:LinkingAgriculture and the Environment. Wallingford,UK:CABI,111-132.

[150]Rampey R A,LeClere S,Kowalczyk M, et al. 2004. A family of auxin-conjugate hydrolases that contributes to free indole-3-acetic acid levels during *Arabidopsis* germination. Plant Physiology,135:978-988.

[151]Ray S,Mondal W,Choudhuri M. 1983. Regulation of leaf senescence,grain-filling and yield of rice by kinetin and abscisic acid. Physiologia Plantarum,59:343-346.

[152]Reed A J,Singletary G W. 1989. Roles of carbohydrate supply and phytohormones in maize kernel abortion. Plant Physiology,91:986-992.

[153]Rodriguez D,Goudriaan J. 1995. Effects of phosphorus and drought stresses on dry matter and phosphorus allocation in wheat. Journal of Plant Nutrition,18(11):2501-2517.

[154]Rogers A,Allen D J,Davey P A, et al. 2004. Leaf photosynthesis and carbohydrate dynamics of soybeans grown throughout their life-cycle under Free-Air Carbon dioxide Enrichment. Plant,Cell & Environment,27:449-458.

[155]Roje S,Wang H,McNeil S D, et al. 1999. Isolation,characterization,and functional expression of cDNAs encoding NADH-dependent methylenetetrahydrofolate reductase from higher plants. Journal of Biological Chemistry,274:36089-36096.

[156]Russin W A,Evert R F,Vanderveer P J, et al. 1996. Modification of a specific class of plasmodesmata and loss of sucrose export ability in the sucrose export defective1

maize mutant. The Plant Cell,8(4):645-658.

[157]Sage R F,Pearcy R W,Seeman J R. 1987. The nitrogen use efficiency in C3and C4 plants. Plant Physiology,85:355-359.

[158]Saini H S,Aspinall D. 1981. Effect of water deficit on sporogenesis in wheat(*Triticum aestivum* L.). Annals of Botany,48(5):623-633.

[159]Sakulsingharoj C,Choi S B,Hwang S K, et al. 2004. Engineering starch biosynthesis for increasing rice seed weight:the role of the cytoplasmic ADP-glucose pyrophospho- rylase. Plant Science,167(6):1323-1333.

[160]Sánchez-Morán E,Jones G H,Franklin F C H, et al. 2004. A puromycin-sensitive aminopeptidase is essential for meiosis in *Arabidopsis thaliana*. The Plant Cell, 16 (11):2895-2909.

[161]Santaguida S,Amon A. 2015. Short-and long-term effects of chromosome mis-segrega- tion and aneuploidy. Nature Reviews Molecular Cell Biology,16(8):473-485.

[162]Schachtman D P,Reid R J,Ayling S M. 1998. Phosphorus uptake by plants:from soil to cell. Plant Physiology,116(2):447-453.

[163]Scheible W R,Gonzalez-Fontes A,Lauerer M, et al. 1997. Nitrate acts as a signal to in- duce organic acid metabolism and repress starch metabolism in tobacco. The Plant Cell, 9(5):783-798.

[164]Schippers J H M,Schmidt R,Wagstaff C, et al. 2015. Living to die and dying to live:the sur- vival strategy behind leaf senescence. Plant Physiology,169(2):914-930.

[165]Schliemann W. 1984. Hydrolysis of conjugated gibberellins by β-glucosidases from dwarf rice (*Oryza sativa* L. cv. Tan-ginbozu). Journal of Plant Physiology,116:123-132.

[166]Schlüter U,Mascher M,Colmsee C, et al. 2012. Maize source leaf adaptation to nitrogen defi- ciency affects not only nitrogen and carbon metabolism but also control of phosphate homeo- stasis. Plant Physiology,160(3):1384-1406.

[167]Schomburg F M,Patton D A,Meinke D W, et al. 2001. FPA,a gene involved in floral induction in *Arabidopsis*, encodes a protein containing RNA-recognition motifs. Plant Cell,13:1427-1436.

[168]Seebauer J R,Moose S P,Fabbri B J, et al. 2004. Amino acid metabolism in maize ear- shoots. Implications for assimilate preconditioning and nitrogen signaling. Plant Physi- ology,136(4):4326-4334.

[169]Seebauer J R,Singletary G W,Krumpelman P M, et al. 2010. Relationship of source and sink in determining kernel composition of maize. Journal of Experimental Botany, 61(2):511-519.

[170]Sheoran I S,Saini H S. 1996. Drought-induced male sterility in rice:changes in carbohy- drate levels and enzyme activities associated with the inhibition of starch accumulation in pollen. Sexual Plant Reproduction,9(3):161-169.

[171]Shimomura S,Sotobayashi T,Futai M, et al. 1986. Purification and properties of an auxin-binding protein from maize shoot membranes. Journal of Biochemistry, 99:

1513-1524.

[172] Singletary G W, Below F E. 1989. Growth and composition of maize kernels cultured *in vitro* with varying supplies of carbon and nitrogen. Plant Physiology, 89: 341-346.

[173] Slattery C J, Kavakli I H, Okita T W. 2000. Engineering starch for increased quantity and quality. Trends in Plant Science, 5: 291-298.

[174] Slewinski T L, Braun D M. 2010. Current perspectives on the regulation of whole-plant carbohydrate partitioning. Plant Science, 178(4): 341-349.

[175] Slewinski T L, Meeley R, Braun D M. 2009. Sucrose transporter1 functions in phloem loading in maize leaves. Journal of Experimental Botany, 60(3): 881-892.

[176] Smart C M, Hosken S E, Thomas H, et al. 1995. The timing of maize leaf senescence and characterisation of senescence - related cDNAs. Physiologia Plantarum, 93(4): 673-682.

[177] Smart C M. 1994. Gene-expression during leaf senescence. New Phytologist, 126(3): 419-448.

[178] Snapp S S, Lynch J P. 1996. Phosphorus distribution and remobilization in bean plants as influenced by phosphorus nutrition. Crop Science, 36(4): 929-935.

[179] Sosso D, Luo D, Li Q B, et al. 2015. Seed filling in domesticated maize and rice depends on SWEET-mediated hexose transport. Nature Genetics, 47: 1489-1493.

[180] Stitt M, Zeeman S C. 2012. Starch turnover: pathways, regulation and role in growth. Current Opinion in Plant Biology, 15(3): 282-292.

[181] Subedi K D, Ma B L. 2005. Nitrogen uptake and partitioning in stay-green and leafy maize hybrids. Crop Science, 45(2): 740-747.

[182] Sugiharto B, Miyata K, Nakamoto H, et al. 1990. Regulation of expression of carbon-assimilating enzymes by nitrogen in maize leaf. Plant Physiology, 92: 963-969.

[183] Sulpice R, Pyl E T, Ishihara H, et al. 2009. Starch as a major integrator in the regulation of plant growth. Proceedings of the National Academy of Sciences of United States of America, 106(25): 10348-10353.

[184] Swindell W R, Huebner M, Weber A P. 2007. Transcriptional profiling of Arabidopsis heat shock proteins and transcription factors reveals extensive overlap between heat and non-heat stress response pathways. BMC Genomics, 8: 125.

[185] Taiz L, Zeiger E. 2010. Plant Physiology. 5th edition. Sunderland: Sinauer Associates.

[186] Takami Y, Nakagami H, Morishita R, et al. 2007. Ubiquitin carboxyl-terminal hydrolase L1, a novel deubiquitinating enzyme in the vasculature, attenuates NF-kB activation. Arteriosclerosis, Thrombosis, and Vascular Biology, 27: 2184-2190.

[187] Taylor C B, Bariola P A, Delcardayre S B, et al. 1993. RNS2-a senescence-associated RNase of *Arabidopsis* that diverged from the s-RNases before speciation. Proceedings of the National Academy of Sciences of the United States of America, 90(11): 5118-5122.

[188] Tercé-Laforgue T, Mäck G, Hirel B. 2004. New insights towards the function of glutamate dehydrogenase revealed during source-sink transition of tobacco (*Nicotiana tabacum*)

plants grown under different nitrogen regimes. Physiologia Plantarum,120(2):220-228.

[189]Thomas H,Ougham H. 2014. The stay-green trait. Journal of Experimental Botany,65 (14):3889-3900.

[190]Turano F J,Fang T K. 1998. Characterization of two glutamate decarboxylase cDNA clones from Arabidops is. Plant Physiology,117:1411-1421.

[191]Uhart S A,Andrade F H. 1995a. Nitrogen deficiency in maize. Ⅰ,Effects on crop growth, development, dry matter partitioning, and kernel set. Crop Science, 35: 1376-1383.

[192]Uhart S A,Andrade F H. 1995b. Nitrogen deficiency in maize. Ⅱ,Carbon-nitrogen interaction effects on kernel number and grain yield. Crop Science,35:1384-1389.

[193]Veneklaas E J,Lambers H,Bragg J, et al. 2012. Opportunities for improving phosphorus-use efficiency in crop plants. New Phytologist,195(2):306-320.

[194]Visintin R,Prinz S,Amon A. 1997. CDC20 and CDH1:a family of substrate-specific activators of APC-dependent proteolysis. Science,278(5337):460-463.

[195]Wang X J,Cao H H,Zhang D F, et al. 2007. Relationship between differential gene expression and heterosis during ear development in maize(*Zea mays* L.). Journal of Genetics and Genomics,34:160-170.

[196]Watanabe Y,Nurse P. 1999. Cohesin Rec8 is required for reductional chromosome segregation at meiosis. Nature,400(6743):461-464.

[197]Wendel J F,Goodman M M,Stuber C, et al. 1988. New isozyme systems for maize (*Zea mays* L.),aconitate hydratase, adenylate kinase, NADH dehydrogenase, and shikimate dehydrogenase. Biochemical Genetics,26:421-445.

[198]Wilkinson K D. 2000. Ubiquitination and deubiquitination,targeting of proteins for degradation by the proteasome. Seminars in Cell and Developmental Biology,11:141-148.

[199]Willy K T,Phillip S K,Usuda H, et al. 1987. Diurnal changes in maize leaf photosynthesis:Ⅰ. Carbon exchange rate, assimilate export rate, and enzyme activities. Plant Physiology,83(2):283-288.

[200] Wilson R A,Gardner H W,Keller N P. 2001. Cultivar-dependent expression of a maize lipoxygenase responsive to seed infesting fungi. Molecular Plant-Microbe Interaction,14:980-987.

[201]Yan H,Shang A,Peng Y, et al. 2011. Covering middle leaves and ears reveals differential regulatory roles of vegetative and reproductive organs in root growth and nitrogen uptake in maize. Crop Science,51:265-272.

[202]Yu H G,Dawe R K,Hiatt E N. 2000. The plant kinetochore. Trends in Plant Science,5 (12):543-547.

[203]Zeng L R,Vega-Sánchez M E,Zhu T, et al. 2006. Ubiquitination-mediated protein degradation and modification,an emerging theme in plant-microbe interactions. Cell Research,16:413-426.

[204]Zhang Y. 2003. Transcriptional regulation by histone ubiquitination and deubiquitina-

tion. Genes &Development,17:2733-2740.

[205]Zhao Z,Shi H J,Wang M L, et al. 2015. Effect of nitrogen and phosphorus deficiency on transcriptional regulation of genes encoding key enzymes of starch metabolism in duckweed (*Landoltia punctata*). Plant Physiology and Biochemistry,86:72-81.

[206]Zhu Y,Fu J J,Zhang J P, et al. 2009. Genome-wide analysis of gene expression profiles during ear development of maize. Plant Molecular Biology,70:63-77.

[207]Zhuang Y,Ren G,Yue G, et al. 2007. Effects of water-deficit stress on the transcriptomes of developing immature ear and tassel in maize. Plant Cell Reports,26(12): 2137-2147.

[208]Zinselmeier S A,Lauer M J,Boyer J S. 1995. Reversing drought-induced losses in grain yield:sucrose maintains embryo growth in maize. Crop Science,35(5):1390-1400.

第5章

玉米根系生长分布与土壤
速效养分的关系

玉米根系在土壤中如何生长和分布？第2章和第3章已有论述。由于根系生长在土壤中无法直接观察和研究，使得对土壤中的根系生长和发育规律、空间分布规律及其对养分的吸收了解很少。玉米根系在土壤中的生长和分布与短期室内控制条件下的营养液培养结果有很大不同。根长与根重是两个描述根系性状的指标，却有不同的含义；根系周围有根际土壤存在，根系的生长空间分布决定了土壤养分耗竭区的变化；在玉米根尖会形成根鞘，影响土壤中的养分有效性；根系与土壤中大量存在的微生物发生相互作用，不仅影响根系中和根际土壤中的微生物种群特征，也会影响土壤养分的有效性。

5.1　田间根系研究方法

由于根系生长在土壤中，无法直接观察，要研究在田间土壤中生长的根系，就要用不同方法获取根系。常用的方法有根钻法、整根挖取法及 Monolith 方法（Böhm，1979）等。不同方法的难易程度不同，所获取的信息也不同。根钻法相对简单，能够了解不同土层的根长密度，但由于所获取的是土壤中的局部根系，无法了解整个根系在土壤中的空间分布，更适合于研究根系在土壤中分布均匀的植物种类的根长密度。对于根系在土壤中分布不均匀的植物，必须要有足够的取样点和合理的取样位置才能够保证结果接近实际。整根挖取法是将整个根系从土壤中挖出，能够了解整个根系的形态，如果在生长的不同时间挖取根系，可以获得根重和不同轮次节根根长变化的信息，如图2-4所示。但工作量大，并且在挖根和洗根过程中会损失大量的决定根长的侧根。有研究指出，破坏性挖根及洗根会导致大量细根损失，损失量可高达50%（Pallant et al.，1993）。图2-5是通过 Monolith 方法所获取的两个玉米自交系各两株的根系在不同土层中的空间分布结果。用 Monolith 方法获取的根系能够了解根系在土壤中的空间分布,并获得根系在不同土壤空间的根长密度和根重密度,结果最接近实际,但工作量巨大。

5.2 土壤中速效养分的变化

土壤提供直接或经转化后能够被植物根系吸收的矿质元素。根据植物吸收利用的难易程度,矿质元素分为速效性养分和缓效养分。速效养分是指当季作物能够直接吸收利用的部分,包括水溶态养分和吸附在土壤胶体颗粒上容易被交换下来的养分,这两种养分均呈离子态,可以被植物直接吸收利用,其含量的高低是土壤养分供给的强度指标(鲍士旦,2005)。

5.2.1 土壤中速效养分的测定方法

尽管自然界中存在大量的氮、磷、钾资源,但对于土壤-作物-肥料系统来说,土壤中的速效氮、磷、钾养分往往不能满足作物的生长需求,只能依靠施肥予以补充和调节。土壤养分的供应能力取决于土壤固相和液相中某一元素的浓度和土壤的缓冲能力。土壤中的速效养分直接存在于土壤溶液中或被土壤胶粒吸附。其中水溶性养分主要存在于土壤溶液中,包括大部分的无机盐类的离子和一些分子量小、结构简单的有机化合物,易被植物吸收,对植物的有效性最高。国内外学者对于利用各种化学提取剂测定的土壤有效养分时常也称为土壤速效养分,是指土壤养分中能够被植物吸收的部分。要测定它们,首先要用溶液把它们浸提出来。当用电解质溶液作为浸提液时,土壤胶粒吸附的离子就被电解质溶液里的离子替代,替代出来的离子和原来土壤溶液中的养分一起进入浸提液。土壤速效氮的测定主要为碱解扩散法,测定土壤中的水解性氮,包括矿质态氮和有机态氮中易于分解的部分。土壤速效磷的测定方法很多,由于提取剂不同,提取测定所得的结果也不一致。提取剂的选择主要根据各种土壤性质而定,一般情况下,石灰性土壤和中性土壤采用碳酸氢钠来提取,酸性土壤采用酸性氟化铵或氢氧化钠-草酸钠法来提取。土壤速效钾的测定主要采用醋酸铵浸提吸附在土壤胶粒表面上的钾离子,连同水溶性的钾离子一起进入浸提液,浸出液中的钾可用火焰光度计直接进行测定。

目前最常用的土壤氮素肥力的评价指标是 0.01 mol/L $CaCl_2$ 浸提的土壤 N_{min}($NO_3^- $-$N+$ NH_4^+-N)含量,磷素的肥力是 0.5 mol/L $NaHCO_3$ 浸提的土壤速效磷(Olsen-P),钾素的肥力是 1.0 mol/L 中性 NH_4OAc 提取的速效钾(鲍士旦,2005),根据该测定指标来推荐某种作物施肥,与产量具有很好的相关性。

本节主要说明土壤抽提液中速效氮磷钾浓度与常规方法浸提的土壤溶液速效氮磷钾浓度(N_{min},Olsen-P,NH_4OAc-K)的关系,土壤速效养分在时间尺度上的变化规律及受供磷水平的影响。

5.2.2 土壤浸提液与抽提液中速效氮磷钾浓度比较

采用土壤溶液原位抽提管原位埋置实验,比较土壤浸提液与土壤抽提液中速效氮磷钾浓度的差异。土壤溶液抽提管(RhizonSMS,荷兰)在玉米播种后第二天倾斜 45°埋放在种子下方

10 cm 处,待根系密集生长后收取的土壤溶液视为根际土壤溶液;同时以相同深度将抽提管埋入行间,用于收集非根际土壤溶液。取样时分别抽取根际和非根际土壤溶液,并取根际土和行间埋置抽提管相同土层的土壤作为非根际土。共取 5 次样,分别为播种后两周、拔节期、大喇叭口期、吐丝期、吐丝后一个月,每次取样同时用土壤水分测定仪(TRIME Data Pilot,德国)测定土壤含水量,土壤溶液样品采用 30 mL 注射器负压抽提 8～12 h。实验同时设置有缺磷(50 kg/hm²)、适量供磷(100 kg/hm²)和过量供磷(300 kg/hm²)三个磷水平处理。

5.2.2.1 土壤原位水分测定与 pH 变化

土壤水分含量和酸碱性对土壤中养分的迁移与转化、土壤微生物活动及一系列氧化还原反应有重要影响。在实验中,为保证能获得足量土壤抽提液满足测定的要求,取样在降雨或人工灌溉之后进行。每次抽提土壤溶液时,用土壤水分快速测定仪监测田间根际和非根际土壤水分含量,其变化趋势如表 5-1 所示。每次取样时,不同供磷处理的田间持水量大体保持一致,在整个取样期内土壤水势维持在 18%～29%之间。比较根际与非根际土壤含水量的差异可以看出,由于植株快速生长对水分的需求及地上部叶片的蒸腾作用对水分的散失,使得根际土壤水分含量较非根际降低 2%～4%。

表 5-1　不同供磷条件下不同时间玉米根际与非根际土壤水分含量变化　　　　　　%

施磷量/ (kg/hm²)	取样部位	取样时间(播种后天数)					
		20	27	45	57	70	100
50	根际	—	—	23.0±0.9b	21.0±0.8a	24.5±1.2a	24.4±0.5b
	非根际	18.1±0.9	21.0±0.6	26.5±0.7a	23.5±0.7a	26.8±1.5a	28.6±0.9a
100	根际	—	—	23.1±0.9b	20.7±0.7a	27.3±0.5b	23.6±0.4b
	非根际	20.5±0.9	21.7±1.0	26.5±0.9a	21.8±1.9a	29.6±0.5a	28.4±0.4a
300	根际	—	—	20.8±1.2a	19.5±1.1a	25.1±0.8a	23.0±0.8b
	非根际	19.6±0.6	20.4±0.9	24.1±2.0a	22.6±0.6a	27.0±1.7a	27.4±0.9a

平均值±标准误,n＝4;同一磷水平下数字后不同字母表示根际与非根际之间存在显著差异(P<0.05);—表示没有测定。

实验中获取土壤抽提液是在降雨或均匀灌溉后进行,经 6～8 h 平衡时间,用 30 mL 注射器负压抽取土壤溶液 8～12 h。土壤抽提液的 pH 变化如表 5-2 所示。实验地点土壤为北方石灰性土壤,获取的土壤溶液呈碱性,无论哪个时期测定的 pH 均维持在 7.8～8.2 之间,根际与非根际土壤溶液 pH 没有明显差别。随取样时间的推迟,土壤抽提液 pH 略微下降。

表 5-2　不同供磷条件下不同时间玉米根际与非根际土壤抽提液 pH 变化

施磷量/ (kg/hm²)	取样部位	取样时间(播种后天数)					
		20	27	45	57	70	100
50	根际	—	—	8.0±0.1a	8.2±0.1a	7.9±0.1a	7.8±0.01a
	非根际	8.2±0.1	7.9±0.1	7.9±0.1a	8.3±0.2a	7.9±0.1a	7.9±0.1a
100	根际	—	—	8.2±0.1a	8.2±0.1a	8.0±0.1a	8.0±0.1a
	非根际	8.0±0.1	7.8±0.1	8.0±0.1a	8.1±0.1b	7.9±0.1a	7.9±0.1a
300	根际	—	—	8.3±0.1a	8.2±0.1a	8.1±0.1a	8.0±0.1a
	非根际	8.2±0.1	8.0±0.1	8.1±0.1b	8.2±0.1a	8.0±0.1a	8.0±0.1a

平均值±标准误,n＝4;同一磷水平下数字后不同字母表示根际与非根际之间存在显著差异(P<0.05);—表示没有测定。

5.2.2.2　土壤浸提液与抽提液中 N_{min} 浓度的差异

表 5-3 和表 5-4 的结果表明,随着生长(施肥)时间的延长,无论根际还是非根际土壤,两种方法测定的土壤无机氮浓度均表现为逐渐降低趋势,但土壤抽提液中 N_{min} 的浓度变化远远大于浸提液中的 N_{min} 的浓度变化。

表 5-3　不同供磷条件下不同时间玉米根际与非根际土壤浸提液中无机氮浓度变化　　mg/kg

施磷量/ (kg/hm²)	取样 部位	取样时间(播种后天数)						
		15	20	27	45	57	70	100
50	根际	—	—	—	6.5±2.1b	7.2±0.4a	4.9±1.0a	5.8±0.8a
	非根际	17.3±2.7	12.8±0.8	11.9±0.6	12.7±1.9a	6.0±1.6a	6.1±0.8a	7.1±1.6a
100	根际	—	—	—	7.5±1.0a	7.4±1.8a	4.7±1.0a	4.9±0.4a
	非根际	16.0±3.5	16.8±3.4	13.3±0.6	5.4±0.6a	5.8±0.8a	6.4±1.8a	4.5±0.7a
300	根际	—	—	—	6.6±0.9a	6.3±1.2a	4.7±0.6a	4.6±0.6a
	非根际	17.5±0.3	16.3±1.7	11.4±2.5	5.2±1.0a	3.7±0.3a	4.7±0.6a	4.6±0.7a

平均值±标准误,$n=4$;同一磷水平下数字后不同字母表示根际与非根际之间存在显著差异($P<0.05$);—未测定。

表 5-4　不同供磷条件下不同时间玉米根际与非根际土壤抽提液中 $NO_3^- $-N 浓度变化　　mg/L

施磷量/ (kg/hm²)	取样 部位	取样时间(播种后天数)				
		20	27	45	70	100
50	根际	—	—	*	1.5±0.4a	3.7±0.7a
	非根际	235.5±13.0	118.4±14.4	14.5±3.1	2.4±1.2a	4.2±1.0a
100	根际	—	—	*	*	1.0±0.3a
	非根际	186.9±22.4	179.8±22.8	11.3±5.6	0.8±0.1	2.0±0.9a
300	根际	—	—	*	*	3.0±0.9a
	非根际	163.0±42.0	102.7±12.6	9.6±3.3	1.6±0.3	1.9±0.2a

平均值±标准误,$n=4$;同一磷水平下数字后不同字母表示根际与非根际之间存在显著差异($P<0.05$);—未测定,
* 未检测到。

植物吸收的有效态氮主要是 NO_3^- 和 NH_4^+ 两种。铵态氮容易被土壤颗粒固定,而硝态氮在土壤中移动性强,容易淋失。在北方干旱半干旱地区土壤溶液中,无机氮主要以硝态氮形式存在,土壤抽提溶液中无机氮也主要是 $NO_3^- $-N(表 5-4)。在植物获取养分的三种途径中,质流是给根系提供硝酸盐的主要途径(Baber,1995)。大田实验中,在播种后一个月内,土壤抽提液中的 N_{min} 浓度显著高于浸提液中的 N_{min} 浓度,播种 45 天时取样二者差异逐渐不明显,吐丝(70 天)至以后,抽提液中的 N_{min} 浓度反而大大低于浸提液中的 N_{min} 浓度(表 5-3 和表 5-4)。实验获取的主要是 10~15 cm 表层土壤中的土壤溶液。播种后一个月内,由于氮肥施入后不久,土壤抽提液中含有大量溶于水中的硝酸盐,而浸提的土壤 N_{min} 中尽管含有吸附于土壤颗粒表面及溶解于水中的交换性铵盐和硝酸盐等,但是吸附在土壤颗粒表面的 N_{min} 量远小于溶解于水中的 N_{min} 量,使得前期土壤抽提液中的 N_{min} 浓度明显高于浸提液中的 N_{min} 浓度。随着生长时间延长,经过植物大量吸收以及土壤微生物固定,土壤溶液中的 N_{min} 浓度大大降低,使得后期提取的土壤抽提液中的 N_{min} 浓度明显下降。

从根际与非根际土壤溶液的 N_{min} 浓度来看,由于植株的生长和吸收利用,拔节期至吐丝期(播种后 45~70 天)用土壤溶液抽提管获取的根际土壤溶液中几乎检测不到 $NO_3^- $-N 的存在,同时非根际土壤溶液中的 $NO_3^- $-N 浓度也很低。但用浸提法测定的根际与非根际土壤溶液的

N_{min} 浓度基本相同(表 5-3)。结果说明,用浸提法测定的土壤无机氮浓度结果更能反映土壤的供氮能力。

5.2.2.3　土壤浸提液与抽提液中速效磷浓度的差异

土壤浸提液与抽提液中的磷浓度均随施肥后时间的延长呈现不同程度的降低(表 5-5 和表 5-6),其中土壤抽提液中的磷浓度下降最为明显,在吐丝期(70 天)以后,施磷量为 50 kg/hm² 和 100 kg/hm² 的处理已经检测不到土壤抽提液中的磷(表 5-6),而用 Olsen 法测定的土壤浸提液中的速效磷浓度相对稳定(表 5-5)。其次,土壤浸提液中的速效磷浓度与供磷水平相关。施磷量越高,土壤浸提液中的速效磷浓度越高(表 5-5)。但土壤抽提液中的磷浓度不能很好反映供磷水平的差异(表 5-6)。由于施入的过磷酸钙溶解性较低,以及土壤中磷复杂的吸附与解吸附特性,使得土壤抽提液中的磷浓度普遍较低。

表 5-5　不同供磷条件下不同时间玉米根际与非根际土壤浸提液中速效磷浓度变化　　mg/kg

施磷量/(kg/hm²)	取样部位	取样时间(播种后天数)						
		15	20	27	45	57	70	100
50	根际	—	—	—	6.7±0.8a	7.7±0.6a	3.9±0.2a	4.0±0.2a
	非根际	6.4±1.4	7.8±0.3	7.2±0.7	9.4±2.2a	4.2±0.2b	4.3±0.5a	4.4±0.8a
100	根际	—	—	—	10.2±0.7a	10.4±0.3a	7.8±1.47a	8.0±1.15a
	非根际	16.1±4.6	17.1±0.3	15.1±3.1	13.5±2.5a	10.2±0.2a	11.2±6.1a	13.2±4.4a
300	根际				23.7±2.0a	25.3±3.3a	24.5±2.4a	17.9±4.6a
	非根际	29.0±4.6	29.9±4.7	30.3±7.0	28.3±4.1a	31.0±4.3a	29.5±4.0a	25.6±6.4a

平均值±标准误,n=4;同一磷水平下数字后不同字母表示根际与非根际之间存在显著差异($P<0.05$);—未测定。

表 5-6　不同供磷条件下不同时间玉米根际与非根际土壤抽提液中磷浓度变化　　mg/L

施磷量/(kg/hm²)	取样部位	取样时间(播种后天数)					
		20	27	45	57	70	100
50	根际	—	—	0.2±0.04a	0.02±0.004a	*	*
	非根际	0.7±0.1	0.2±0.03	0.04±0.01a	0.05±0.01a	*	*
100	根际	—	—	0.3±0.1a	0.05±0.01a	*	*
	非根际	1.2±0.2	0.3±0.08	0.04±0.01a	0.04±0.005a	*	*
300	根际			0.3±0.1a	0.05±0.009b	0.08±0.03	0.06±0.01a
	非根际	1.2±0.2	0.3±0.08	0.1±0.1a	0.1±0.009a	0.1±0.06a	0.09±0.04a

平均值±标准误,n=4;同一磷水平下数字后不同字母表示根际与非根际之间存在显著差异($P<0.05$);—未测定,* 未检测到。

通过离心分离获得土壤溶液,对其中的磷形态定量化研究发现,土壤溶液中含量最丰富的 Pi 形式为 $H_2PO_4^-$ 和 HPO_4^{2-},这两种形态的磷均可被植物和微生物利用,并且在土壤溶液中的比例会随着土壤 pH 的变化而变化。当 pH 为 6 时,这两种形态磷浓度的比例为 10,当 pH 为 8 时,二者比值为 0.1;当土壤溶液 pH 增加至 9.5 时,PO_4^{3-} 形态的磷出现在土壤溶液中,且土壤溶液中的成分比例变化较大的磷形态是 Po。卜玉山等(2003)用十种方法对土壤中速效磷的测定比较发现,水提取的磷(Water-P)与 NH_4Cl-P、Al-P 也达到极显著相关,但与 Fe-P、Ca-P 之间无明显相关性。通过测定有机肥当中的速效磷发现,H_2O、$NaHCO_3$ 逐级浸提的水溶性磷与水滤残渣易溶磷之和相当于 $NaHCO_3$ 单独浸提的易溶性磷,且 $NaHCO_3$ 单独浸提的易溶性磷远远高于水提取的速效磷(宋春萍,2008)。

5.2.2.4 土壤浸提液与抽提液中速效钾浓度的比较

表 5-7 与表 5-8 反映了播种后不同时期玉米根际与非根际土壤浸提液与抽提液中速效钾浓度的变化。其中抽提法只测定了施磷量为 50 kg/hm² 的根际与非根际土壤速效钾浓度变化。表 5-7 表明,非根际土壤浸提液中速效钾浓度在不同生育时期基本保持一致,不受供磷水平的影响,而且在播种 70 天前,根际的速效钾浓度低于非根际的值。但到 100 天时,根际土壤浸提液中速效钾浓度出现升高现象,这可能与植株体内钾素外排相关(详见 5.3)。

表 5-7 **不同供磷条件下不同时间玉米根际与非根际土壤浸提液中速效钾浓度变化** mg/kg

施磷量/ (kg/hm²)	取样部位	取样时间(播种后天数)						
		15	20	27	45	57	70	100
50	根际	—	—	—	67.4±1.6b	70.4±6.5a	72.3±1.4b	76.2±2.6a
	非根际	83.0±1.9	84.0±4.3	77.2±1.6	86.9±4.8a	80.1±2.6a	80.1±1.4a	76.2±2.6a
100	根际	—	—	—	77.2±3.9a	76.2±3.5a	72.3±5.2a	75.2±1.6a
	非根际	82.0±1.9	83.0±4.3	82.0±1.9	81.1±4.5a	76.2±2.6a	80.1±1.4a	71.3±1.6a
300	根际	—	—	—	67.4±3.6b	69.4±3.9b	69.4±3.9b	73.3±5.0a
	非根际	80.1±2.5	85.0±4.1	76.2±1.9	80.1±4.1a	76.2±2.6a	78.1±2.6a	72.3±2.6a

平均值±标准误,n=4;同一磷水平下数字后不同字母表示根际与非根际之间存在显著差异(P<0.05);—未测定。

表 5-8 **不同供磷条件下不同时间玉米根际与非根际土壤抽提液中速效钾浓度变化** mg/L

施磷量/ (kg/hm²)	取样部位	取样时间(播种后天数)					
		20	27	45	57	70	100
50	根际	—	0.6±0.1b	0.3±0.05b	0.4±0.04b	0.4±0.03b	
	非根际	5.3±1.2	3.2±0.6	1.4±0.2a	0.6±0.1a	1.3±0.2a	0.8±0.1a

平均值±标准误,n=4;同一磷水平下数字后不同字母表示根际与非根际之间存在显著差异(P<0.05);—未测定。

表 5-8 可以看到,土壤抽提液测定的速效钾浓度值很低,并且任何时期土壤抽提液中的速效钾浓度都远远低于土壤浸提液中的值,明显不能反映土壤的真实供钾能力。田间条件下,水溶性钾浓度较低,主要以交换性钾形式存在于土壤中,所以浸提液中的钾浓度高于抽提液中的钾浓度。鲁如坤等(1991)报道,太湖地区水稻土在水分饱和条件下土壤溶液中 K⁺ 浓度变化在 3.5~10 mg/L 之间。虽然交换性钾的测定已发展成为土壤钾肥的推荐施肥指标,但是前人也有很多研究证明,溶液中的钾是土壤供钾能力的敏感指标(Cassman et al.,1990,1992)。土壤环境中的钾素按其在土壤中存在的形态和对作物的有效性可分为矿物钾(难溶性钾)、缓效钾(非代换性钾)、速效钾(代换性钾+水溶性钾)(黄绍文,1995)。这几种形态的钾可以相互转化,处于动态平衡中。当土壤中的钾被作物吸收或经淋溶损失后,土壤表面吸附的钾就会向土壤溶液中转移;反之,当土壤施肥后,溶液中的速效钾浓度提高,就会向固相表面转移。相对而言,钾的固定比释放更慢一点(谢建昌,2000)。但杨振明(1998)等提出强烈的耗竭及作物根系的作用,很可能产生"激发效应"或"刺激作用"。使土壤交换性钾、缓效钾及矿物钾之间存在的并不是一个简单的平衡关系。

土壤速效养分是指土壤中易于被植物利用的养分。植物吸收的氮主要以 NO_3^- 和 NH_4^+ 的形态,磷主要以 $H_2PO_4^-$ 的形态,钾主要以钾离子的形态存在。作物生长吸收导致根际养分迅速消耗,土体土壤溶液与根际土壤溶液之间产生浓度梯度差,从而促使吸附在土壤颗粒表面的养分解析下来扩散至根系表面,因此养分的吸收速率取决于根系周围的土壤溶液浓度。尽管土壤水溶性(抽提液)的氮磷钾是植物吸收养分的直接来源,但其浓度受土壤含水量、土壤微生物活动等诸多因素的影响,变异性较大,不能准确反映土壤的供肥能力,其测定结果不能为施肥提供建议。

5.3　地上部氮磷钾累积与根际养分耗竭

植物根际可以定义为:在根系周围存在一个很窄的土壤区域,该区域的土壤理化性质以及微生物的活动都受到根系分泌的有机和无机物的影响(Hinsinger et al.,2009;Marschner, 2011)。在植物的不同生长时期,由于对养分和水分的吸收不同,导致根际养分浓度变化非常剧烈。由于植物生长过程中会吸收大量的氮素和钾素,因此根际的速效态氮和钾存在显著耗竭(Rao and Takkar,1997)。在施用铵态氮肥的情况下,播种后 40 天的玉米根际中观察到了 NH_4^+ 显著降低(Arienzo et al.,2004);在生长 17 天的根箱实验中,玉米根际中可交换性的钾也显著减少(Moritsuka et al.,2004)。由于植物的吸收,根际的磷也存在着明显的耗竭区域(Barber,1995)。缺磷的条件下,植物会通过改变根际的理化性质来获取更多的磷供植物生长,比如分泌 H^+ 或者 OH^- 以及其他有机离子(Bertrand et al.,1999;Hinsinger et al.,2005)。以往根际养分变化的研究主要是在室内进行,在根箱等根系生长密集的空间中容易产生土壤养分的耗竭。但是田间土壤中根系有充足的空间生长,有必要验证在室内试验中根际养分耗竭的现象是否在田间也存在。通过两年的田间实验,我们分析了玉米地上部氮磷钾累积和根际速效养分耗竭规律。

5.3.1　玉米地上部氮磷钾累积规律

在第 2 章和第 3 章中都提到,玉米在整个生育期内的氮磷钾累积并不同步。大约 65% 的氮和 55% 的磷的吸收发生于抽雄之前,而 92% 的钾在该时期吸收。在播种后 110～147 天,地上部的钾甚至出现了钾的净减少(表 5-9)。在烟草生长的后期,也观察到了植株体内钾的净减少现象(Zhao et al.,2010)。玉米在营养生长时期需要大量的氮磷钾来维持体内各器官的生长。然而在生殖生长时期,籽粒的发育以及养分的再转移占主导作用,同时,成熟期籽粒中钾

表 5-9　**2009 和 2010 年玉米地上部不同生育期氮磷钾累积以及最终氮磷钾吸收量**

年份	养分	生长时期					吸收总量/
		0～45 天	45～61 天	61～80 天	80～110 天	110～147 天	(kg/hm²)
	氮	25.2±3.0	41.1±4.3	67.1±6.0	57.5±11.8	10.8±21.7	201.7±15.0
2009	磷	4±0.4	7.1±0.7	8.6±0.9	12.5±2.2	3.4±3.7	35.5±3.1
	钾	19.1±3.9	45.8±6.4	45±3.7	19.5±10.0	−10.3±9.1	119.1±17.1
		0～50 天	50～78 天	78～105 天	105～154 天		
	氮	54.3±1.0	90.1±14.4	59.8±19.1	21.6±14.1		225.8±3.8
2010	磷	6.2±0.3	10.7±1.0	10.6±3.9	3.7±2.1		31.2±0.1
	钾	52.9±16.1	70.6±13.2	15.8±18.5	−13.6±7.7		125.7±3.0

的含量只占整株玉米钾含量的 30% 甚至更低,而氮和磷在籽粒中占的比例却高于 50%(表 4-9; Ning et al.,2012),这可能是导致后期钾素吸收减少的原因之一。同时,由于钾在细胞内以离子的形态存在,也使其在叶片和根系的衰老过程中,非常容易转移到根际土壤中。

5.3.2 根际和非根际土壤中氮磷钾浓度的动态变化

很多人对根际氮磷钾的耗竭规律进行了研究(Hinsinger,1998;Hinsinger et al.,2005; Marschner et al.,2006;Lambers et al.,2009)。植物吸收导致根际的速效氮的耗竭(图 5-1), 与速效氮的耗竭相似,许多室内研究都报道了根际磷钾的耗竭。然而在我们的实验中,并没有观察到田间玉米的根际速效磷钾的耗竭现象(图 5-1)。Arienzo 等(2004)的研究也没有观察到田间玉米根际磷的耗竭。由于植物对养分的吸收,根际应该存在一个磷的耗竭区域 (Barber,1995)。我们的实验没有观察到根际磷钾耗竭的可能原因是:①根表面磷、钾和硝态氮的耗竭的范围不同,一般磷的耗竭范围为 1 mm,钾的耗竭范围为 5 mm,而硝态氮的耗竭范围超过 10 mm(Hinsintger et al.,2009)。尽管我们收集根际土壤的方法是常用的田间根际土

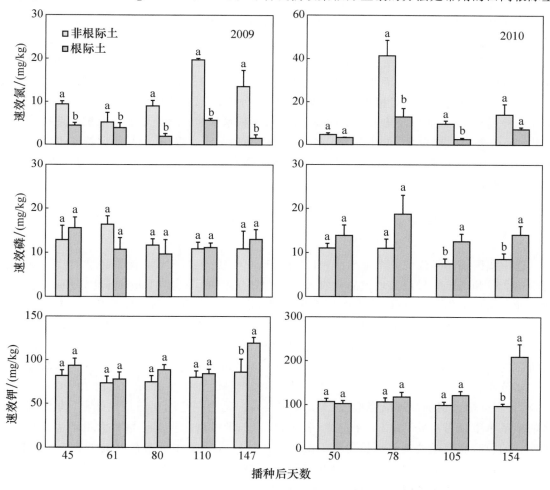

图 5-1 **2009 和 2010 年玉米根际和非根际土速效氮磷钾浓度的比较**

153

采集方法,但是该方法本身存在较大缺陷,导致其精确程度远远不如根箱的研究。所收集的根际土中可能会包含部分的非根际土,致使根际土壤中的无机磷钾浓度偏高;②田间收集的是玉米整个根系的根际土,然而一般磷和钾的耗竭只发生在幼根和细根表面。此外,收集的根际土中不可避免含有一些肉眼难以区分的细根和根毛,这些根系组织中含较高浓度的磷和钾,都有可能掩盖幼根和细根表面的磷和钾耗竭。

播种后 110～147 天玉米地上部的钾含量出现了净减少(表 5-9),同时观察到与非根际土相比,根际土壤中的速效钾浓度有所增加(图 5-1),说明了钾素在生殖生长期可能由地上部向根系转移。烟草打顶促进了叶片衰老,同时也导致了钾素从地上部向根系转移(Zhao et al.,2010)。使用同位素^{86}Rb 进行研究,在烟草中同样检测到了^{86}Rb 向根系转移(Yang and Jin,2001)。此外,生育后期根系的衰老也会导致脱落根系中的钾残留在根际土壤。

5.4 不同年代玉米根系空间分布差异与养分吸收的关系

植株对养分的吸收,一方面需要根系对土壤养分盈亏做出及时响应,另一方面也受到矿质元素向根表迁移的影响(White et al.,2013a;Jungk,2002),如硝酸盐在土壤剖面中具有很强的移动性,而磷和钾在土壤中扩散系数较低、移动性较差。针对水分、养分资源的时间、空间变异特征,已有不少学者提出了理想玉米根系构型(Lynch,2013;White et al.,2013b)。可见,良好的根系生长及空间分布对植株吸收土壤水分、养分等资源至关重要(White et al.,2013b);但在育种过程中,人们更多地关注植株地上部特征,根系性状一直处于非定向被动选择。即便如此,York 等(2015)发现,在过去 100 多年的玉米品种选育过程中,根系表型特征也做出了竞争氮素的适应性改变。因此,研究不同年代玉米根系空间分布差异及与土壤养分吸收的关系,对玉米根系选育具有重要指导意义。

5.4.1 不同年代玉米根系在土壤中的空间分布特征及差异

选用我国不同年代的 6 个玉米品种(20 世纪 50 年代的白马牙和金皇后、20 世纪 70 年代的中单 2 号和唐抗 5 号以及现代品种农大 108 和郑单 958),采取 Monolith 法,分别在玉米吐丝期和成熟期采集 0～60 cm 土层中根系和土壤样品,研究品种之间在根系及养分空间分布方面的差异。Monolith 法是田间研究根系空间分布的有效方法之一(具体参见第 2 章 2.2 节)。

由于受施肥、有机质矿化、根系分泌、植株残体腐解等因素的影响,在农田土壤中,作物生长所需的大量、微量矿质元素主要富集在表层 0～30 cm 土壤中。与此一致,各玉米品种的根系主要分布在 0～30 cm 土层中(吐丝期超过 80%、成熟期 54%～80%);而在 30～60 cm 土层中,根长密度随土层加深逐渐降低(图 5-2,表 5-10)。无论在吐丝期还是成熟期,约 90% 或更多的根系干重分布在 0～30 cm 土层中(表 5-11)。玉米根系在表层土壤中大量增生有利于矿质养分的吸收和满足地上部生长需求。在水平方向上,根系集中分布在以植株茎基部为中心、半径为 0～20 cm 的土壤范围内,距离植株越远,根长密度越低(图 5-2);不同品种根系在水平方向上的分配比例相似(P>0.05)。

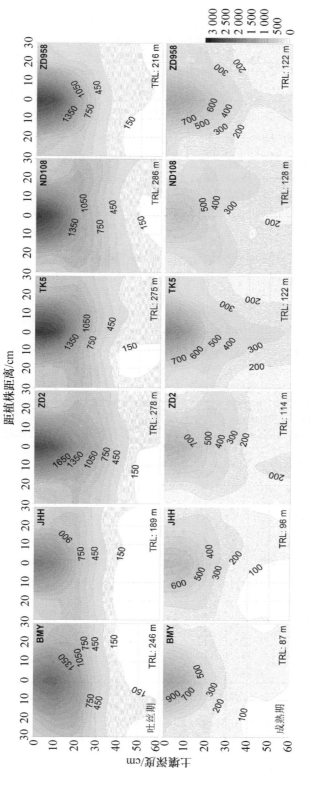

图5-2 不同年代玉米吐丝期（上六图）和成熟期（下六图）根长密度（cm/3 000 cm³）的空间分布（彩图5-2）

1950s品种：白马牙（BMY）和金皇后（JHH）；1970s品种：中单2号（ZD2）和唐抗5号（TK5）；现代品种：农大108（ND108）和

郑单958（ZD958）。右下角为60 cm×30 cm×60 cm土体中总根长。

155

表 5-10　不同年代玉米吐丝期和成熟期在 0～30 cm 和 30～60 cm 土层中的根长分布

品种	2009-吐丝期		2009-成熟期		2010-吐丝期		2010-成熟期	
	0～30 cm	30～60 cm	0～30 cm	30～60 cm	0～30 cm	30～60 cm	0～30 cm	30～60 cm
根长/(m/株)								
白马牙	216a	31bc	67b	20c	218a	36ab	55b	23cd
金皇后	168a	21c	75b	21c	210a	25b	73ab	16d
中单 2 号	226a	52ab	81ab	33ab	282a	53a	94ab	30bc
唐抗 5 号	231a	44abc	109a	42a	256a	44ab	85ab	36b
农大 108	229a	57a	83ab	43a	266a	36ab	77ab	59a
郑单 958	185a	30abc	93ab	28bc	256a	33b	110a	23cd
根长分布/%								
白马牙	86.5	11.3	79.6	20.4	86.2	13.8	73.0	27.0
金皇后	89.2	10.8	77.9	22.1	90.0	10.0	79.8	20.2
中单 2 号	82.2	17.8	71.0	29.0	83.5	16.5	77.6	22.4
唐抗 5 号	83.9	16.1	72.2	27.8	85.8	14.2	71.0	29.0
农大 108	79.9	20.1	65.8	34.2	88.1	11.9	54.1	45.9
郑单 958	84.9	15.1	76.6	23.4	88.0	12.0	79.9	20.1

表格中同一列不同字母代表品种之间差异达到显著水平($P<0.05$)

表 5-11　不同年代玉米吐丝期和成熟期在 0～30 cm 和 30～60 cm 土层中的根重分布

品种	2009-吐丝期		2009-成熟期		2010-吐丝期		2010-成熟期	
	0～30 cm	30～60 cm	0～30 cm	30～60 cm	0～30 cm	30～60 cm	0～30 cm	30～60 cm
根系干重/(g/株)								
白马牙	10.4bc	0.5bc	5.7b	0.4c	11.7b	0.9bc	6.6b	0.4cd
金皇后	8.1c	0.4c	5.5b	0.4c	9.5c	0.6c	7.8b	0.3d
中单 2 号	9.3bc	1.1ab	7.5b	0.7bc	10.6bc	1.4a	10.9a	1.2ab
唐抗 5 号	10.8bc	1.1ab	11.6a	1.3a	11.0bc	1.2ab	11.2a	1.0abc
农大 108	15.8a	1.5a	11.0a	1.1ab	17.3a	1.0abc	12.8a	1.6a
郑单 958	12.0b	0.7bc	10.8a	0.8bc	11.9b	0.9bc	11.3a	0.7bcd
根系干重分布/%								
白马牙	94.9	5.1	94.9	5.1	92.9	7.1	93.5	6.5
金皇后	95.6	4.4	95.5	4.5	94.2	5.8	96.0	4.0
中单 2 号	89.8	10.2	89.3	10.7	88.1	11.9	90.6	9.4
唐抗 5 号	91.2	8.8	88.7	11.3	90.3	9.7	91.5	8.5
农大 108	91.3	8.7	90.0	10.0	94.6	5.4	88.9	11.1
郑单 958	94.4	5.6	94.4	5.6	93.0	7.0	94.0	6.0

表格中同一列不同字母代表品种之间差异达到显著水平($P<0.05$)

　　在吐丝期,不同年代玉米的总根长及根长纵向分布类似(图 5-2,表 5-10)。然而,从吐丝期至成熟期,白马牙与金皇后、中单 2 号与唐抗 5 号、农大 108 与郑单 958 玉米的总根长分别平均降低了 62%、58%、53%(表 5-10),表明老品种比新品种在吐丝后总根长损失更多。这可能是由于新品种吐丝后根系衰老缓慢(王空军等,1999)或新生根系增长较多共同所致,尤其是在 0～30 cm 土层中。因此,在成熟期,新品种在 0～30 cm 和 30～60 cm 土层中的根长密度大于老品种,0～60 cm 土体中总根长也明显较长。与老品种相比,新品种在吐丝后需要更多的矿质养分,根系衰老缓慢或新根增生有助于吐丝后养分的吸收(Ma and Dwyer,1998;Henry and Raper,1991)。同时,新品种的持绿度增加,有利于更多的碳水化合物向根系分配,促进根系生长。良好的根系生长反过来促进养分的吸收,获得较高产量。与此一致,氮、磷、钾养分吸收量、产量均与成熟期保留的总根长呈线性正相关关系(图 5-3),间接表明玉米吐丝后根系衰老缓慢,有利于吸收更多的养分。

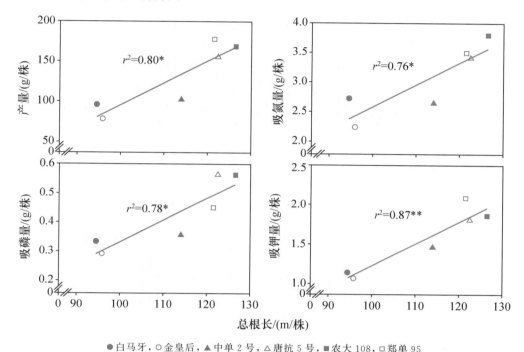

●白马牙,○金皇后,▲中单 2 号,△唐抗 5 号,■农大 108,□郑单 95

图 5-3　不同年代玉米成熟期籽粒产量、吸氮量、吸磷量、吸钾量与总根长之间的关系

＊,$P<0.05$;＊＊,$P<0.01$

与老品种白马牙和金皇后相比,新品种(尤其是农大 108)成熟期在 30～60 cm 土层中根系长度及分配比例明显增加,表明新品种吐丝后根系下扎较深,在下层土壤中分布较多(图 5-2;表 5-10)。通过模型研究,Hammer 等(2009)也提出现代品种根系较深,能够获取更多的水分,是促进美国玉米带产量增加的一个关键因素。玉米根系的下扎深度很大限度上决定于轴根(尤其是地下节根)的角度(Lynch,2013;Trachsel et al.,2013)。York 等(2015)通过比较过去 100 年来的 16 个美国玉米品种,认为地下节根角度变陡利于截获水分和淋洗的硝酸盐,地上节根变浅利于表层土壤资源的获取,基本与"Steep,Cheap,and Deep"构型类似(Lynch,2013)。多数学者一致认为深根系有利于水分、硝酸盐的截获(Lynch,2013;Hammer et al.,2009)。

对于根系干重,无论在吐丝期还是成熟期,均表现为新品种大于老品种。从吐丝期至成熟期,各品种根系干重降低了-8%～43%,小于根长的降低幅度,而且老品种下降较多(表 5-11)。在吐丝期,尽管新品种比老品种根系生物量大,但二者总根长及根长在各土层中的纵向分布无明显差异(图 5-2,表 5-10),这与新品种的比根长值(单位根重的根系长度,m/g)较低一致(图

5-4),表明新品种根系中粗根所占比例较高(Chen et al.,2014)。而在根系的生长过程中,粗根系具有一定优势,比如增加竞争碳水化合物的能力、根系生长速率、水分的运输、根系穿透力、抗倒伏能力等(Hund et al.,2009;Kato et al.,2006;Chandra et al.,2001;Ennos,1991)。

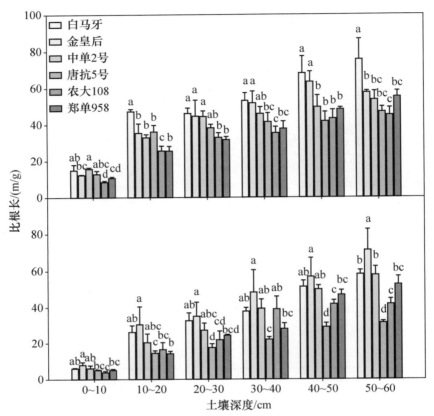

图 5-4　不同年代玉米吐丝期和成熟期每 10 cm 土层中根系的比根长差异比较($P<0.05$)

5.4.2　玉米根系空间分布与土壤氮磷钾速效养分分布的关系

无论在吐丝期还是成熟期,土壤 N_{min}、Olsen-P、速效钾的浓度在表层土壤中较高,随土层深度增加而逐渐降低(图 5-5 至图 5-7)。土壤 N_{min} 浓度与根长密度呈负相关,在根系分布最密集处 N_{min} 浓度最低,尤其是在 0～20 cm 土层中(图 5-2,图 5-5)。表明根系大小和空间分布对土壤剖面中矿质元素的吸收十分重要,不仅对吸收土壤中移动性差的元素如磷和钾重要,同样对吸收移动性强的硝酸盐也重要。在吐丝期和成熟期,新品种(农大 108 和郑单 958)生长的土壤中 N_{min} 总残留量明显低于老品种(图 5-5,$P<0.05$),这与新品种较高的氮素吸收量一致。

与 N_{min} 的变化不同,在吐丝期和成熟期,不同品种玉米各土层中根长密度与土壤速效磷或速效钾无明显相关性(图 5-2;图 5-6;图 5-7)。每一土层中根长密度和 N_{min} 浓度的空间变异明显大于速效磷和速效钾的变异(图 5-8)。例如,各土层中根长密度和 N_{min} 的变异系数分别高达 53%～113% 和 76%～106%,而速效钾的变异最小,为 20%～31%。与老品种相比,尽管新品种对磷和钾的吸收量较高,但土壤中速效磷和速效钾的残留量无明显差异。以单个根系为单

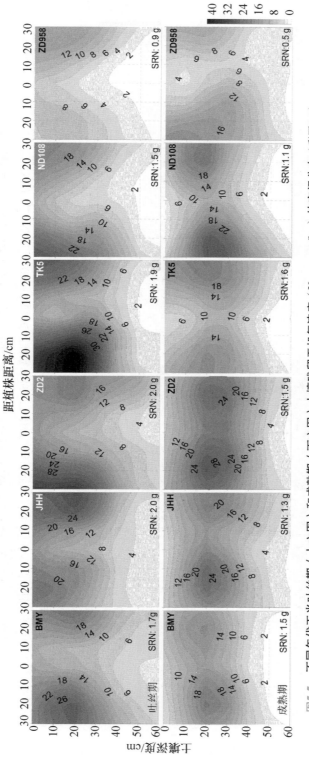

图5-5　不同年代玉米吐丝期（上六图）和成熟期（下六图）土壤残留无机氮浓度（N_{min}, **mg/kg**）的空间分布（彩图5-5）

1950s品种：白马牙（BMY）和金皇后（JHH）；1970s品种：中单2号（ZD2）和唐抗5号（TK5）；

现代品种：农大108（ND108）和郑单958（ZD958）。右下角为60 cm×30 cm×60 cm土体中残留无机氮总量。

159

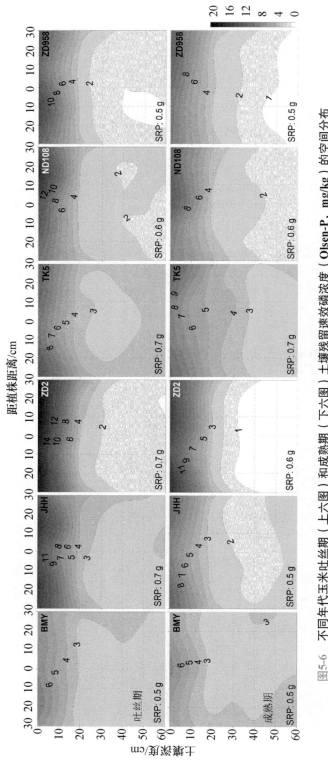

图5-6 不同年代玉米吐丝期（上六图）和成熟期（下六图）土壤残留速效磷浓度（Olsen-P, mg/kg）的空间分布

1950s品种：白马牙（BMY）和金皇后（JHH）；1970s品种：中单2号（ZD2）和唐抗5号（TK5）；

现代品种：农大108（ND108）和郑单958（ZD958）。左下角为60 cm×30 cm×60 cm土体中残留速效磷总量。

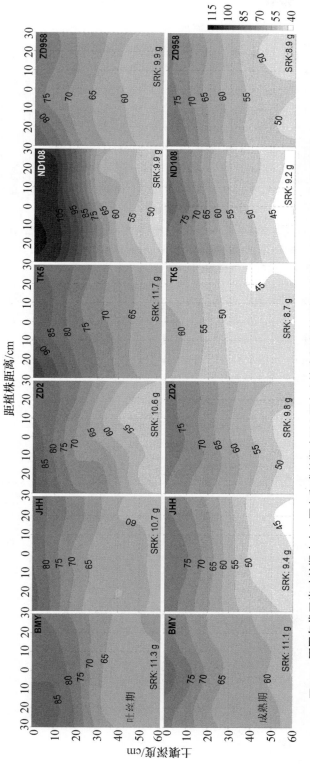

图5-7　不同年代玉米吐丝期（上六图）和成熟期（下六图）土壤残留速效钾浓度（Olsen-K，mg/kg）的空间分布

1950s品种：白马牙（BMY）和金皇后（JHH）；1970s品种：中单2号（ZD2）和唐抗5号（TK5）；

现代品种：农大108（ND108）和郑单958（ZD958）。右下角为60 cm×30 cm×60 cm土体中残留速效钾总量。

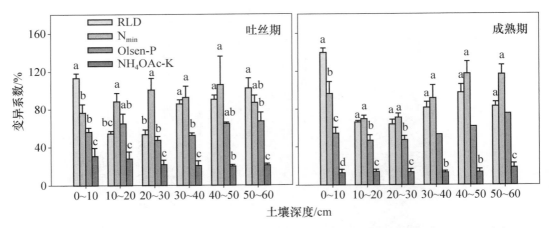

图 5-8　玉米吐丝期和成熟期根长密度(RLD)、土壤无机氮(N_{min})浓度、速效磷(Olsen-P)浓度、
速效钾(NH_4OAc-K)浓度在每 10 cm 土层中的变异系数

图中不同字母表示根长密度与速效养分浓度变异系数的差异显著($P<0.05$)

位,根表硝酸盐的耗竭要明显小于磷和钾(Jungk,2002;Barber,1995)。然而,若从根层土壤(如本实验中)的角度考虑,与根长密度和土壤 N_{min} 相比,速效磷和速效钾均未出现明显耗竭。因而,各层土壤中 N_{min} 浓度的空间变异显著高于速效磷和速效钾。这很有可能与速效磷和速效钾的耗竭区域窄,而 Monilith 法取得的土块儿体积过大,导致磷和钾的变异被掩盖、弱化有关。或者,与施肥量相比,氮素比磷和钾的相对吸收量较多。

5.5　玉米根鞘形成与功能

将生长在土壤中的玉米挖出,轻轻摇晃根系后,会发现根尖长 3～5 cm 为白色裸露的部分,向上较长一段的根表面紧紧附着土壤,土壤颗粒与根表及根毛相互黏附、缠绕形成的坚硬土鞘称为根鞘(rhizosheath)(Wullstein and Pratt,1981)(图 5-9)。20 世纪 80 年代开始,澳大利亚的 McCully 等(1995,1999)对玉米根鞘的形成、结构及功能等进行了深入研究。根鞘首

图 5-9　土壤中拔出的玉米(左)和小麦(右)根系(示根鞘)(彩插 5-9)

先是在沙漠禾本科植物上发现的,后来在沙漠非禾本科单子叶植物(Dodd et al.,1984)、禾本科植物(Wullstein and Pratt,1981)、中生植物禾谷类如陆生黍、玉米、高粱(Vermeer and Mc-Cully,1982;McCully and Canny,1988)根上都观察到了根鞘的存在。

5.5.1 植物根鞘的生理功能及生态意义

根鞘的形成是植物与土壤相互作用的典型例证。根鞘更接近根表,直接受根系活动的影响,适合作为研究根土界面的模型。根鞘中还包括有微生物、细胞脱落物等,对了解根际生物互作有重要价值。根鞘具有种间差异性以及其他不同于根际土壤的特征,所以不能将根鞘与根际等同或混淆,有必要将其作为一个特殊土壤的微域单独研究。

根鞘具有多种生理和生态功能:①提高根系防风固沙和耐地表高温的能力,减少流沙对根系摩擦的损伤(买买提,1990);②抗旱、保湿、贮水,提高根系水导度,即使部分根系因受大风暴的侵袭而裸露于沙面之上,植株也不会死亡(Bristow et al.,1985;Wang et al.,1991;North and Nobel,1992;Huang et al.,1993;Gretchen and Park,1997;Taleisnik et al.,1999);③增强根系对松散沙化基质的固着,提高植物抗倒伏能力(Ennos,1991;Verma et al.,2005),同时稳定土壤结构(Amal et al.,2004;Bhatnagar and Bhatnagar,2005),固定沙丘和减轻水土流失;④根鞘的稳定存在扩大了植物根系与土壤的接触面积,有利于植株对水分和养分的吸收(Watt et al.,1994),并在根与土壤颗粒之间形成连续的水膜,促进根系在干旱环境下对 Zn、Fe 等营养元素的活化和吸收(Nambiar,1976;Grimal et al.,2001);⑤增加土壤有机质含量,增加根际有益微生物(如可分解磷的微生物和联合固氮微生物)的数量;⑥把有害离子固着在易受损伤的根尖之外,从而减轻诸如三价铝、二价镉等离子对根尖分生组织的毒害(Morel et al.,1986),同时可以通过固定病原真菌游离的孢子来阻挡有害微生物的侵袭(Hinch and Clarke,1980;Irving and Grant,1984;Sivasithamparam and Parker,1979),保护根尖免受病害的侵袭(杨震宇,2006)。

作为根鞘以及根分泌物的重要组成部分,根冠黏液对微生物的影响不容忽视。黏液物质不仅通过改变土壤理化特性影响微生物的生存环境,由于根冠黏液的主要成分是多糖,从而为微生物生长提供了碳源。这些黏液不仅为土壤微生物的生长提供了特殊的环境,同时也为游动孢子的发育与附着提供了场所,促进了根鞘内特征微生物的大量繁殖,这些微生物在种类、数量上与土体微生物有着显著差别。例如,根鞘内的固氮微生物数量显著增加,这是由于植物及微生物的分泌物为固氮微生物提供了能量,且黏液物质刺激了固氮微生物的生成并增加其活性。植物根系如何通过黏液和分泌物的分泌与微生物之间互惠互利,值得进一步研究。

5.5.2 单子叶禾本科植物形成根鞘的普遍性

根鞘首先是在沙漠禾本科植物上发现的,后来在沙漠非禾本科单子叶植物(Dodd et al.,1984)、禾本科植物(Wullstein and Pratt,1981)、中生植物禾谷类如陆生黍、玉米、高粱(Vermeer and McCully,1982;McCully and Canny,1988)根系上都观察到了根鞘的存在。Bailey 和 Scholes(1997)调查了 130 种野生禾本科植物,发现其中有 107 种植物能够形成根鞘,表明禾本科单子叶植物形成根鞘是一种普遍现象。通过在田间条件下对多种双子叶、禾本科及非禾本科单子叶植物的观察发现,只有禾本科单子叶植物能够形成根鞘,且并非只在干旱条件下才能够形成。在室内用根箱培养的玉米,即使将土壤与根系用尼龙网隔开,也能在根系生长经过的尼龙网的另一面上黏合土壤颗粒,证明了玉米根系黏合土壤形成根鞘的能力。

5.5.3 根鞘形成的可能机理

植株根系以及根际微生物分泌的黏液与土壤颗粒相互作用,形成根鞘(Peterson and Farquhar,1996),其中包含着重要的化学作用及生物的和物理的作用,根鞘的形成既与植物自身有关,又与其生长的微土域理化性质及气候等环境因素相关。

研究表明,根鞘的形成与根尖表面的黏液对土壤颗粒的黏结作用有着直接的关系。黏液是指植物根尖、根边缘细胞(root border cells)和根际微生物分泌的黏胶物质,根表尤其是根冠区为黏液所包被,它对植物有多种生物功能,包括保护根尖免受机械损伤,作为根系穿插土壤的润滑剂,增加根际土壤团聚体的数量特别在干旱条件下改善土壤与根系的接触等(Marschner,2011)。但为什么只有禾本科单子叶植物形成根鞘? McCully研究小组发现,玉米根鞘中有一些根边缘细胞及土壤微生物,认为根边缘细胞的数量及根冠细胞(包括根边缘细胞)和土壤微生物分泌的黏液控制着根鞘的形成(Vermeer and McCully,1982;McCully,1999)。但最新的研究发现,玉米的根冠的边缘细胞数量远远低于豆科植物的根边缘细胞数量(Pan et al.,2002),但豆科植物并不能形成明显的根鞘,说明根边缘细胞与禾本科植物根鞘形成无直接关系。

5.5.4 玉米生育期内根鞘的形成规律

田间条件下,在玉米生育期的3叶期、6叶期、8叶期、播种后6周、10叶期、12叶期、抽雄期、灌浆期和成熟期共取样9次。测定根系的根鞘土干重/根干重。图5-10中结果表明,根鞘形成伴随玉米生长一生,并不是在某一特殊生长发育阶段特有的根系特征。随着玉米根系的发生,成熟和死亡,根鞘结构也经历同样的过程。根鞘的形成与植株生长发育阶段相关,在拔

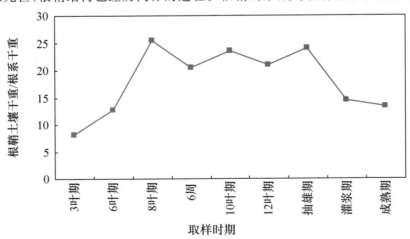

图5-10 玉米不同生长发育阶段根鞘土壤干重/根系干重比值变化

节开始后至抽雄期,根鞘的土壤干重/根系干重比值最高。

5.5.5 玉米不同轮次节根的根鞘、根际和原土体土壤中无机氮浓度和微量元素浓度

根鞘是与根际不同土壤的区域(Hinsinger et al.,2005)。根鞘最接近根表,与根系相互作用最强,但关于根鞘对其土壤中矿质养分有效性以及根系吸收矿质养分的影响未见系统报道。本节比较玉米根鞘土、根际土及土体土的土壤质地和土壤养分有效性。

两次取样时期(抽雄期和成熟期)相比,土壤整体 N_{min} 浓度随生长时间延长有所下降。在抽雄期,玉米土体土的 N_{min} 浓度为 20 mg/kg 左右,到了成熟期下降至 $10\sim15$ mg/kg。无论是抽雄期还是成熟期,根鞘土的 N_{min} 浓度远远高于根际土和土体土的 N_{min} 值。在抽雄期,第 $7\sim$ 5 轮节根的根际土 N_{min} 浓度显著低于土体土,而较早发生的节根(其余节根)的根际土 N_{min} 浓度却显著高于土体土。在成熟期,玉米所有轮次根系的根际土 N_{min} 浓度都显著高于土体中的浓度(图 5-11)。

一年生禾本科植物 *Avena barbata* 在温室培养,其根际土中总氮矿化速率高于土体土十

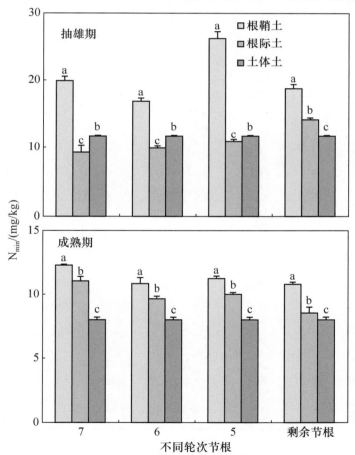

图 5-11 玉米抽雄期、成熟期不同轮次节根的根鞘土、根际土、土体土中的 N_{min} 浓度比较

柱形上方误差线表示 SE($n=3$)。图内相同字母表示不同处理之间差异不显著($P<0.05$)

165

倍以上(Herman et al.,2006),表明植物根系活动能刺激周围土壤中氮的矿化。根鞘内有根系分泌的黏液可以作为微生物的碳源(Nannipieri et al.,2003)。微生物与植物相比能优先利用土壤中的氮,因为微生物有酶解能力并且能够利用土壤中大分子的有机氮。Herman 认为,根际微生物数量的增加以及微生物群落组成发生变化能够解释根际氮素矿化速率增加。微生物-根系相互作用能够在很大程度上加速氮从有机态到植物可以利用的有效态的转化。

由表 5-12 结果可以看到,在抽雄期,根鞘土中的 Fe 浓度显著高于根际土和土体土的数值,而在成熟期,各轮次节根的各部分土壤中 Fe 浓度没有差异。而 Mn 元素则不同,在抽雄期各轮次节根根鞘内的 Mn 浓度低于根际土和土体土,而在成熟期,第 6、7 轮节根的根鞘土内 Mn 浓度要高于根际土与土体土的数值。不同轮次节根的不同来源土壤中的 Cu、Zn 浓度没有差异。

表 5-12　玉米抽雄期和成熟期不同轮次节根上根鞘土、根际土、土体土中微量元素 Fe、Mn、Cu、Zn 浓度

取样时间	节根轮层	土壤来源	浓度/(mg/kg)			
			Fe	Mn	Cu	Zn
抽雄期	7	根鞘	18.9a	16.9c	11.1a	0.8a
		根际	16.2b	19.5b	10.2b	1.0a
		土体	14.9b	21.1a	9.8b	0.8a
	6	根鞘	15.9a	13.3b	9.6a	0.8a
		根际	15.7a	21.2a	9.4a	1.1a
		土体	14.9b	21.1a	9.8a	0.8a
	5	根鞘	17.6a	18.9b	10.3a	1.2a
		根际	15.3b	13.3c	9.6a	0.8a
		土体	14.9b	21.1a	9.8a	0.8a
	剩余节根	根鞘	17.2a	20.2a	9.2a	1.0a
		根际	15.2b	14.4b	9.9a	0.8a
		土体	14.9b	21.1a	9.8a	0.8a
成熟期	7	根鞘	17.3a	22.9a	13.7a	1.2a
		根际	16.8a	20.4b	11.0b	0.9a
		土体	15.2b	19.2b	11.1b	0.9a
	6	根鞘	15.9b	22.9a	14.1a	1.2a
		根际	18.0a	22.4a	12.6a	1.0a
		土体	15.2b	19.2b	11.1b	0.9b
	5	根鞘	15.1b	18.8b	11.0	0.9a
		根际	17.6a	21.1a	11.7a	1.0a
		土体	15.2b	19.2a	11.1a	0.9a
	剩余节根	根鞘	15.2a	18.2a	11.1a	0.9a
		根际	16.3a	19.1a	11.5a	0.9a
		土体	15.2a	19.2a	11.1a	0.9a

每栏中相同字母表示不同土壤来源之间差异不显著($P < 0.05$)

5.5.6　根鞘形成对土壤粒径分布和 pH 的影响

采用激光粒度分析仪测定田间实验中收获的不同轮次节根根表的根鞘土、根际土和土体土的粒径,将粒径等级划分为三等级:<0.35 mm,0.35～1 mm,1～2 mm。大约 90% 以上的土粒组分都是最细组分<0.35 mm,其中根鞘土的最细组分<0.35 mm 所占的比例最高,相应 0.35～1 mm 和 1～2 mm 的比例低于根际土与土体土(表 5-13)。三个来源的土壤相比,根鞘土最细,根际土次之,土体土最粗。结果表明,根鞘的形成使得土壤质地变细。

表 5-13　玉米抽雄期和成熟期不同轮次节根上根鞘土、根际土和原土体土的土壤粒径分布比较

取样时间	节根轮层	土壤来源	不同土壤粒级所占比重/%		
			<0.35 mm	0.35～1 mm	1～2 mm
抽雄期	7	根鞘	93.4a	1.6b	5.0b
		根际	93.3a	1.0c	5.7b
		土体	90.1b	2.5a	7.4a
	6	根鞘	94.0a	0.5c	5.5b
		根际	91.3b	1.4b	7.3a
		土体	90.1b	2.5a	7.4a
	5	根鞘	94.6a	0.6b	4.8b
		根际	90.8b	2.2a	7.0a
		土体	90.1b	2.5a	7.4a
	剩余节根	根鞘	94.6a	1.7b	3.6b
		根际	90.4b	2.6a	7.0a
		土体	90.1b	2.5a	7.4a
成熟期	7	根鞘	93.4a	1.6b	5.0b
		根际	93.3a	1.0c	5.7b
		土体	88.7c	3.1a	8.3a
	6	根鞘	94.0a	0.5b	5.5b
		根际	91.1b	1.5b	7.4a
		土体	88.7c	3.1a	8.3a
	5	根鞘	94.6a	0.6b	4.8b
		根际	90.8b	2.2a	7.0a
		土体	88.7c	3.1a	8.3a
	剩余节根	根鞘	94.6a	1.7b	3.6b
		根际	90.4b	2.6a	7.0a
		土体	88.7c	3.1a	8.3a

每栏中相同字母表示不同土壤来源之间差异不显著($P<0.05$)

根系和根际微生物活动是影响土壤形成、发育的主要因素(Hinsinger et al.,2005;Gregory,2006;Lambers et al.,2009)。其中包括根系吸收水分、养分的生命活动,根系呼吸作用,根系及微生物分泌的有机酸及螯合物。此外,根系生长过程中通过物理作用以及干湿交替作用影响土壤岩石的风化(Gregory,2006)。受根系影响的根际土由于植物蒸腾作用,土壤发生昼夜

干湿交替(Horn and Dexter,1989;Czarnes, et al.,2000)。由于根鞘土最接近根表,根系活动对根鞘土的影响比对根际土的影响更显著,可能是根鞘土粒径更细的最主要原因。

抽雄期和成熟期的测定结果都表明,三部分土壤相比,各轮次节根的根鞘土 pH 最低,根际土 pH 次之,土体土的 pH 最高(表 5-14)。表明距根表越近,受根系活动的影响越剧烈,土壤的 pH 越低。已知生态系统中的主要盐基离子如钙、镁、钾、钠等的有效性受一系列与氮相关的因素影响,包括施肥、大气氮沉降、硝酸盐淋洗以及吸收和在植物体中的滞留(Lucas et al.,2011)。施用氮肥促进植物对盐基离子吸收,并储藏在植物体中(Elvir et al.,2006;Vitousek and Howarth,1991)。植物对盐基离子的吸收会导致大量质子的排放,因而会导致土壤酸化(Guo et al.,2010)。表 5-14 中的结果支持施用氮肥会导致土壤酸化的结论。

表 5-14　玉米抽雄期、成熟期外层三轮节根及剩余节根根鞘土、根际土和土体土土壤 pH 比较

取样时间	节根轮层	土壤来源	pH	取样时间	节根轮层	土壤来源	pH
	7	根鞘	7.7		7	根鞘	7.9
		根际	8.0			根际	7.9
		土体	8.1			土体	8.0
	6	根鞘	7.6		6	根鞘	7.8
		根际	8.0			根际	7.9
抽雄期		土体	8.1	成熟期		土体	8.0
	5	根鞘	7.5		5	根鞘	7.9
		根际	7.9			根际	8.0
		土体	8.1			土体	8.0
	剩余节根	根鞘	7.9		剩余节根	根鞘	8.0
		根际	8.0			根际	8.1
		土体	8.1			土体	8.0

参考文献

[1]鲍士旦.2005.土壤农化分析.北京:中国农业出版社.

[2]卜玉山,Magdoff F R.2003.十种土壤有效磷测定方法的比较.土壤学报,40(1):140-146.

[3]黄绍文,金继运.1995.土壤钾素形态及植物有效性研究进展.土壤肥料,(5):23-29.

[4]鲁如坤,顾益初.1991.太湖地区水稻土土壤溶液的养分含量和养分供应机理.土壤肥料,3:32-33.

[5]宋春萍,徐爱国,张维理,等.2008.有机肥水溶性磷与易溶性磷的研究.安徽农业科学,36(1):242-243.

[6]王空军,胡昌浩,董树亭,等.1999.我国不同年代玉米品种开始吐丝后叶片保护酶活性及膜脂过氧化作用的演进.作物学报,25(6):700-706.

[7]谢建昌.2000.钾与中国农业.南京:河海大学出版社.

[8]杨振明,王波,鲍士旦,等.1998.耗竭条件下冬小麦的吸钾特点及其对土壤不同形态钾的

利用.植物营养与肥料学报,4(1):43-49.

[9]Amal A,Wafaa M A,Fayez M, et al. 2004. Rhizosheath of Sinai desert plants is apotential repository for associative diazotrophs. Microbiological Research,159:285-293.

[10]Arienzo M,Meo V D,Adamo P, et al. 2004. Investigation by electro-ultrafiltration on N and P distribution in rhizosphere and bulk soil of field-grown corn. Australion Journal of Soil Research,42:49-57.

[11]Bailey C,Scholes M. 1997. Rhizosheath occurrence in South African grasses. South African Journal of Botany,63:484-490.

[12]Barber S A. 1995. Soil nutrient bioavailability:A mechanistic approach,3rd edition. New York:John Wiley & Sons Wiley.

[13]Bertrand I, Hinsinger P,Jaillard B, et al. 1999. Dynamics of phosphorus in the rhizosphere of maize and rape grown on synthetic,phosphated calcite and goethite. Plant and Soil,211:111-119.

[14]Bhatnagar A,Bhatnagar M. 2005. Microbial diversity in desert ecosystems. Current Science,89:91-100.

[15]Bristow C E,Campbell G C,Wullstein L H, et al. 1985. Water uptake and storage by rhizosheaths of *Oryropsis hymenoides*:anumerical simulation. Plant Physiology, 65: 228-232.

[16]Cassman K G,Bryant D C,Roberts B A. 1990. Comparison of soil test methods for predicting cotton response to soil and fertilizer potassium on potassium fixing soils. Communication of Soil Science and Plant Analysis,21:1727-1743.

[17]Cassman K G,Roberts B A,Bryant D C. 1992. Cotton response to residual fertilizer potassium on vermiculitic soil:Organic matter and sodium effects. Soil Science Society of America Journal,56:823-830.

[18]Chandra B R,Shashidhar H E,Lilley J M, et al. 2001. Variation in root penetration ability,osmotic adjustment and dehydration tolerance among accessions of rice adapted to rainfed lowland and upland ecosystems. Plant Breed,120(3):233-238.

[19]Chen X,Zhang J,Chen Y, et al. 2014. Changes in root size and distribution in relation to nitrogen accumulation during maize breeding in China. Plant and Soil,374(1):121-130.

[20]Czarnes S,Dexter A R,Bartoli F. 2000. Wetting and drying cycles in the maize rhizosphere under controlled conditions. Mechanics of the root-adhering soil. Plant and Soil,221:253-271.

[21]Dodd J,Heddle E M,Pate J S, et al. 1984. Root patterns of sand plain plants and their functional significance. In:Pate J S, Beard J S, Nedlands, WA eds. Kwongan Plant Life of the Sandplain,Universityof Western Australia Press. 146-177.

[22]Elvir J A,Wiersma G B,Day M E, et al. 2006. Effects of enhanced nitrogen deposition on foliar

chemistry and physiological processes of forest trees at the Bear Brook Watershed in Maine. Forest Ecologyand Management,221:207-214.

[23]Ennos A R. 1991. The mechanics of anchorage in wheat *Triticumaestivum* L.：Ⅱ.Anchorage of mature wheat against lodging. Journal of Experimental Botany,42（12）:1607-1613.

[24]Gregory P J. 2006. Plant roots:their growth,activity,and interaction with soil. Blackwell Publishing,Oxford.

[25]Gretchen B N,Park S N. 1997. Drought-induced changes in soil contact and hydraulic conductivity for roots of *Opuntia ficus-indica* with and without rhizosheaths. Plant and Soil,191:249-258.

[26]Grimal J Y,Frossard E,Morel J L. 2001. Maize root mucilage decreases adsorption of phosphate ongoethite. Biology and Fertility of Soils,33:226-230.

[27]Guo J,Liu X,Zhang Y, et al. 2010. Significant acidification in major Chinese croplands. Science,327:1008-1010.

[28]Hammer G L,Dong Z,McLean G，et al. 2009. Can changes in canopy and/or root system architecture explain historical maize yield trends in the U. S. Corn Belt? Crop Science,49（1）:299-312.

[29]Henry L T,Raper Jr C D. 1991. Soluble carbohydrate allocation to roots,photosynthetic rate of leaves，and nitrate assimilation as affected by nitrogen stress and irradiance. Botanical Gazette,152:23-33.

[30]Herman D J,Johnson K K,Jaeger C H，et al. 2006. Root influence on nitrogen mineralization and nitrification in Avena barbata rhizosphere soil. Soil Science Society of America Journal,70:1504-1511.

[31]Hinch J M,Clarke A E. 1980. Adhesion of fungal zoospores to root surfaces is mediated by carbohydrate determinants of the root slime. Physiological Plant Pathology, 16:303-307.

[32]Hinsinger P,Bengough A G,Vetterlein D，et al. 2009. Rhizosphere:biophysics,biogeochemistry and ecological relevance. Plant and Soil,321:117-152.

[33]Hinsinger P,Gobran G R,Gregory P J，et al. 2005. Rhizosphere geometry and heterogeneity arising from root mediated physical and chemical processes. New Phytologist,168:293-303.

[34]Hinsinger P. 1998. How do plant roots acquire minerals nutrients? Chemical processes involved in the rhizosphere. Advances in Agronomy,64:225-265.

[35]Horn R,Dexter A R. 1989. Dynamics of soil aggregation in an irrigated desert loess. Soil Tillage Research,13:253-266.

[36]Huang B,North G B,Nobel P S. 1993. Soil sheaths,photosynthate distribution to roots,

and rhizosphere water relations for *Opuntia ficus-indica*. International Journal of Plant Sciences,154:425-431.

[37]Hund A,Ruta N,Liedgens M. 2009. Rooting depth and water use efficiency of tropical maize inbred lines,differing in drought tolerance. Plant Soil,318:311-325.

[38]Irving H R,Grant B R. 1984. The effects of pectin and plant root surface carbohydrates on encystment and development of Phytophthora cinnamomi zoospores. Journal of General Microbiology,130:1015-1018.

[39]Jungk A O. 2002. Dynamics of nutrient movement at the soil-root interface. In:Waisel Y,Eshel A,Kafkafi U. Plant Roots:the Hidden Half. Marcel Dekker inc. ,New York,587-616.

[40]Kato Y,Abe J,Kamoshita A, et al. 2006. Genotypic variation in root growth angle in rice (*Oryza sativa* L.)and its association with deep root development in upland fields with different water regimes. Plant and Soil,287:117-129.

[41]Lambers H,Mougel C,Jaillard B, et al. 2009. Plant-microbe-soil interactions in the rhizosphere:an evolutionary perspective. Plant and Soil,321:83-115.

[42]Lucas R W,Klaminder J,Futter M N, et al. 2011. A meta-analysis of the effects of nitrogen additions on base cations:Implications for plants,soils,and streams. Forest Ecology and Management,262:95-104.

[43]Lynch J P. 2013. Steep,cheap and deep:an ideotype to optimize water and N acquisition by maize root systems. Annals of Botany,112(2):347-357.

[44]Ma B L,Dwyer L M. 1998. Nitrogen uptake and use of two contrasting maize hybrids differing in leaf senescence. Plant and Soil,199(2):283-291.

[45]Marschner P. 2011. Mineral Nutrition of Higher Plants,3rd edition. London:Academic Press.

[46]Marschner P,Solaiman Z,Rengel Z. 2006. Rhizosphere properties of Poaceae genotypes under P-limiting conditions. Plant and Soil,283:11-24.

[47]McCully M E. 1995. How do real roots work? Plant Physiology,109:1-6.

[48]McCully M E. 1999. Root in soil:Unearthing the complexities of roots and their rhizospheres. Annual Review of Plant Physiology and Plant Molecular Biology,50:695-718.

[49]McCully M E,Canny M J. 1988. Pathways and processes of water and nutrient uptake in roots. Plant and Soil,111:159-170.

[50]Morel J L,Mench M,Guckert A. 1986. Measurement of Pb^{2+} , Cu^{2+} and Cd^{2+} binding with mucilage exudates from maize(*Zea mays* L.)roots. Biology and Fertility of Soils,2:29-34.

[51]Moritsuka N,Yanai J,Kosaki T. 2004. Possible processes releasing nonexchangeable potassium from the rhizosphere of maize. Plant and Soil,258:261-268.

[52]Nambiar E K S. 1976. The uptake of Zinc-65 by oats in relation to soil water content and root growth. Australian Journal of Soil Research,14:67-74.

[53]Nannipieri P,Ascher J,Ceccherini M T, et al. 2003. Microbial diversity and soil functions. European Journal of Soil Science,54:655-670.

[54]Ning P,Liao C S,Li S, et al. 2012. Maize cob plus husks mimics the grain sink to stimulate nutrient uptake by roots. Field Crops Research,130:38-45.

[55]North G B,Nobel P S. 1992. Drought induced change:in hydraulic conductivity and structure in roots of Ferocactus atmunthodes and Opuntl'a ficus-indica. New Physiologist,120:9-19.

[56]Pan J W,Zhu M Y,Peng H Z, et al. 2002. Developmental regulation and biological functions of root bordercells in higher plants. Acta Botanica Sinica,44:1-8.

[57]Peterson R L,Farquhar. 1996. Root hairs:specialized tubular cells extending root surface. The Botanical Review,62(1):1-40.

[58]Sivasithamparam K,Parker C A. 1979. Rhizosphere microorganisms of seminal and nodal roots of wheat grown in pots. Soil Biology and Biochemstry,11:155-160.

[59] Taleisnik E, Peyrano G, Córdoba A, et al. 1999. Water retention capacity in root segments differing in the degree of exodermis development. Annals of Botany,83:19-27.

[60]Trachsel S,Kaeppler S M,Brown K M, et al. 2013. Maize root growth angles become steeper under low N conditions. Field Crops Research,140:18-31.

[61]Verma V,Worland A J,Sayers E J, et al. 2005. Identification and characterization of quantitative trait loci related to lodging resistance and associated traits in bread wheat. Plant Breeding,124:234-241.

[62]Vermeer J,McCully M E. 1982. The rhizosphere in Zea:new insight into it's structure anddevelopment. Planta,156:45-61.

[63]Vitousek P M,Howarth R W. 1991. Nitrogen limitation on land and in the sea:how can it occur? Biogeochemistry,13:87-115.

[64] Wang X L, McCully M E, Canny M J. 1991. The water status of the roots of soil-grown maize in relation to the maturity of their xylem. Plant Physiology,82:157-162.

[65]Watt M,McCully M E,Canny M J. 1994. Formation and stabilization of rhizosheaths in *Zea mays* L. Effect of soil water content. Plant Physiology,106:179-186.

[66]White P J,George T S,Dupuy L X, et al. 2013a. Root traits for infertile soils. Frontier of Plant Science,4:193.

[67]White P J,George T S,Gregory P J, et al. 2013b. Matching roots to their environment. Annals of Botany,112(2):207.

[68]Wullstein L H,Pratt S A. 1981. Scanning electron microscopy of rhizosheaths of *Oryzosis hymenoides*. American Journal of Botany,68:408-419.

[69]Yang Y H,Jin Y. 2001. Using ^{86}Rb-tracing method to study potassium loss in tobacco

plant. Journal of Yunnan Agriculture,2:36-40.

［70］York L M，Galindo-castañeda T，Schussler J R，et al. 2015. Evolution of US maize (*Zea mays* L.)root architectural and anatomical phenes over the past 100 years corresponds to increased tolerance of nitrogen stress. Journal of Experimental Botany,66(8): 2347-2358.

［71］Zhao Z X,Li C J,Yang Y H,et al. 2010. Why does potassium concentration in flue-cured tobacco leaves decrease after apex excision? Field Crops Research,116:86-91.

第 6 章

玉米根系对氮磷缺乏的适应性反应

　　根系是植株吸收养分的主要器官。植物对养分的吸收取决于根系生物量、形态、年龄、根系在营养富集区域的繁殖能力及根系吸收养分能力等多方面（Glass，2003）。氮磷是影响玉米生长和产量提高的主要限制因子，氮磷缺乏条件下，玉米的根系会产生一系列适应性反应。

　　玉米的根系大小与吸氮量显著正相关，氮高效玉米品种的根系较大，并且氮素在植物体内的分配再利用能力较强。其根系干重、根冠比、根系活力和吸氮量都显著高于氮低效品种（王敬锋等，2011；Yu et al.，2015）。缺氮条件下玉米根系皮层形成的空腔能够减少根系的呼吸消耗，改善根系生长，扩大根系在深层土壤的氮吸收（Saengwilai et al.，2014）。

　　轻度缺氮会抑制植物地上部生长而促进根系生长，但严重缺氮会使整个植株生长受到抑制。缺氮对根系生长的抑制小于对地上部生长的抑制，导致根冠比增大。碳水化合物更多地向根系分配，使根系能从生长介质中吸收更多的氮（Biswas et al.，2000；Postma et al.，2014a，b）。理想的根系构型有利于作物高效地从环境中获取水分和养分资源，促进产量增加。

　　侧根主要负责吸收水分和养分（McCully and Canny，1988），对根系构型影响显著（Lynch，1995）。低磷胁迫下磷敏感型玉米的侧根数量、密度和长度以及总根长均显著增加（Zhu and Lynch，2004；Heuer et al.，2016）；节根的发生时间推迟，但是一些基因型玉米节根的长度仍然高于正常供磷条件（Pellerin et al.，2000）；根毛长度增加，密度增大，显著增加根系在土壤的吸收面积，并且根毛能有效地将根系分泌物散布于根际范围，影响根际范围内土壤磷的有效性（Mackay and Barber，1985；Heuer et al.，2016）；磷敏感基因型玉米的根系直径变小，能够增加根系在土壤微小孔隙中的穿插（Zhu et al.，2005；Zhang et al.，2012）。低磷胁迫也会影响根系解剖结构的适应性变化，一些玉米基因型根系皮层形成空腔组织可以减少根系生长对磷的需求，释放出来的磷可以用于新组织的生长，减少根系的呼吸代谢消耗（Fan et al.，2003）。

6.1　根系皮层空腔形成

　　水生或湿生植物在根茎内能够形成上下贯通的通气组织。通气组织的形成已被证明是植物对缺氧逆境的适应机制,它可以极大地降低空气在植物体内的扩散阻力,是氧气由地上部到淹水的地下部的主要输送通道(Jasckson and Armstrong,1999)。通气组织是植物薄壁细胞组织内一些气室或气腔的集合。通气组织的形式多样、结构复杂,不仅存在于根茎内,在叶片、果实中也发现有通气组织形成(Yaklich et al.,1995)。一般认为通气组织的形成方式有两种,即裂生型和溶生型。前者具有种属的特性,经过细胞有规律的分离和分化形成细胞间空腔,是许多水生植物的基本特征。溶生型通气组织源于一些细胞的编程性细胞死亡或溶解。两种通气组织有时可同时出现在同一植物中,但溶生型通气组织通常出现在根内,裂生型通气组织常出现在叶片中(Schussler and Longstreth,1996)。

　　在淹水缺氧条件下,小麦、玉米等旱生植物的根部也可以形成空腔。淹水缺氧之所以能诱导根部皮层组织形成空腔,主要是由于淹水条件下根中的乙烯浓度增加,刺激纤维素酶活性提高,将皮层细胞的细胞壁溶解,最后形成空腔(Taiz et al.,2015)。

　　在养分胁迫条件下,旱生植物根系皮层也能形成空腔,如玉米在缺氮或缺磷条件下,随着养分缺乏时间的延长,根系皮层中的空腔面积不断增加(图6-1)。低氮和低磷处理一周后,在种子根皮层可以观察到明显的空腔形成,与在淹水缺氧逆境中形成的空腔相似。而正常处理的对照玉米根系几乎观察不到空腔形成。

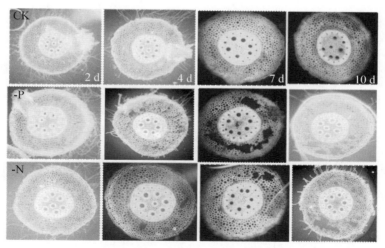

图 6-1　在对照(CK)、低氮(-N)和低磷(-P)营养液中玉米种子
根横切面皮层空腔面积随处理时间延长的变化(彩插6-1;刘婷婷,2005)

　　进一步统计具有空腔或解体细胞的切片数,并计算其占总观察切片数的比例,可以看到处理四天后,低氮处理导致约 40% 的切片具有通气组织或可观察到解体的细胞;处理十天后,低氮和低磷处理的玉米根切片中出现空腔的频率在 80% 以上(图6-2)。

　　在淹水或氮磷胁迫下玉米根系皮层出现的空洞之所以称为空腔而不是通气组织,是因为这些空腔并不具有类似于水生或湿生植物体内的通气组织所具有的通气功能。但在氮磷缺乏条件下旱生植物根系皮层组织能够形成空腔,应该有其他生理功能。已有研究证明,缺磷条件下小麦、玉米和菜豆根系皮层会形成空腔。空腔的形成能够降低根系组织的维持呼吸消耗,减少对碳水化合物的竞争,有利于植物组织内磷的再利用(樊明寿,2001;Lynch and Ho,2005)。对缺氮条件下玉米根系皮层细胞形成空腔的原因缺少研究。

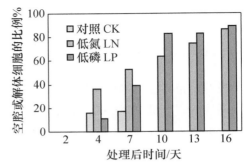

图 6-2 在对照、低氮和低磷营养液中生长不同时间玉米种子根皮层具有空腔或解体细胞的切片数占观察总切片数的比例(刘婷婷,2005)

6.2 田间不同供氮水平对玉米根系根长和分布的影响

根系对土壤养分吸收以及玉米产量的形成具有重要作用(Peng et al.,2010)。研究证明优化施氮能够显著提高氮肥利用效率并且使玉米获得较高产量(Ju et al.,2009;Chen et al.,2014)。然而,对于不同供氮方式对土壤中根系生长的报道却很少。

通过三年(2007—2009)田间实验比较了不同供氮方式对玉米根系生长的影响。发现缺氮能够刺激玉米八叶期(V8)胚根和前几轮节根生长(图 6-3),但这种刺激作用是暂时的,随着玉

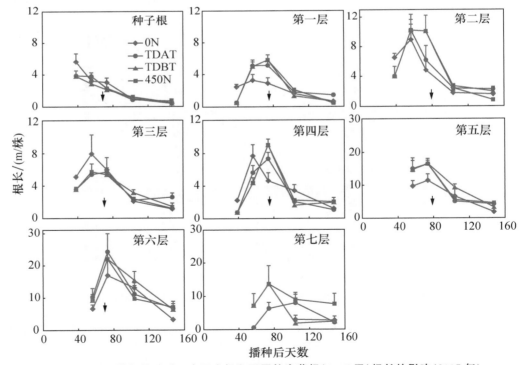

图 6-3 不同供氮处理对玉米胚生根和不同轮次节根(1～7 层)根长的影响(2007 年)

0N:不施氮;TDAT:基肥 175 kg/hm²,抽雄期追氮 55 kg/hm²;TDBT:V8 期追氮 50 kg/hm²,V12 期追氮 170 kg/hm²;
450N:基肥 175 kg/hm²,V8 期追氮 50 kg/hm²,V12 期追氮 170 kg/hm²,抽雄期追氮 55 kg/hm²。

米进入快速生长期,缺氮玉米的总根长在十二叶期(V12)已经开始下降(图6-4)。缺氮玉米总根长的下降是由于前几轮次节根的快速衰老以及新的节根生长受到抑制所致(图6-3)。

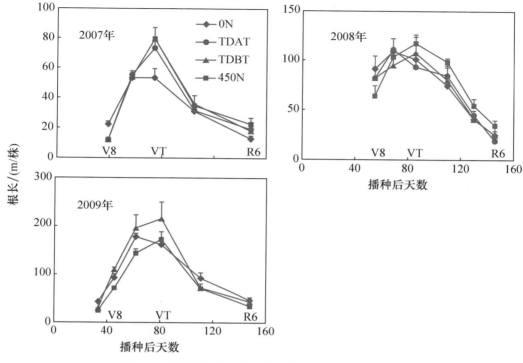

图 6-4　不同供氮处理对玉米整个生育期总根长的影响

图例说明同图6-3。

　　根系生长主要与地上部同化产物的供应有关(Ogawa et al.,2005)。氮素供应不足时,前期根系快速生长是以地上部生长减少为代价的(Marschner,1998),到了后期由于地上部光合产物供应不足,以及生长中心转为生殖生长器官,导致前几轮次节根快速衰老,以及后发生节根生长减少。充足供氮的玉米根系总根长直到抽雄之后才开始减少,从而使玉米在快速生长期能够吸收充足的氮素,为生殖生长维持叶片光合作用以及养分和碳水化合物向籽粒转移提供了保障(Wells and Eissenstat,2002;Peng et al.,2010)。与缺氮相反,过量供氮(450N)抑制了 V8 期根系的生长(图6-4),说明氮素对根系的整体抑制效应在田间也会发生。这是由于较高的土壤氮浓度会抑制玉米生长,同时,根系中氮素浓度过高会增加单位根的呼吸速率,导致根系死亡加快,不利于氮素吸收(郭大立和范萍萍,2007)。因此,过量施氮并不利于玉米根系在关键生长期的生长,从而不利于最终产量形成。

　　尽管吐丝期玉米的根系能够到达 0.7～1 m 的土壤深度,但是 90% 的根系主要分布在表层 0～30 cm 土层中(Dwyer et al.,1996)。本实验 2008 年和 2009 年的结果也表明,不论处理如何,大部分根系主要生长在0～30 cm 土层中(图6-5;图6-6)。抽雄后总根长的下降主要是由于节根衰老造成的(Peng et al.,2010),尤其是在0～30 cm 土层中的根系。40～60 cm 土层中的根长在生殖生长期并没有明显的降低趋势。

　　土壤剖面中的根系长度一般是随土层深度的增加不断减少。但 2008 年的结果显示,在过量施氮条件下,灌浆期109天时40~50 cm土层中的根系长度甚至比30 cm土层的根系长度更长,尤其是450N处理(图6-5),这种现象在2009年并未发生(图6-6)。原因主要是2008年玉米生长季中的降雨量较大,过量施氮时将土壤中残留的氮素淋洗至40~50 cm土层(图6-7);而2009年玉米生长季中的降雨量较小,过量使用的氮素仍停留在表层土壤(图6-8)。

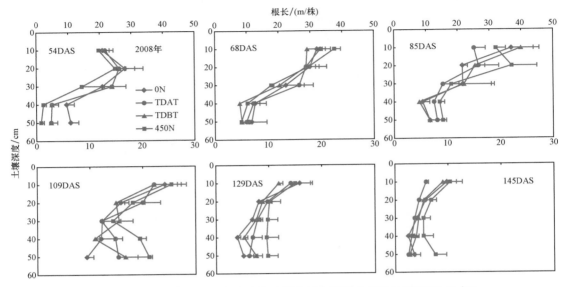

图6-5 不同供氮处理对各生育期不同土层中玉米总根长的影响(2008年)

DAS:播种后天数。图例说明同图6-3。

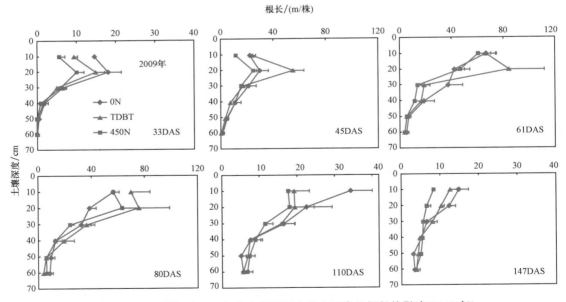

图6-6 不同供氮处理对各生育期不同土层中玉米总根长的影响(2009年)

图例说明同图6-3。

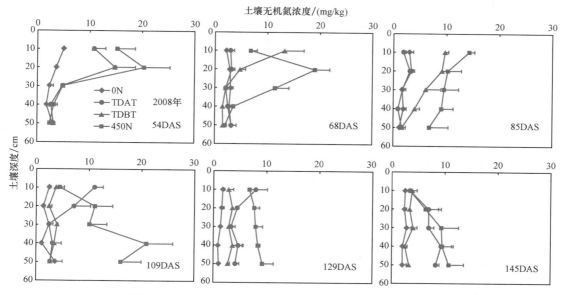

图 6-7　**不同供氮处理对玉米 0～50 cm 土层无机氮时空分布的影响**（2008 年）

图例说明同图 6-3。

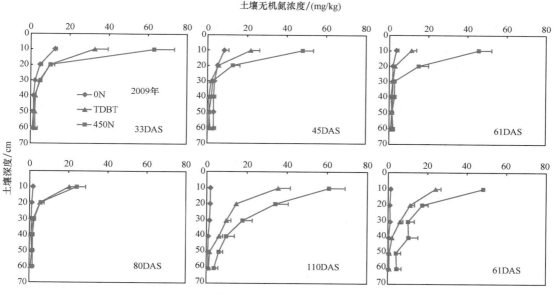

图 6-8　**不同供氮处理对玉米 0～60 cm 土层无机氮时空分布的影响**（2009 年）

图例说明同图 6-3。

这一方面说明,过量施氮不能被植物吸收,在强降雨时会被淋洗至土层深处,导致氮肥的损失;另一方面说明,即使是在田间条件下,局部高浓度硝酸盐也能够刺激玉米根系生长,与室内的研究结果一致(Drew,1975;Zhang et al.,1999)。

6.3　玉米根系对硝态氮非均匀分布的响应

植物根系对生长介质中非均匀分布的养分表现出很强的形态可塑性,包括根系总长度、根系重量、比根长等性状。研究表明,侧根形成及其可塑性在很大程度上取决于外界环境因素,比如水分、养分及生物胁迫信号。硝酸盐作为旱地农田中最主要氮素来源,其空间分布及有效性显著影响作物根系发育、产量形成及养分利用效率。侧根起始及伸长的分子机制在模式植物拟南芥中研究较为清楚,而玉米庞大的基因组,根系复杂的解剖结构及多样化根系类型,以及大量的侧根,使得预测玉米中柱鞘细胞分裂及侧根起始规律十分困难(Hochholdinger et al.,2004a)。因此,关于玉米根系与外界硝酸盐非均匀分布的响应在形态、生理及分子上的机制至今没有明确认识。

6.3.1　玉米根系在生育后期仍然可以响应非均匀分布的硝酸盐

已有关于根系对非均匀分布硝酸盐响应的研究主要集中在不同植物的苗期阶段,对发育后期根系的研究很少。玉米发育后期表现出由营养生长向生殖生长的过渡,植株生长中心也逐渐由根系及叶、茎向籽粒过渡,不同类型根系的形成及发育也表现出功能交替特性。玉米吐丝期根系对养分吸收十分重要,吐丝后氮素吸收占总氮吸收比例 35%～55%(Rajcan and Tollenaar,1999;Gallais and Coque,2005;Hirel et al.,2007)。图 6-5 的结果表明,吐丝后由于硝酸盐淋洗导致下层土壤中累积较高浓度的硝酸盐,相应土层中有大量根系增生(Peng et al.,2012)。为验证所观察到的玉米吐丝后根系能够对局部高浓度硝酸盐做出形态响应,在营养液培养条件下通过分根系统比较了苗期胚生根系及吐丝期节根对不同浓度硝酸盐的根系形态及生理差异(图 6-9)。

与均匀低氮处理相比,局部高浓度硝酸盐处理 20 天后,苗期植株主根及吐丝期节根总根

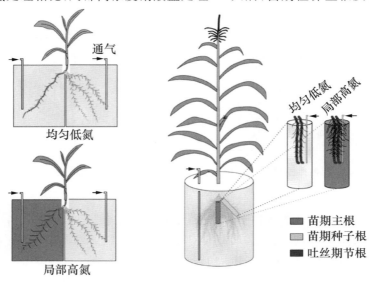

图 6-9　玉米苗期主根及吐丝期节根分根装置示意图(彩插 6-9)

长和吸氮量都表现出明显增加。但不同的是,苗期植株主根长的增加主要是由于侧根长度增加,侧根密度没有增加;而吐丝期节根总根长的增加是侧根长度和密度共同增加的结果(表 6-1),表明苗期植株主根及吐丝期节根对局部高浓度硝酸盐的形态反应并不相同。

表 6-1　均匀低浓度或局部高浓度硝酸盐处理后玉米苗期主根及吐丝期节根长度、干重及吸氮量

	苗期主根			吐丝期节根		
	均匀低氮	局部高氮	LSD	均匀低氮	局部高氮	LSD
总根长/m	7.0	9.1*	1.8	4.2	50.1*	21.1
侧根长/cm	1.9	2.5*	0.5	2.0	13.7*	7.9
轴根长/m	0.6	0.6	0.1	0.5	0.6	0.3
侧根密度/(数目/cm)	5.3	5.8	1.3	3.6	6.2*	0.5
比根长/(m/g)	134.6	163.4*	27.2	9.2	32.0*	15.2
干重/mg	56.3	53.8	5.6	402.5	1 290.0*	0.7
吸氮量/mg	0.8	1.8*	0.1	3.2	25.8*	13.9

* 代表每一对硝酸盐处理(均匀低氮和局部高氮)在 $P < 0.05$ 的差异显著水平,每个处理 4 个生物学重复。

进一步采用稳定性 ^{15}N 同位素分析根系硝酸盐吸收速率(单位根长硝酸盐吸收量),发现局部高浓度硝酸盐处理根系的单位根长对 ^{15}N 的吸收速率降低(图 6-10A)。荧光定量 PCR 基因表达结果表明,局部高浓度硝酸盐抑制主根和吐丝期节根 $ZmNrt2.1$ 和 $ZmNrt2.2$ 的表达(图 6-10B,C,Quaggiotti et al.,2003)。玉米硝酸盐高亲和转运蛋白 $ZmNrt2.1$ 的表达受到地上部高浓度氮素累积的反馈抑制(Gansel et al.,2001)。根系生长和氮素吸收与地上部碳的供应密切相关(Ogawa et al.,2005;Nunes-Nesi et al.,2010),局部高浓度硝酸盐诱导的根系具有较大的比根长,表明地上部向根系供应相同的碳可获得更大的根表面积。

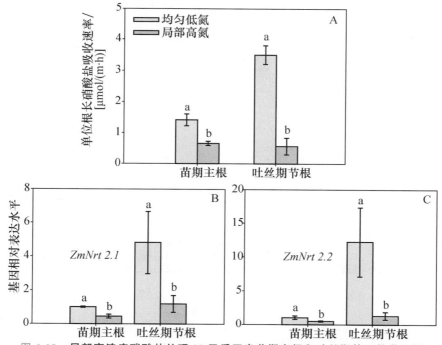

图 6-10　局部高浓度硝酸盐处理 20 天后玉米苗期主根和吐丝期第七轮节根的硝酸盐吸收速率(A)及 $ZmNrt2.1$(B)和 $ZmNrt2.2$(C)相对表达量

综上,侧根伸长在苗期主根和吐丝期节根感受局部高浓度硝酸盐的过程中表现出保守性,而侧根密度可能具有更高可塑性。局部高浓度硝酸盐处理导致地上部吸收更多的氮素可能主要来自根系形态贡献。

6.3.2　不同根系类型响应非均匀分布硝酸盐的形态可塑性差异

虽然吐丝期节根与苗期主根的根系形态、解剖结构及侧根起始位置相似(Hochholdinger et al.,2004b),但是局部高浓度硝酸盐增加了吐丝期节根上的侧根密度而对苗期侧根密度没有影响,表明玉米不同类型根系间可能存在不同侧根起始或诱导机制。因此进一步研究了不同时期发育的胚根(包括主根、种子根)及胚后根(不同轮次节根)的根系形态及不同级别侧根的可塑性与地上部生长及含氮量的关系。

研究表明,与轴根不同,各轮次节根上的侧根对局部高浓度硝酸盐的响应表现出更强可塑性,并且侧根的可塑性随着轴根发生时间的推迟而增加,最后一轮轴根(吐丝期)上的侧根变化最为明显(图6-11)。另外,根系直径、数目、后生木质部导管直径及总后生木质部导管面积随着生育期的延长而逐渐增加(表6-2;图6-12),表明根系解剖结构与地上部生长及氮素累积的

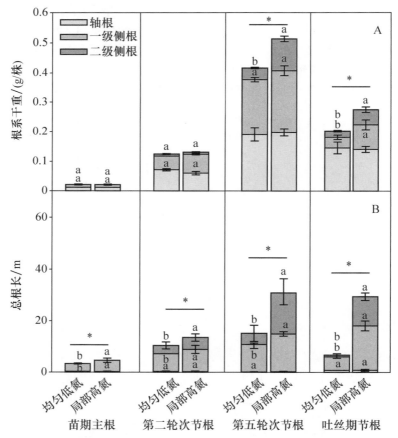

图 6-11　均匀低浓度硝酸盐和局部高浓度硝酸盐处理下,玉米初生根的主根及第二、第五轮次及吐丝期节根的轴根、一级侧根及二级侧根干重(A)和根长(B)变化

关系（Hodge，2004）。后生木质部导管大小及面积对水分及养分运输具有重要作用
（McCully and Canny，1988；McCully，1995）。原生或初生木质部导管数目增加也表明更多潜
在的中柱鞘建成细胞可能受到外界环境诱导从而形成更多侧根（Dubrovsky et al.，2001）。通
过系统分析侧根形态进一步确认，只有吐丝期发育的节根上的一级侧根密度显著受到硝酸盐
诱导，其他类型根系上的一级侧根密度无显著变化（图 6-11）。与一级侧根相比，二级侧根可塑
性更高（图 6-11）。二级侧根直径较小可大大增加根系吸收表面积并提高水分及养分吸收效
率，侧根可塑性大小随育期延长逐渐增加，间接反映出随生育期延长地上部对养分及水分的
需求量增加。

表 6-2　玉米自交系 B73 主根、第二、第五轮次及吐丝期节根成熟区解剖结构比较

根系类型	根系直径/mm	皮层细胞层数	后生木质部导管数目	平均后生木质部导管直径/μm	总后生木质部导管面积/mm²
苗期主根	0.82±0.06b	6±1.2b	6±0.8c	56.2±8.4c	0.014 9±0.001 2c
第二轮节根	1.43±0.08a	13±2.4a	15±2.2b	108.5±17.2b	0.140 0±0.009 0b
第五轮节根	2.90±0.07a	15±2.1a	18±3.8b	162.8±22.1a	0.374 0±0.008 1b
吐丝期节根	4.50±0.11a	16±3.1a	32±3.6a	157.1±8.9a	0.620 0±0.012 0a

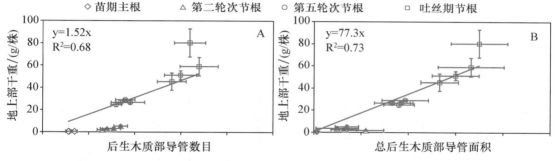

图 6-12　玉米主根及第二、第五及吐丝期节根的成熟区后生木质部导管数目（A：$R^2=0.68$，$P<0.05$）
及总后生木质部导管面积（B：$R^2=0.73$，$P<0.05$）与相应时期地上部干重的关系

在局部高浓度硝酸盐处理下，地上部向根系分配更多的碳使总根长显著增加，而且随
生育期延长，向根系分配的碳比例不断增加（图 6-13）。不同轮次节根尤其吐丝期节根在受
到局部高浓度硝酸盐诱导后优先分配较多的碳进入一级侧根及二级侧根，说明玉米根系在
非均匀养分环境中的适应能力及高效的碳分配策略。随着不同轮次节根的发生，较高级别
侧根占根系总生物量的比例增加，导致比根长随生育期延长也不断增加（图 6-13）。根系适
应局部氮磷养分的能力与比根长有关（Eissenstat and Caldwell，1988；Eissenstat，1991），并在
一些植物中发现氮磷养分运输能力与比根长正相关（Comas et al.，2002；Comas and Eissen-
stat，2004）。

通过对不同根系类型侧根形态、可塑性大小及解剖结构分析，提出了地上部干重与根系氮
素吸收及形态发育的关系（图 6-14），并确定局部高浓度硝酸盐诱导的侧根密度增加只发生在
吐丝期的节根上。

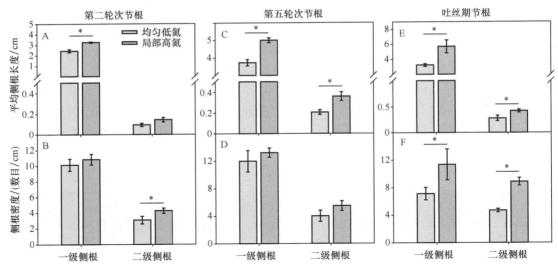

图 6-13　局部高浓度硝酸盐诱导的玉米第二、第五及第七轮节根上一级侧根和二级侧根长度和密度分析

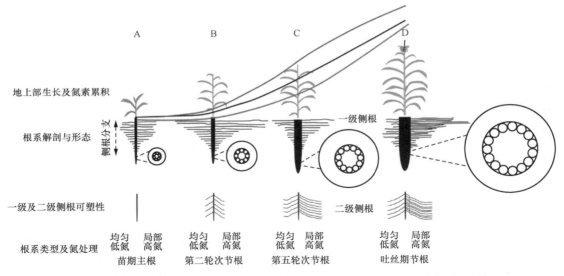

图 6-14　玉米不同类型根系形态及解剖特性与不同生育时期地上部干重(红色)及含氮量
(黑色,均匀低浓度硝酸盐供应;蓝色,局部高浓度硝酸盐供应)的关系(彩插 6-14)

6.3.3　局部高浓度硝酸盐诱导玉米吐丝期节根上侧根起始的生理及分子机制

6.3.3.1　局部高浓度硝酸盐促进侧根起始过程中生长素诱导的细胞循环过程

吐丝期节根发育状况更能反映作物产量及养分效率提高的生物学潜力(Hochholdinger and Tuberosa,2009)。玉米根系遗传学分析表明,在复杂的分子网络调控下,不同类型根系在全生育期功能发挥方面表现出相互协调的能力(Hochholdinger et al.,2004a,2004b)。玉米侧根发生突

变体表型揭示了胚生根和胚后根侧根发育机制的多样性（Hochholdinger and Feix,1998）。用石蜡连续切片结合组织化学染色分析不同根系类型中柱鞘细胞分裂，发现局部高浓度硝酸盐只诱导吐丝期节根侧根发生区域侧根原基(时期Ⅰ-Ⅲ)及中柱鞘细胞平周分裂增加(图 6-15)，说明吐丝期节根中柱鞘细胞具有更强的再分裂能力。系统形态学及组织化学研究结果表明，局部高浓度硝酸盐诱导了吐丝期节根韧皮部对应的中柱鞘细胞非对称性分裂，导致侧根密度增加。

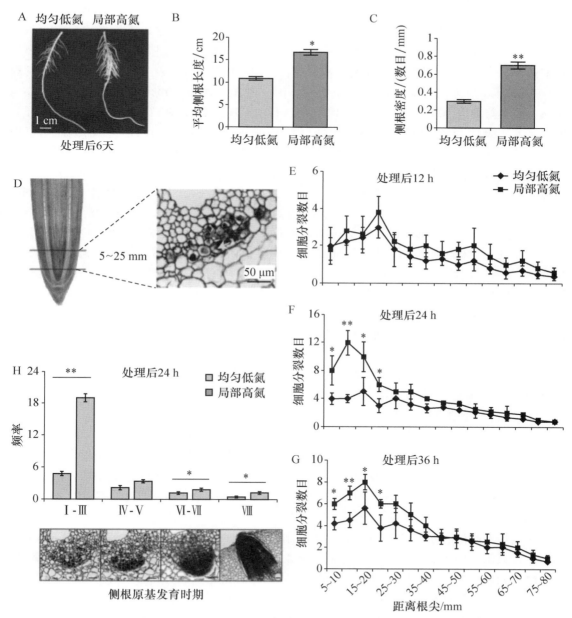

图 6-15　均匀低浓度硝酸盐和局部高浓度硝酸盐供应对玉米吐丝期节根上侧根发育的影响（彩插 6-15）
局部高浓度硝酸盐（A）对吐丝期节根上侧根长度（B）及密度（C）的影响　D. 节根纵向切片及早期中柱鞘细胞（红色箭头）
及内皮层细胞（黄色箭头）分裂　E～G. 局部高浓度硝酸盐处理 12、24 及 36 h 对中柱鞘细胞分裂的影响
H. 局部高浓度硝酸盐处理 24 h 根尖 5～25 mm 区域侧根原基发生频率

近年来,利用特定类型组织进行高通量转录组测序(RNA-Seq)技术对玉米地上部器官发育及功能有了系统理解,而根系生长及发育机制仍然不清楚。由于玉米根系组织发育的特异性,借助机械分离的方法可以将中柱组织(包含中柱鞘细胞)与皮层组织有效分离(图 6-16A,Saleem et al.,2009)。根据组织染色结果,采用中柱组织与皮层组织机械分离的方法,对距离根尖 5~25 mm 的中柱组织进行 RNA-Seq 分析。

对获得的测序数据进行过滤,去除低质量读本并映射到参考基因组 B73 的全部表达基因,将错误发现率(FDR)小于 5%、基因表达差异(Fold Changes)2 倍以上用于差异表达基因分析。总计发现 582 个差异表达基因,其中 508 个(87%)基因表达上调,74 个(13%)基因表达下调(图 6-16B)。对获得的差异表达基因进行基因本体论分析(Gene Ontology),总计发现 5 个显著富集的 GO 分类单元(GO:0006950,GO:0007050,GO:0022402,GO:0004861,GO:0016538)参与细胞循环过程调控。其中,功能注释中发现 6 个参与 KIP 相关家族细胞循环基因显著下调表达,3 个 B 类型细胞周期蛋白激酶 CDKB 基因和 8 个 B 类型细胞周期蛋白 CYCB 基因显著诱导(图 6-16C)。对拟南芥的研究表明,细胞周期蛋白激酶及细胞周期蛋白激酶抑制蛋白控制细胞分裂及器官发生的可塑性(De Veylder et al.,2001;Himanen et al.,2002,2004)。细胞循环基因在已激活与未激活的中柱鞘细胞中表达差异显著(De Almeida Engler et al.,2009)。KRP1,KRP2 及 KRP4 基因编码蛋白控制细胞分裂激活以及保持细胞处于未分裂状态(Himanen et al.,2002,2004;De Almeida Engler et al.,2009)。实时荧光定量 PCR 进一步确定了中柱组织局部高浓度硝酸盐诱导后细胞循环基因上调表达(图 6-16D),随着局部高浓度硝酸盐刺激时间延长,CYCB 基因表达逐渐诱导而 KRP 基因表达受到抑制,并且抑制作用最早发生在局部高浓度硝酸盐刺激后 12 h 与最早在 24 h 局部诱导之后,发现与中柱鞘细胞开始分裂结果相协调,表明局部高浓度硝酸盐可能通过调控细胞循环过程影响中柱鞘细胞分裂。拟南芥研究表明,CYCB2;2 通过控制 CDKB2 调节有丝分裂细胞循环及细胞分裂(Lee et al.,2003;Sabelli et al.,2014)。采用 LCM 技术分离韧皮部对应的中柱鞘细胞,分析细胞水平控制细胞循环基因表达,结果证实局部高浓度硝酸盐促进了中柱鞘细胞循环过程(图 6-16E)。

6.3.3.2 局部高浓度硝酸盐诱导生长素极性运输

通过中柱组织转录组测序,发现细胞循环过程及 SCF 连接酶诱导的蛋白降解泛素化过程显著富集,两个过程都与生长素组织及细胞间局部累积密切相关。生长素在侧根形成过程中发挥着关键作用(De Smet et al.,2007;Rubio et al.,2009),并参与响应局部养分诱导过程(Krouk et al.,2010;Giehl et al.,2012)。生长素信号感受及传导影响 G1/S 期细胞循环及蛋白降解过程激活(Himanen et al.,2002,2004)。进一步引入转基因株系 DR5::RFP,发现节根转移至局部高硝酸盐处理 24 h 在根尖小柱细胞及侧向根冠细胞发现信号(图 6-17A),而转移至均匀低浓度硝酸盐处理 24 h 信号只在分生组织根尖区域显著累积(图 6-17B)。局部高浓度硝酸盐处理后在侧根起始区域韧皮部中心形成强烈的信号(图 6-17C),而均匀低硝酸盐处理该位置信号很弱(图 6-17D)。生长素在韧皮部中心累积可激活相邻韧皮部对应的中柱鞘细胞及随后平周分裂(Jansen et al.,2012)。所以,局部高浓度硝酸盐引起生长素不均匀分布可能是由于生长素在组织间的再分配,而不是生长素的局部合成或降解所致。

6.3.3.3 PIN 基因表达动态决定生长素运输及中柱鞘细胞激活

生长素运输载体 PIN 介导生长素极性运输是产生细胞间浓度梯度的重要原因(Benková

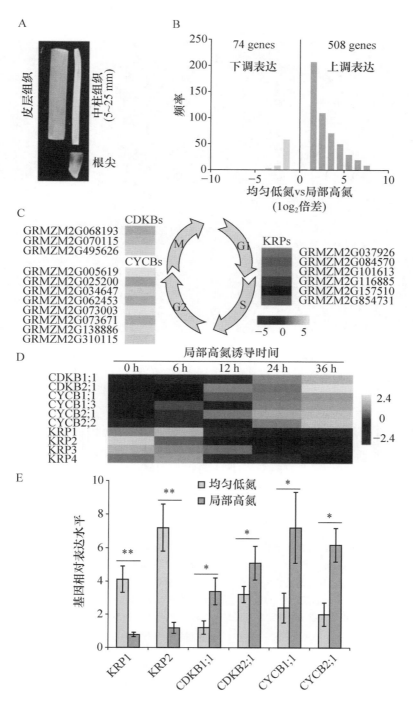

图 6-16　玉米中柱组织 **RNA-Seq** 及响应局部高浓度硝酸盐诱导差异表达基因（彩插 6-16）

A. 中柱组织与皮层组织分离示意图　B. 标准化的差异表达基因频率分布　C. *CDKB* 基因及 *CYCB* 基因受到局部
高浓度硝酸盐诱导而 *KRP* 基因受到抑制　D. 中柱组织细胞循环基因表达受到局部高浓度硝酸盐诱导

E. 局部高浓度硝酸盐诱导 24 h 后，韧皮部对应的中柱鞘细胞中细胞循环基因的表达上调

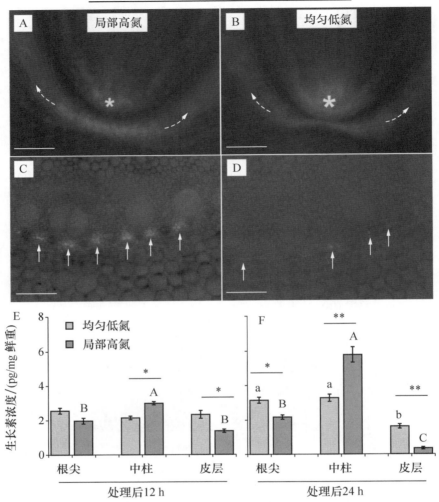

图 6-17　局部高浓度硝酸盐诱导影响组织间生长素分配（彩插 6-17）

DR5∷RFP 转基因株系中 DR5 报告基因在纵向根尖（A,B）及侧根发生横向区域（C,D）活性。
局部高硝酸盐（A）及均匀低硝酸盐（B）诱导后根尖生长素信号分布；局部高硝酸盐（C）及均匀低
硝酸盐（D）诱导后韧皮部生长素信号；白色虚线箭头表示生长素极性运输方向，黄色星号表示生长素累积，
白色实线箭头指示生长素在韧皮部中心的累积；局部高硝酸盐诱导 12 h（E）及
24 h（F）对根尖、中柱及皮层组织生长素浓度的影响

et al. ,2003；Friml et al. ,2003；Blilou et al. ,2005）。拟南芥研究表明,PIN 家族蛋白调节生长
素外排过程从而调控特定的发育过程（Friml et al. ,2002a,2002b；Blilou et al. ,2005；Marhavý
et al. ,2013）。与双子叶植物不同,单子叶植物 PIN 家族系统发育结构更加发散和复杂（Pa-
ponov et al. ,2005；Forestan et al. ,2012）,拟南芥 *AtPIN1* 在玉米中的同源基因 *ZmPIN1a*,
ZmPIN1b 和 *ZmPIN1c* 可能发挥着拟南芥 *AtPIN3*,*AtPIN4* 和 *AtPIN7* 类似的功能（Fo-
restan et al. ,2012；Villiers and Kwak,2012）。在玉米、水稻及小麦中发现单子叶植物特有的
PIN9 基因（Paponov et al. ,2005）,其中 *OsPIN9* 在根系及茎基部较高表达（Wang et al. ,

2009),*ZmPIN9* 在根系及地上部节较高表达(Forestan et al.,2012)。同时发现 *OsPIN9* 在水稻侧根原基、中柱鞘细胞及维管组织(Wang et al.,2009)中高表达,在玉米内皮层、中柱鞘及韧皮部高表达(Forestan et al.,2012)。中柱组织 RNA-Seq 发现,玉米 *ZmPIN1a*,*ZmPIN1c* 和 *ZmPIN9* 基因受到局部高浓度硝酸盐显著诱导(图 6-18A)。结合荧光定量 PCR 技术对不同组织及不同时间 PIN 家族基因表达动态分析,发现 *ZmPIN9* 基因只在中柱组织表达并且受到局部高浓度硝酸盐线性诱导(图 6-18B-D)。*ZmPIN1a* 和 *ZmPIN1c* 在根尖受到局部高浓度硝酸盐诱导,*ZmPIN1a* 在皮层组织受到诱导(图 6-18C,D)。*ZmPIN9* 的表达与 *CYCB* 及 *CDKB* 基因表达成正相关(图 6-18E),而与 *KRP* 基因表达成负相关(图 6-18F)。以上结果表明,局部高浓度硝酸盐诱导 *ZmPIN* 基因表达从而引起生长素由根尖及皮层组织向中柱组织再分配。

PIN 促进生长素平周运输,导致生长素在表皮、皮层及内皮层细胞间浓度形成梯度(Band

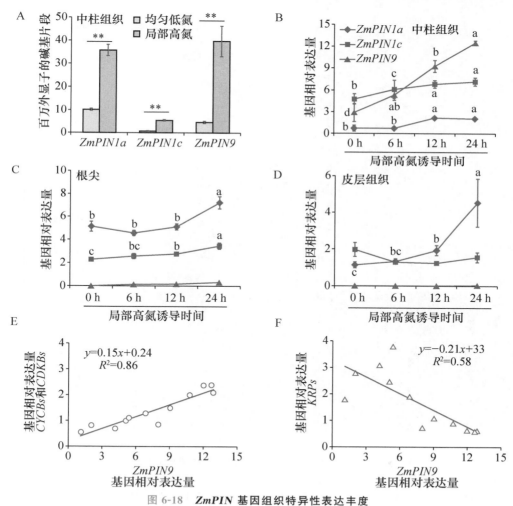

图 6-18 ***ZmPIN*** 基因组织特异性表达丰度

A. 转录组发现三个 *ZmPIN* 基因的表达 局部高硝酸盐诱导后 *ZmPIN1a*,*ZmPIN1c* 和 *ZmPIN9* 基因在中柱(B)、根尖(C)及皮层(D)的表达模式 E. 中柱组织 *CYCB* 及 *CDKB* 基因与 *ZmPIN9* 基因转录本丰度相关性 F. 中柱组织 *KRP* 基因与 *ZmPIN9* 基因转录本相关性

et al.,2014)。定位在内皮层细胞内膜上的 PIN3 诱导生长素由内皮层运输至中柱鞘细胞促进侧根起始,并且 PIN3-GFP 信号受到生长素诱导(Marhavý et al.,2013)。共聚焦显微结果显示,韧皮部与木质部对应的中柱鞘细胞在超微结构及侧根发育的主要区别:韧皮部对应的中柱鞘细胞较大,细胞壁较薄,自发荧光不明显;而木质部对应的中柱鞘细胞较小,有较明显的木质化加厚及自发荧光(图 6-19A)。组织染色结果显示韧皮部对应的中柱鞘细胞早期分裂能力及相应生长素荧光信号(图 6-19B,C)。进一步研究 ZmPIN 基因在细胞水平表达,采用 LCM 技术分离距离根尖 5~10 mm 处韧皮部细胞,韧皮部对应的中柱鞘细胞及内皮层细胞(图 6-19D),对高质量的细胞 RNA(RIN 大于 6.7)分别进行特定细胞类型基因表达分析。结果显示,ZmPIN9 基因表达在韧皮部细胞显著受到局部高浓度硝酸盐诱导(图 6-20),证明了 ZmPIN9 基因在局部高浓度硝酸盐诱导后的生长素运输中的贡献。

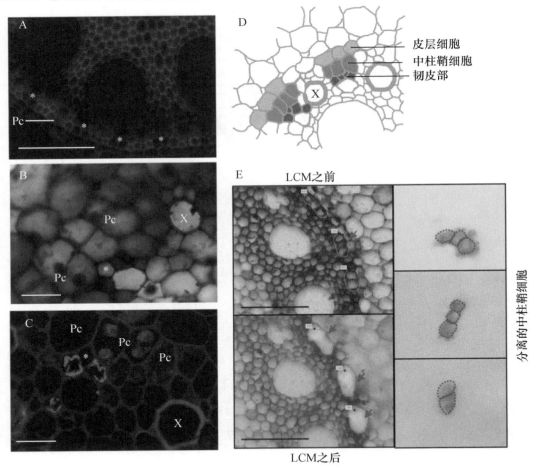

图 6-19　韧皮部对应的分裂中的中柱鞘细胞及 LCM 捕获细胞过程(彩插 6-19)

A. 自发荧光显示韧皮部及木质部对应的中柱鞘细胞异质性排列　B. 甲苯胺蓝染色显示侧根起源于韧皮部对应的
中柱鞘细胞早期分裂　C. DR5∷RFP 荧光及 DAPI 对比染色显示生长素局部累积及中柱鞘细胞分裂;
Pc,中柱鞘细胞;"∗",韧皮部;X,木质部;比例尺:150 μm(A),20 μm(B,C)。
D. LCM 分离三种不同颜色模式细胞类型(内皮层,中柱鞘及韧皮部)
E. 图片显示 LCM 捕获之前和之后的细胞形态(红色箭头)及捕获的中柱鞘细胞(红色虚线)

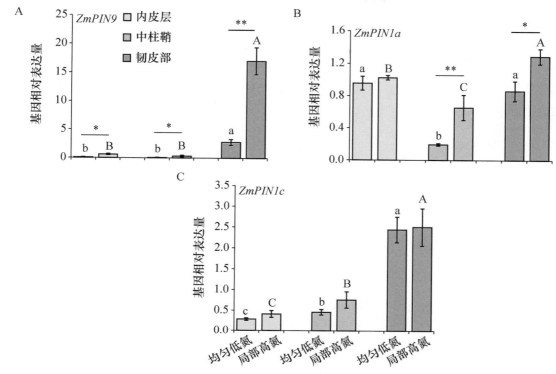

图 6-20　**与侧根起始相关的细胞类型（内皮层，中柱鞘及韧皮部）中 *ZmPIN9*（A），*ZmPIN1a*（B）和 *ZmPIN1c*（C）的表达**

成对的 *t* 检验统计均匀低浓度硝酸盐和局部高浓度硝酸盐诱导的显著性差异，用星号表示（＊，*P*＜0.05；＊＊，*P*＜0.01），不同的小写字母表示在均匀低浓度硝酸盐条件下不同类型细胞间的表达差异，大写字母表示在局部高浓度硝酸盐诱导下不同类型细胞间的表达差异（*P*＜0.05，单因素方差分析）

6.3.4　局部高浓度硝酸盐诱导玉米不同类型根系侧根起始机制的差异

对于多数植物种类，侧根起源于一系列进行非对称性分裂的中柱鞘细胞（Malamy and Benfey，1997）。中柱鞘细胞位于中柱组织的最外层并具有再分裂能力，其分布由木质部和韧皮部相间隔排列（Parizot et al.，2008）。这两类中柱鞘细胞在形态（Beeckman et al.，2001）、超微结构（Parizot et al.，2008）及特定的蛋白和基因表达模式（Vanneste et al.，2005）等方面显著不同。对于拟南芥，侧根起源于木质部对应的中柱鞘细胞而韧皮部对应的中柱鞘细胞停止分裂（Parizot et al.，2008）。生长素局部累积及其作用下游分子响应元件驱动侧根起始，并完成整个侧根形成过程（De Smet et al.，2007，2008；Laskowski et al.，2008）。木质部对应的中柱鞘细胞循环调控过程在侧根原基起始中发挥着重要作用（Himanen et al.，2002，2004）。与拟南芥不同，禾本科单子叶植物玉米侧根发育机制鲜有报道。玉米侧根起源于韧皮部对应的中柱鞘和内皮层细胞及其韧皮部中心生长素累积（Casero et al.，1995；Jansen et al.，2012），导致下游 RUM1（Aux/IAA 抑制蛋白）蛋白降解释放生长素响应因子控制侧根发生（Woll et al.，2005；Von Behrens et al.，2011）。

近期研究结果对拟南芥侧根发生有了新的认识,生长素受体 AFB3 及其下游硝酸盐相关的转录因子 NAC4 和 OBP4 通过调控中柱鞘细胞循环从而激活侧根起始过程(Vidal et al., 2013)。对于单子叶作物玉米侧根发生响应局部高浓度硝酸盐供应的生物学机制目前还不清楚。借助 LCM-RNA-Seq 技术,比较不同种类玉米根系韧皮部对应的中柱鞘细胞转录组整体差异及潜在的生物学功能差异,发现最后一轮节根(吐丝期节根)的中柱鞘细胞转录组及其功能显著区别于其他类型根系(图 6-21)。节根在全生育期内养分和水分吸收及抗倒伏方面贡献

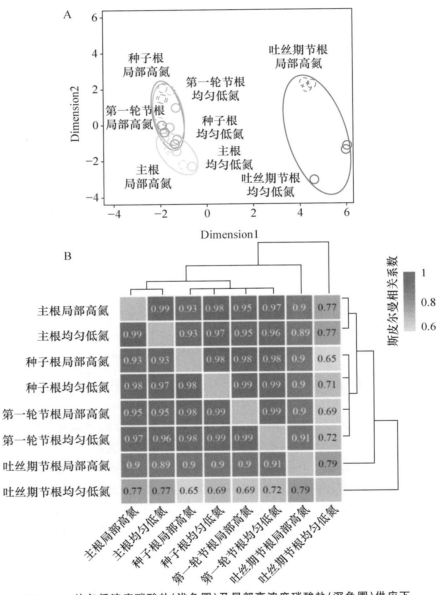

图 6-21　均匀低浓度硝酸盐(浅色圈)及局部高浓度硝酸盐(深色圈)供应下,玉米不同类型根系中柱鞘细胞转录组的关系(彩插 6-21)

A. 多维尺度分析图表明 24 个玉米不同类型根系中柱鞘细胞转录组的整体相似性

B. 斯皮尔曼相关系数分析 8 个处理转录组所有表达基因的对数标准化值

最大(Hochholdingerand Tuberosa,2009;Rogers and Benfey,2015)。玉米不同种类根系在侧根发育机制多样性及转录水平的功能适应性,揭示了单子叶植物根系复杂的分子调节机制。

以均匀低浓度硝酸盐为对照,分析不同类型根系在局部高浓度硝酸盐诱导下的差异表达基因,图6-22A显示四种类型根系响应局部高浓度硝酸盐处理的基因表达差异,总计发现3 640个差异表达基因,其中节根中柱鞘细胞中发现3 046个,种子根中柱鞘细胞发现891个,第一轮节根中柱鞘细胞发现11个,而主根中没有发现差异表达基因。以上结果表明,玉米不同类型根系中柱鞘细胞响应局部高浓度硝酸盐诱导后表现出转录水平多样性,并且节根反应最为强烈。

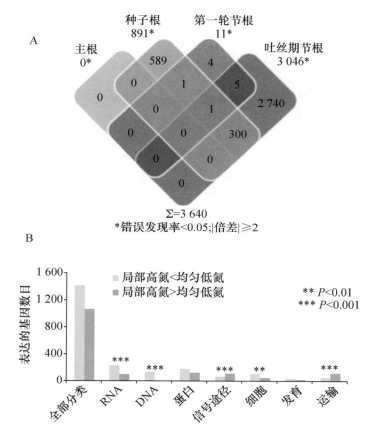

图 6-22 吐丝期节根转录组功能特异性

A. 四种类型根系中柱鞘细胞转录组差异表达基因交叠　B. 显著区别于总表达
基因的功能分类　　＊＊ $P<0.01$；＊＊＊ $P<0.001$

不同种类根系中柱鞘细胞转录研究发现,吐丝期节根特定硝酸盐诱导的基因与细胞循环过程密切相关(图6-16,图6-23),比如核小体、染色质组装及有丝分裂过程中与微管动力蛋白密切相关的生物学过程(图6-24;McIntosh et al.,2002)。最近研究也表明生长素诱导玉米侧根起始过程与控制微管运动的基因编码的蛋白相关(Jansen et al.,2013)。在生长素诱导侧根起始过程中发现,G1/S期特定表达的基因 histone H4 与 CYCD3；1 及 DNA 复制过程相关的基因发生共同诱导(Himanen et al.,2002,2004)。S期细胞周期蛋白激酶(S-CDK)及M期细胞周期蛋白激酶复合体分别调控细胞 S 期及 M 期进行(图 6-24B;Polyn et al.,2015)。有丝分裂阻滞蛋白 2(MAD2)、细胞循环调控蛋白后期激活复合体(APC)及细胞分裂循环蛋白(CDC)的诱导表明细胞有丝分裂后期起始(Elledge,1998;Yu et al.,1999)。构成微管亚单位 TUBIN A 和 B 动态不稳定性表达和相关绑定 Actin 的蛋白(ADF,VILLIN 及 PROFILIN 4)也表明了细胞分裂过程中微管运动及其驱动力产生(Smith,2001)。另外有研究表明,微管相关的分子动力蛋白影响细胞分裂过程中细胞器运输及分配(Asada and Collings,1997)。以上结果发现了一系列基因编码微管及相应的动力蛋白基因,调控有丝分裂过程的细胞循环过程由中期向后期转变,这个结果与已经发现的 B 类型细胞周期蛋白及细胞周期激酶蛋白的诱导结果相一致,共同揭示吐丝期节根上侧根起始过程中细胞循环调控机制。

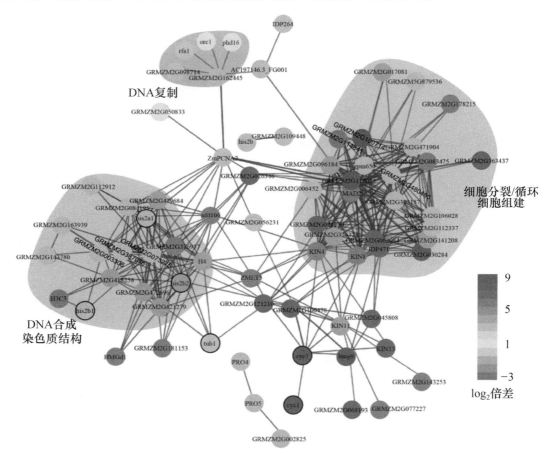

图 6-23　基因共表达网络分析(彩插 6-23)

三个相互关联的聚类用灰色背景标记,分别代表 DNA 合成和染色质结构、DNA 复制、细胞循环/分裂及细胞组织。
从灰至红的梯度表明对数标准化的基因差异表达水平。

　　综上所述,玉米不同类型根系的中柱鞘细胞响应局部高浓度硝酸盐诱导的转录组及其功能存在差异。在均匀低浓度硝酸盐或局部高浓度硝酸盐供应下,吐丝期节根的转录组显著区别于其他根系类型,并且不同根系类型的转录组差异显著高于局部高硝酸盐的诱导效应。局部高浓度硝酸盐诱导玉米吐丝期节根中柱鞘细胞差异表达基因主要参与 DNA 合成及细胞循

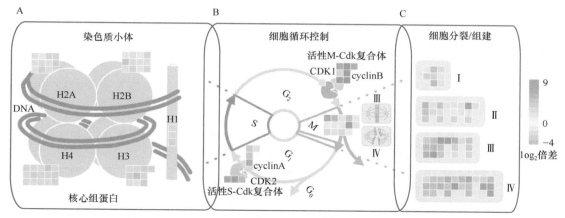

图 6-24 硝酸盐响应敏感的基因及关键调控因子控制中柱鞘分裂过程中的 **G1—S** 期和
G2—M 期细胞循环过程(彩插 6-24)

A. 由组蛋白八聚体组成的染色质小体(核心组蛋白:组蛋白 H2A,H2B,H3 和 H4;连接组蛋白:组蛋白 H1)
B. 控制 S 期及有丝分裂期(Ⅲ,中期;Ⅳ,后期)特定的细胞循环。两个激活的细胞周期蛋白及细胞周期激酶
蛋白复合体分别控制细胞循环进入 S 期和 M 期。热图表明细胞循环由中期向后期过渡的基因上调表达,
纺锤体检查点蛋白(MAD2,MITOTIC ARREST DEFICIENT 2),细胞循环后期促进复合体(APC),
染色体结构维持(SMC),细胞分裂循环蛋白(CDC) C. 细胞循环过程表达的转录本划分为四组:
Ⅰ,微管亚单位;Ⅱ,细胞骨架结构组分;Ⅲ,绑定微管及相关蛋白;Ⅳ,编码驱动蛋白及类似动力蛋白

环过程。中柱鞘细胞转录组功能分析结果表明了与根系局部高浓度硝酸盐诱导时期相联系的
侧根发育过程。

6.4　根系对缺磷的形态和生理响应

磷在土壤中的有效性低并且移动性较差,是作物生长的主要限制因子之一(Schachtman
et al.,1998;Lynch,2007),因此,缺磷时植物根系一方面通过根系形态学改变,例如通过改变
根系构型、增加根表面积、减小根直径或形成排根来增加对土壤中速效磷资源的获取(Barber,
1995);另一方面通过根系的生理活动如增加质子、有机酸和酸性磷酸酶的分泌来获取土壤中
较稳定态磷源(Neumann and Römheld,1999);此外通过与菌根真菌互作以及增加根系磷转运
蛋白的表达和提高植株体内磷的利用效率也是植物对低磷环境的适应反应之一(Richardson
et al.,2009)。但不同植物的适应机制有很大差别。

6.4.1　玉米和豆科植物根系对缺磷的形态响应

比较不同供磷水平对玉米和不同豆科作物生长的影响看到,低磷(LP,1 μmol/L)处理显
著降低蚕豆和玉米的整株生物量,整株干物重的降低主要由地上部干重减少所致(表 6-3)。低
磷胁迫对玉米生长的抑制作用显著大于对蚕豆生长的影响(图 6-25)。根箱土壤培养试验结果
可知,LP(10 mg P/kg soil)处理显著降低玉米和蚕豆地上部干重以及玉米的根系干重,增加

了两种植物的根冠比；显著降低了两种植物地上部和根系的磷浓度以及植株的整株吸磷量（图 6-26）。缺磷初期玉米根系生物量显著增加（图 6-25），并且低磷胁迫对玉米地上部生物量的抑制作用大于白羽扇豆和蚕豆，高低磷处理之间植物体内磷浓度差异玉米＞蚕豆＞白羽扇豆（图 6-27），说明玉米比豆科植物对缺磷更敏感，满足玉米生长所需要的体内养分浓度更高（Paponov and Engels，2003）。持续缺磷最终会显著抑制玉米地上部和根系生长（图 6-26），导致减产（Plénet et al.，2000a，b；Krey et al.，2013）。

表 6-3　营养液培养低磷（LP，1 μmol/L）和高磷（HP，250 μmol/L）处理 7 天、12 天和
16 天后白羽扇豆、蚕豆和玉米的生物量及吸磷量

P 水平	白羽扇豆			蚕豆			玉米		
	7 d	12 d	16 d	7 d	12 d	16 d	7 d	12 d	16 d
植株生物量/(g/株)									
LP	0.12	0.28	0.47	0.46	0.72	1.11	0.34	0.56	0.72
HP	0.14	0.30	0.53	0.42	0.80	1.38	0.27	0.84	1.57
LSD($P=0.05$)	0.01	0.03	0.04	0.04	0.08	0.14	0.03	0.06	0.08
磷含量/(mg/株)									
LP	1.04	1.62	1.67	3.39	4.06	4.33	0.89	0.73	0.75
HP	1.48	2.34	3.96	5.37	8.34	15.46	4.38	10.29	19.90
LSD($P=0.05$)	0.12	0.26	0.38	0.60	1.52	2.03	0.62	1.28	2.17

每个处理四个生物学重复。

与玉米不同，尽管白羽扇豆在低磷胁迫下地上部和根系磷含量和浓度均显著降低（图 6-27；表 6-3），但地上部和根系生物量均未受到影响（图 6-25）。表明维持白羽扇豆生长所需要的体内临界磷浓度很低（Neumann and Römheld，1999）。相反，低磷胁迫显著增加蚕豆在短期水培试验中的根系干重和总根长（图 6-25；表 6-4），表明蚕豆在低磷胁迫下也同样会形成更大根系，以利于在更大土壤范围内吸收磷资源。

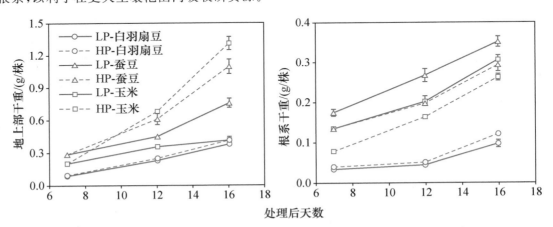

图 6-25　营养液培养低磷（LP，1 μmol/L）和高磷（HP，250 μmol/L）处理 7 天、12 天和
16 天后白羽扇豆、蚕豆和玉米地上部和根系干重
误差线代表四个生物学重复的标准差。

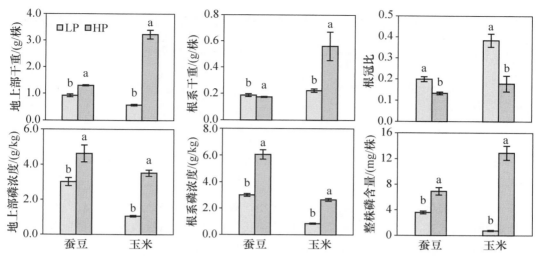

图 6-26　根箱培养低磷(LP,10 mg/kg)和高磷(HP,150 mg/kg)处理 50 天后,

玉米和蚕豆地上部和根系干重和磷浓度、根冠比以及整株磷含量

误差线代表四个生物学重复的标准差,不同小写字母表示两个磷处理间存在显著差异(P<0.05)

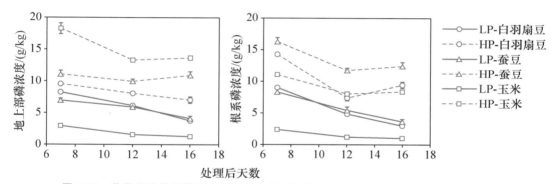

图 6-27　营养液培养低磷(LP,1 μmol/L)和高磷(HP,250 μmol/L)处理 7 天、12 天和

16 天后白羽扇豆、蚕豆和玉米地上部和根系磷浓度

误差线代表四个生物学重复的标准差。

表 6-4　营养液培养低磷(LP,1 μmol/L)和高磷(HP,250 μmol/L)处理 7 天、12 天

和 16 天后白羽扇豆、蚕豆和玉米的根长参数

根系指标	白羽扇豆		蚕豆		玉米	
	LP	HP	LP	HP	LP	HP
7 DAT						
TRL/m	1.6b	2.0a	4.6b	6.1a	14.5a	12.4b
ARL/cm	28.3b	31.5a	32.3a	36.0a	251.6a	219.5b
LRD/(数目/cm)	2.6a	2.4a	1.4b	1.7a	4.0a	3.4b
SRL/(m/g)	41.2a	41.4a	27.0a	33.5a	111.3a	113.6a
12 DAT						
TRL/m	3.9a	4.9a	11.0a	8.8b	33.6a	24.5b
ARL/cm	36.0a	35.7a	38.7a	42.4a	497.4a	336.8b
LRD/(数目/cm)	3.9a	2.9b	2.0a	1.6b	3.7a	3.5b
SRL/(m/g)	86.0a	73.9b	36.7a	43.0a	176.2a	150.0b

续表 6-4

根系指标	白羽扇豆		蚕豆		玉米	
	LP	HP	LP	HP	LP	HP
16 DAT						
TRL/m	6.2a	6.3a	23.5a	13.1b	43.2a	36.2b
ARL/cm	52.9a	48.6a	51.8a	1.6b	506.8a	454.3b
LRD/(数目/cm)	3.7a	3.5a	1.8a	1.6b	4.0a	3.5b
SRL/(m/g)	74.6a	68.1a	73.6a	63.8b	196.9a	189.1b

DAT,处理后天数;TRL,总根长(m);ARL,轴根长度(cm);LRD,侧根密度(单位轴根长度上的侧根数目);SRL,比根长(m/g)。不同植物同一行中每一对磷处理(LP 和 HP)值后不同字母代表在 P<0.05 的差异达到显著水平,每个处理四个生物学重复。

玉米和蚕豆高低磷处理之间生物量的差异小于磷含量之间的差异(表 6-3,图 6-26),并且尽管低磷处理玉米在 7~16 天收样期内用单位根长计算所得的磷吸收速率和磷吸收效率均最低,但磷利用效率最高(图 6-28),表明低磷条件下植物体内的磷利用效率均显著提高,尤其是玉米(图 6-28;图 6-29)。

在植物适应低磷胁迫的各种机制中,降低生长速率和提高体内磷利用效率是策略之一。用玉米自交系 478 的研究发现,不同供磷水平下地上部干重之间的差异小于磷浓度的差异(图

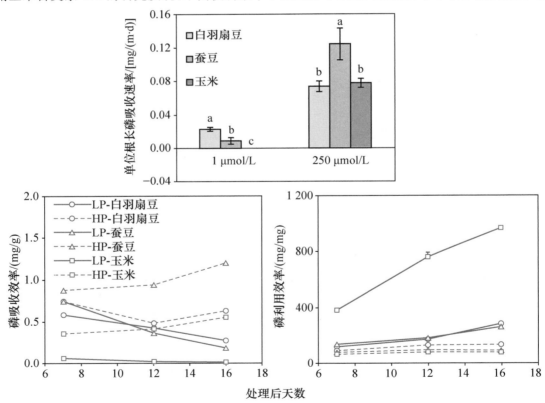

图 6-28　营养液培养低磷(LP,1 μmol/L)和高磷(HP,250 μmol/L)处理 7 天、12 天和
16 天后白羽扇豆、蚕豆和玉米单位根长磷吸收速率、磷吸收效率和磷利用效率
误差线代表四个生物学重复的标准差。

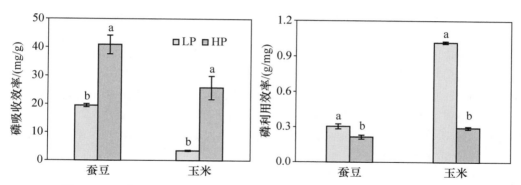

图 6-29　根箱培养低磷(LP,10 mg/kg)和高磷(HP,150 mg/kg)处理 50 天后,
玉米和蚕豆磷吸收效率和磷利用效率

误差线代表四个生物学重复的标准差,不同小写字母表示两个磷处理间存在显著差异(P<0.05)

6-30;图 6-31),说明在低磷胁迫下,每克磷产生的生物量比高磷条件下多,体内磷的生理利用
效率显著高于高磷处理(图 6-31)。低磷降低了玉米叶片生长和干物质积累(Plénet et al.,
2000a,b)。土壤中磷的移动性差,但是植物体内的磷移动相对灵活(Marschner,2012)。低磷
胁迫下,植物体内磷的分配发生变化,更多的磷从老叶向新叶转移,从营养器官向生殖生长器

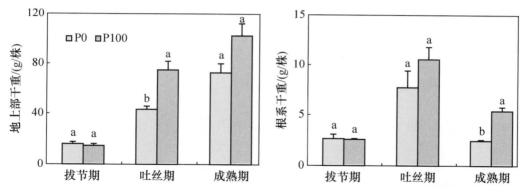

图 6-30　不同供磷水平对自交系 478 地上部干重和根系干重的影响(2010 年)
图中每个柱子代表 3 个重复的平均值,相同的字母表示不同磷水平下无显著差异(P<0.05)

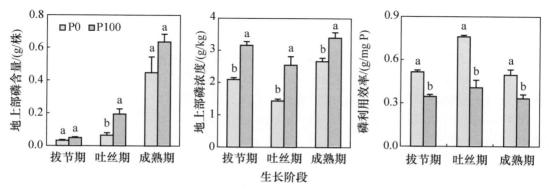

图 6-31　不同供磷水平对自交系 478 地上部磷含量、地上部磷浓度和磷利用效率的影响(2010 年)
图中每个柱子代表 3 个重复的平均值,相同的字母表示不同磷之间无显著差异(P<0.05)

官转移(Crafts-Brandner,1992;Peng and Li,2005)。说明玉米可以通过增加体内磷的利用效率,降低生长对磷的需求来适应低磷胁迫。

缺磷植株将更多的碳分配到根系,促进根系生长和根表面积增加(Lynch and Ho,2005;Tang et al.,2009),根系形态变化是植物适应低磷胁迫的主要措施之一。由表6-4的结果可知,低磷下玉米的总根长、轴根长和侧根密度均有显著增加。蚕豆与玉米相似,低磷下根系的总根长和侧根密度也显著增加,但白羽扇豆根系指标受磷胁迫的影响较小(表6-4)。磷高效玉米基因型一般具有较大的根冠比和更多的侧根数目以增加与土壤的接触空间(Zhu and Lynch,2004;Zhu et al.,2005)。

田间低磷条件下,玉米自交系478在拔节和吐丝期的细根增加,主要表现在直径＜0.6mm的根系显著增加。细根是吸收养分和水分最活跃的根系,其生理生态过程是地下过程的核心(Borkert and Barber,1983)。细根有三个主要特征:①根系细胞中具有更高比例的通道细胞和较大的皮层细胞,有利于水分和养分的快速进入(Borkert and Barber,1983);②具有更大的根系比表面积,能够占据更多的土壤空间,增大与土壤的接触面积,增加根系对资源获取的概率;③可以进入粗根不能进入的养分微域,从而高效获取养分资源。细根的上述三个特征决定了其对养分资源的高效获取。如图6-32所示,与田间P100供磷水平相比,P0供磷水平下,拔节期和吐丝期自交系478在40~50 cm土层中细根显著增加,提高了根系对磷的获取能力。生长后期细根根长显著下降,主要依靠提高体内磷的利用效率适应低磷胁迫。吐丝期后,无论何种供磷水平,总根长都显著下降,这是由于在生殖生长阶段根系衰老所致(Wells and Eissenstat,2002;Niu et al.,2010)。

6.4.2　玉米根系对缺磷的生理响应

磷在土壤中移动性较差,其生物有效性受根际条件影响。根系可以通过主动的生理反应调节根际土壤中的化学过程,从而改善磷的生物有效性(Hinsinger,2001;Rengel and Marschner,2005;White et al.,2013)。但不同植物改变根际环境的能力不同。

石灰性土壤中根系质子分泌对土壤难溶性磷的活化具有十分重要的作用(Jungk and Claassen 1989;Hinsinger,2001)。由图6-33可知,在营养液培养条件下,利用pH计对营养液pH进行测定结果表明,低磷胁迫且供硝酸钙条件下,白羽扇豆和蚕豆根系增加质子分泌,显著降低营养液pH,而玉米根系则导致营养液pH上升,尽管低磷条件下的营养液pH低于正常供磷的营养液pH。低磷处理后用琼脂显色方法对根表酸碱变化进行直观定性观察发现,白羽扇豆和蚕豆根际存在明显的酸化现象,而玉米根际存在碱化现象(图6-34)。进一步利用离子非损伤扫描电极技术对侧根根尖 H^+ 离子流进行动态实时监测(图6-35),发现白羽扇豆和低磷处理蚕豆根表 H^+ 均表现为外排,低磷处理下 H^+ 流速显著高于高磷处理,蚕豆根表 H^+ 流速显著高于白羽扇豆,而玉米根表出现 H^+ 内流(图6-35),结果与营养液pH变化和琼脂显色的结果一致。

即便在根箱土壤培养条件下,无论测定根际与非根际土体土壤浸提液或土壤溶液的pH,均发现蚕豆根际pH显著低于非根际,而玉米根际与非根际土壤pH没有显著差异。上述不同方法测定的结果一致表明,低磷胁迫显著促进了豆科植物根系表面的质子释放,存在显著的根际酸化现象,而玉米根表质子分泌并未增加(图6-36)(Neumann and Römheld,1999;George et al.,2002)。

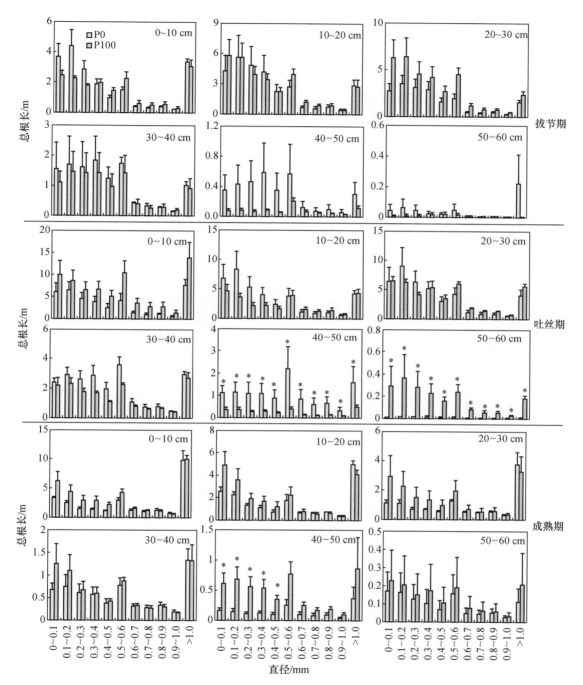

图 6-32　不同供磷水平对玉米自交系 478 不同直径根系垂直分布的影响（2010 年）

图中每个柱子代表 3 个重复的平均值。

缺磷胁迫下豆科植物质子分泌的增加可能伴随有机酸分泌增加（Neumann and Römheld，1999）。营养液培养条件下收集根尖分泌物发现，豆科植物在低磷条件下均能增加有机酸分泌（表 6-5，表 6-6）。结合对根表酸性磷酸酶定性与定量分析结果发现，缺磷条件下蚕豆根系分

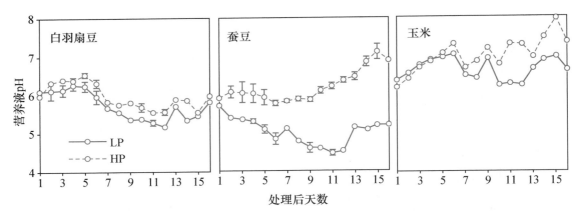

图 6-33　低磷(LP，1 μmol/L)和高磷(HP，250 μmol/L)处理白羽扇豆、蚕豆和玉米营养液 pH

每天早上 10:00 测定，箭头表示更换营养液的时间，误差线代表四个生物学重复的标准差。

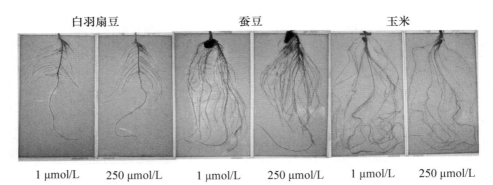

白羽扇豆　　　　　蚕豆　　　　　玉米

1 μmol/L　　250 μmol/L　　1 μmol/L　　250 μmol/L　　1 μmol/L　　250 μmol/L

图 6-34　营养液培养中低磷(LP，1 μmol/L)和高磷(HP，250 μmol/L)处理对白羽扇豆、
蚕豆和玉米根际酸化或碱化的影响(彩插 6-34)

根际 pH 变化通过将处理 12 天后根系置于含溴甲酚紫，pH 5.9 的琼脂溶液中显色 30 min 后拍照。
黄色表示 pH＜5.2，紫色表示 pH＞6.8。

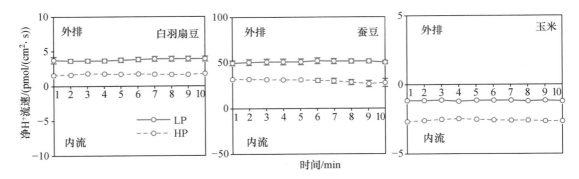

图 6-35　营养液培养中低磷(LP，1 μmol/L)和高磷(HP，250 μmol/L)
处理 12 天后白羽扇豆、蚕豆和玉米根系表面净 H^+ 流速

误差线代表四个生物学重复的标准差($P＜0.05$)

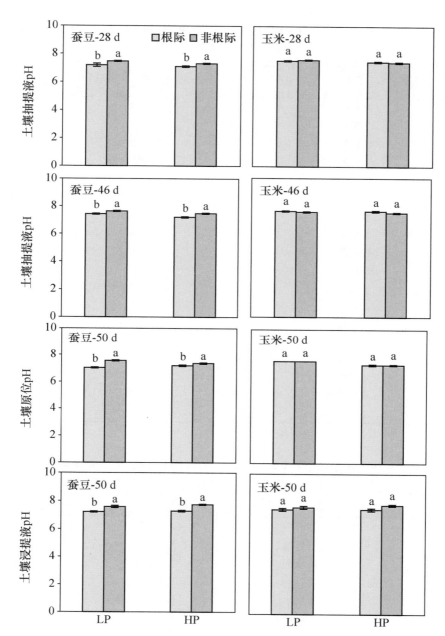

图 6-36 **根箱培养低磷(LP,10 mg/kg)和高磷(HP,150 mg/kg)处理 28 天、46 天和 50 天后，玉米和蚕豆根际与非根际土壤抽提溶液 pH、土壤原位测定 pH 和土壤浸提液 pH**

误差线代表四个生物学重复的标准差,不同小写字母表示两个磷处理间存在显著差异(P<0.05)

泌的酸性磷酸酶活性更高(图 6-37)。说明根系有机酸和酸性磷酸酶分泌是白羽扇豆和蚕豆适应低磷胁迫的主要措施(Nuruzzaman et al.,2005;Pearse et al..,2006)。但玉米在同样条件下并未增加有机酸和酸性磷酸酶的释放(图 6-37;表 6-5,表 6-6)。综合上述结果,玉米在低磷条件不会增加根的质子、有机酸和酸性磷酸酶分泌,主要通过增加根系形态变化对缺磷胁迫加以应对。

表 6-5　营养液培养低磷(1 μmol/L)或高磷(250 μmol/L)处理 12 天后白羽扇豆、

蚕豆和玉米根系分泌的有机酸

| 植物 | 有机酸 | 根系分泌/[μmol/(g 根干重·h)] | | |
		LP	HP	LSD
白羽扇豆	酒石酸	0.96	0.54	0.04
	苹果酸	1.67	0.92	0.27
	柠檬酸	0.59	0.47	0.04
	富马酸	0.02	0.03	0.00
	反乌头酸	0.04	n. d.	0.00
	总有机酸	3.29	1.95	0.29
蚕豆	酒石酸	1.35	0.83	0.20
	苹果酸	0.75	0.81	0.39
	柠檬酸	0.31	0.42	0.15
	富马酸	0.05	n. d.	0.02
	反乌头酸	n. d.	0.01	0.00
	总有机酸	2.47	2.08	0.35
玉米	酒石酸	0.41	3.62	1.08
	苹果酸	n. d.	1.20	0.27
	柠檬酸	n. d.	n. d.	0.00
	富马酸	0.03	0.05	0.01
	反乌头酸	0.48	0.29	0.15
	总有机酸	0.92	5.16	1.42

每个处理 4 个生物学重复。n. d. 没有检测到。

表 6-6　根箱培养低磷(LP,10 mg/kg)和高磷(HP,150 mg/kg)处理 48 天后,玉米和蚕豆根尖分泌的有机酸

| 植物 | 有机酸 | 根系有机酸分泌/($\times 10^{-8}$ mmol/(根尖·h)) | |
		LP	HP
玉米	酒石酸	n. d.	n. d.
	苹果酸	129.1a	111.9a
	柠檬酸	39.8b	57.9a
	富马酸	1.6a	2.1a
	反乌头酸	10.4a	7.8a
	总有机酸	180.9a	179.7a
蚕豆	酒石酸	25.5a	25.6a
	苹果酸	267.8a	92.3b
	柠檬酸	65.7a	46.2b
	富马酸	18.5a	6.0b
	反乌头酸	n. d.	n. d.
	总有机酸	377.5a	170.1b

每个处理四个生物学重复。n. d. 没有检测到。同一行中每一对磷处理(LP 和 HP)值后不同字母代表在 $P < 0.05$ 的差异达到显著水平。

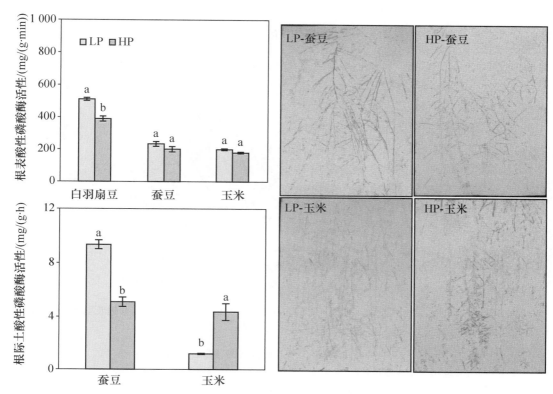

图 6-37　营养液和根箱培养的玉米和蚕豆根表酸性磷酸酶活性的定性和定量检测

　　根际过程会显著影响土壤中速效磷浓度和磷形态。土壤 pH 可以影响土壤中磷的形态，例如土壤中磷的吸附与解吸附主要受土壤 pH 的影响（Nanzyo and Watanabe，1982）。土壤中磷的解吸附通常伴随着根际酸化（Barrow，2015）。有机酸能够加速磷酸盐的溶解（Gerke et al.，1994；Jones and Darrah，1994），并且将磷从矿物表面、铁铝氧化物或氢氧化物、钙磷表面活化出来（Jones，1998；Ryan et al.，2001；Neumann et al.，2014）。酸性磷酸酶催化有机复合物水解供植物吸收（Tarafdar and Jungk，1987；Goldstein et al.，1988）。

　　为精确测定根际速效磷浓度的变化，利用根际原位抽提技术结合根箱土壤培养方法抽提根际与非根际土壤溶液（图 6-38），测定溶液中的速效磷浓度。发现玉米根际土壤抽提液中水溶性磷浓度显著低于非根际土壤（图 6-39），但蚕豆根际土壤抽提液中水溶性磷浓度显著高于非根际土壤（图 6-39）。表明蚕豆根系通过生理过程活化了土壤中的难溶性磷酸盐、或通过提高根表酸性磷酸酶活性矿化了土壤中的有机磷，并且磷的释放速率大于蚕豆根系的养分吸收速率；相反，玉米根系对速效磷的吸收速率较高并且根际没有磷的生理活化过程，导致玉米根际土壤的速效磷浓度显著低于非根际土壤。生产上，在缺磷土壤上将蚕豆与玉米间作，蚕豆通过释放质子、有机酸和酸性磷酸酶能改善难溶性磷酸盐和有机磷源中磷的生物有效性，可以增加蚕豆和玉米的产量。

　　不同化学形态的磷在土壤中的转化过程及其对植物有效性的关系可以通过磷的连续分级方法来评价，其中 Hedley 磷分级改进方法是目前最为广泛应用的磷分级方法。磷分级可以区分不同活性的有机无机磷，其中树脂提取-P 和 $NaHCO_3$-Pi 是易解吸附的土壤磷组分，可以为

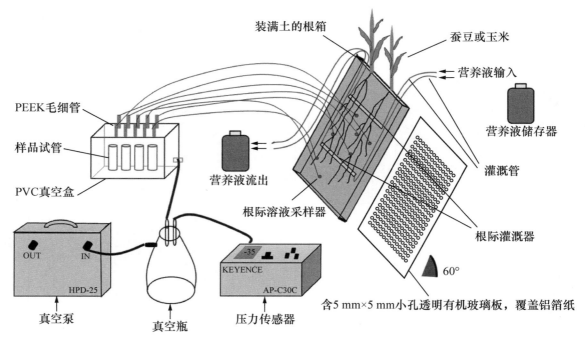

图 6-38 根箱与土壤溶液微抽提容器装置图

根箱与水平线呈 60° 放置在温室中。营养液从高处的储存器里通过重力流出。将土壤溶液微抽提器通过
根箱有机玻璃板上的小孔插入土壤中进行取样。每个抽提器连接到安置在 PVC 真空盒的试管内。
真空盒通过压力传感器将抽提压力控制在 −35 kPa。

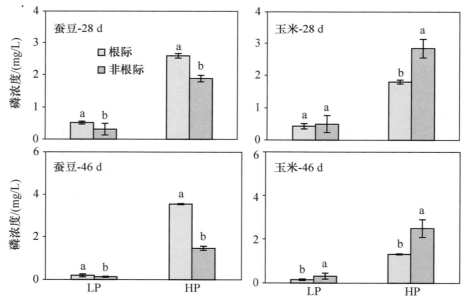

**图 6-39 根箱培养低磷（LP，10 mg/kg）和高磷（HP，150 mg/kg）处理 28 天和 46 天后，
玉米和蚕豆根际与非根际土壤抽提溶液磷浓度**

误差线代表四个生物学重复的标准差，不同小写字母表示两个磷处理间存在显著差异（$P < 0.05$）

植物直接吸收利用(Tiessen and Moir,1993;Phiri et al.,2001)。0.1 mol/L NaOH 浸提的无机磷主要是铁/铝-磷(Fe/Al-Pi),被认为是中等活性的磷。1 mol/L HCl-P 浸提的是结合在碳酸钙和闭蓄在铁铝氧化物内部的磷酸盐,是钙质土壤中最主要的磷组分,但在高度风化的土壤(如红壤)中也能提取部分闭蓄态磷。

收集根箱中根际与非根际土壤进行磷分级发现,与非根际土壤相比,低磷胁迫下蚕豆根际树脂提取-P,NaHCO₃-Pi,NaOH-Pi,浓 HCl-Pi 均有显著的增加,而其相对应的有机磷均有显著耗竭,导致蚕豆根际总有机磷耗竭 41.78 mg/kg(表 6-7)。同样,高磷处理下蚕豆根际树脂

表 6-7 根箱低磷(LP,10 mg P/kg soil)和高磷(HP,150 mg P/kg soil)处理50天后, 玉米和蚕豆根际和非根际土壤不同组分磷浓度　　　　　　　　　mg/kg

磷组分	蚕豆					
	LP			HP		
	根际土壤	土体土	ΔP	根际土壤	土体土	ΔP
树脂 P	9.80a	8.98b	+0.82	82.63a	72.79b	+9.84
NaHCO₃-Pi	9.24a	7.35b	+1.89	46.38a	40.58b	+5.81
NaHCO₃-Po	0.81b	1.82a	-1.01	2.56a	3.76a	-1.20
NaOH-Pi	13.56a	11.79b	+1.77	23.73a	26.92a	-3.19
NaOH-Po	18.33a	20.58a	-2.25	16.24a	15.35a	+0.89
1 mol/L HCl-P	297.67a	301.45a	-3.78	465.97a	411.21b	+54.76
浓 HCl-Pi	87.85a	53.97b	+33.87	103.43a	105.12a	-1.69
浓 HCl-Po	26.91b	65.44a	-38.53	23.92a	27.31a	-3.39
残留 P	72.15a	74.50a	-2.35	66.93a	71.72a	-4.78
总 Po	46.05b	87.83a	-41.78	42.72a	44.17a	-1.45
总 P	536.32a	545.89a	-9.56	831.79a	774.74a	+57.04

磷组分	玉米					
	LP			HP		
	根际土壤	土体土	ΔP	根际土壤	土体土	ΔP
树脂 P	6.13a	6.75a	-0.62	90.22a	85.04a	+5.19
NaHCO₃-Pi	5.96a	7.47a	-1.52	46.21a	46.95a	-0.74
NaHCO₃-Po	6.91a	5.00a	+1.91	5.12a	7.97a	-2.86
NaOH-Pi	11.02a	10.14a	+0.88	27.36a	26.48a	+0.88
NaOH-Po	18.33a	15.57b	+2.76	15.90a	14.36a	+1.55
1 mol/L HCl-P	298.93a	287.59a	+11.34	376.06a	350.86a	+25.21
浓 HCl-Pi	72.22a	77.00a	-4.78	106.82a	98.88a	+7.94
浓 HCl-Po	43.91a	41.04a	+2.86	21.08b	32.30a	-11.22
残留 P	80.88a	78.24a	+2.65	76.25a	66.68a	+9.57
总 Po	69.15a	61.61a	+7.54	42.10b	54.63a	-12.54
总 P	544.29a	528.80a	+15.49	765.02a	729.51a	+35.51

　　每个值代表4个生物学重复。不同字母(小写字母)代表每种植物在同一磷水平下根际土与非根际土在0.05水平下存在显著差异。

　　ΔP:非根际土与根际土磷浓度差值;树脂 P 和 1 mol/L HCl-P:通过树脂和 1 mol/L HCl 浸提的有机磷和无机磷的总量;Pi:通过不同浸提剂浸提的无机磷量;Po:通过不同浸提剂浸提的有机磷量;总 Po:通过不同浸提剂浸提的有机磷总量;总 P:通过浸提的磷总量。

207

提取-P,NaHCO$_3$-Pi,1 mol/L HCl-P 均有显著的增加,有机磷浓度虽在数量上有所降低,但差异并不显著(表 6-7),蚕豆根际无机磷有效性显著高于非根际。相反,尽管低磷处理下玉米根际无机磷浓度存在磷耗竭,但无论何种供磷水平,玉米根际与非根际土壤大部分磷组分间的浓度差异不显著,除在高磷处理下,与非根际相比,玉米显著降低了根际浓 HCl-Po 的浓度,导致根际总有机磷浓度降低。蚕豆根际不同磷组分的浓度变化可能与蚕豆根际土壤 pH 显著降低密切相关,土壤酸化导致不稳定的磷形态解吸附或者溶解出来(Barrow,2012;Hinsinger,2001)。在低磷胁迫下蚕豆根际的 NaHCO$_3$-Po、NaOH-Po、浓 HCl-Po 出现显著耗竭,并且这三种有机磷耗竭量存在递增的趋势,同时与根际酸性磷酸酶活性的变化趋势一致。低磷胁迫下蚕豆根际酸性磷酸酶活性的增加加速了一部分有机磷的水解,进而增加无机磷的浓度(Tarafdar and Jungk,1987;Helal and Dressler,1989)。另外,HCl-P 浸提所得的磷是石灰性土壤中最主要的磷组分,因此浓 HCl-Po 的耗竭量显著高于其他两种有机磷形态。这与已有研究结果发现单作小麦根际 NaOH-Po 存在显著耗竭(Li et al.,2008),油菜根际 NaOH 浸提所得有机无机磷均存在显著耗竭的结果一致(Gahoonia et al.,1992)。1 mol/L HCl-P 浸提的是结合在碳酸钙和闭蓄在铁铝氧化物内部的磷酸盐,它是钙质土壤上最主要的磷组分(Hedley et al.,1982),这与土壤 pH 变化情况密切相关。无论在何种供磷水平下,蚕豆和玉米根际与非根际残留态磷均无显著变化,表明蚕豆和玉米不能利用与碳酸盐和铁铝氧化物结合形成闭蓄态磷源。菜豆和小麦上也有类似结论(Li et al.,2008)。

综上,玉米在低磷胁迫下总根长、轴根长和侧根密度均有显著增加,但根系质子、有机酸分泌和酸性磷酸酶活性并未增加,根际土壤存在显著磷耗竭。表明玉米根系适应低磷胁迫以形态变化为主,根系生理变化并非玉米适应低磷胁迫的主要机制。在将来的玉米育种中,选育大根系对玉米吸收土壤中的无机磷具有重要意义,生产上可以通过调整施肥方法或者肥料种类的方法刺激根系生长,增加磷素吸收。

参考文献

[1]樊明寿.2001.低磷条件下植物根内通气组织的形成及其可能的生理作用.中国农业大学博士学位论文.

[2]刘婷婷.2005.不同玉米自交系氮效率差异的比较及对氮素供应的反应.内蒙古农业大学硕士学位论文.

[3]王敬锋,刘鹏,赵秉强,等.2011.不同基因型玉米根系特性与氮素吸收利用的差异.中国农业科学,44(4):699-707.

[4]Asada T,Collings D. 1997. Molecular motors in higher plants. Trends in Plant Science,2:29-37.

[5]Band L R,Wells D M,Fozard J A,et al. 2014. Systems analysis of auxintransport in the *Arabidopsis* root apex. Plant Cell,26:862-875.

[6]Barber S A. 1995. Soil Nutrient Bioavailability:A mechanistic approach. New York:John Wiley Press.

[7]Barrow J. 2012. Reactions with Variable-Charge Soils. Berlin:Springer Science and Business

Media.

[8]Barrow N. 2015. A mechanistic model for describing the sorption and desorption of phosphate by soil. European Journal of Soil Science,66:9-18.

[9]Beeckman T,Burssens S,Inzé D. 2001. The peri-cell-cycle in *Arabidopsis*. Journal of Experimental Botany,52:403-411.

[10]Benková E,Michniewicz M,Sauer M，et al. 2003. Local,efflux-dependent auxin gradients as a common module for plant organ formation. Cell,115:591-602.

[11]Biswas J C,Ladha J K,Dazzo F B. 2000. Rhizobia inoculation improves nutrient uptake and growth of lowland rice. Soil Science Society ofAmerica Journal,64:1644-1650.

[12]Blilou I,Xu J,Wildwater M，et al. 2005. The PIN auxin efflux facilitator network controls growth and patterning in *Arabidopsis* roots. Nature,433:39-44.

[13]Borkert C M,Barber S A. 1983. Effect of supplying P to a portion of the soybean root system on root growth and P uptake kinetics. Journal of Plant Nutrition,6:895-910.

[14]Casero P J,Casimiro I,Lloret P G. 1995. Lateral root initiation by asymmetrical transverse divisions of pericycle cells in four plant species:*Raphanus sativus*,*Helianthus annuus*,*Zea mays*,and *Daucus carota*. Protoplasma,188:49-58.

[15]Chen X,Cui Z,Fan M，et al. 2014. Producing more grain with lower environmental costs. Nature,514:486-489.

[16]Comas L,Bouma T,Eissenstat D. 2002. Linking root traits to potential growth rate in six temperate tree species. Oecologia,132:34-43.

[17]Comas L H,Eissenstat D M. 2004. Linking fine root traits to maximum potential growth rate among 11 mature temperate tree species. Functional Ecology,18:388-397.

[18]Crafts-Brandner S J. 1992. Significance of leaf phosphorus remobilization in yield production in soybean. Crop Science,32:420-424.

[19]De Almeida Engler J,De Veylder L,De Groodt R，et al. 2009. Systematic analysis of cell-cycle gene expression during *Arabidopsis* development. Plant Journal,59:645-660.

[20]De Smet I,Tetsumura T,De Rybel B，et al. 2007. Auxin-dependent regulation of lateral root positioning in the basal meristem of *Arabidopsis*. Development,134:681-690.

[21]De Smet I,Vassileva V,De Rybel B，et al. 2008. Receptor-like kinase ACR4 restricts formative cell divisions in the *Arabidopsis* root. Science,322:594-597.

[22]De Veylder L,Beeckman T,Beemster G T S，et al. 2001. Functional analysis of cyclin-dependent kinase inhibitors of *Arabidopsis*. Plant Cell,13:1653-1668.

[23]Drew M C. 1975. Comparison of the effects of a localized supply of phosphate,nitrate,ammonium and potassium on the growth of the seminal root system,and the shoot,in barley. New Phytologist,75:479-490.

[24]Dubrovsky J G,Rost T L,Colón-Carmona A，et al. 2001. Early primordium morphogenesis during lateral root initiation in *Arabidopsis thaliana*. Planta,214:30-36.

[25]Dwyer L M,Ma B L,Stewart D W，et al. 1996. Root mass distribution under conventional and conservation tillage. Canadian Journal of Soil Science,76:23-28.

[26]Eissenstat D M,Caldwell M M. 1988. Seasonal timing of root growth in favorable micro-sites. Ecology,69:870-873.

[27]Eissenstat D M. 1991. On the relationship between specific root length and the rate of root proliferation:a field study using citrus rootstocks. New Phytologist,118:63-68.

[28]Elledge S J. 1998. Mitotic arrest:Mad2 prevents sleepy from waking up the APC. Science,279:999-1000.

[29]Fan M,Zhu J,Richards C, et al. 2003. Physiological roles for aerenchyma in phosphorus-stressed roots. Functional Plant Biology,30:493-506.

[30]Forestan C,Farinati S,Varotto S. 2012. The maize PIN gene family of auxin transport-ers. Frontiers in Plant Science,3:16.

[31]Friml J,Benková E,Blilou I, et al. 2002a. *AtPIN4* mediates sink-driven auxin gradients and root patterning in *Arabidopsis*. Cell,108:661-673.

[32]Friml J, Vieten A, Sauer M, et al. 2003. Efflux-dependent auxin gradients establish theapical-basal axis of *Arabidopsis*. Nature,426:147-153.

[33]Friml J,Wiśniewska J,Benková E, et al. 2002b. Lateral relocation of auxin efflux regu-lator PIN3 mediates tropism in *Arabidopsis*. Nature,415:806-809.

[34]Gahoonia T S,Claassen N,Jungk A. 1992. Mobilization of phosphate in different soils by ryegrass supplied with ammonium or nitrate. Plant and Soil,140:241-248.

[35]Gallais A,Coque M. 2005. Genetic variation and selection for nitrogen use efficiency in maize:A synthesis. Maydica,50:531-547.

[36]Gansel X, Muños S, Tillard P, et al. 2001. Differential regulation of the NO_3^- and NH_4^+ transporter genes *AtNrt2. 1* and *AtAmt1. 1* in *Arabidopsis*:relation with long-dis-tance and local controls by N status of the plant. Plant Journal,26:143-155.

[37]George T,Gregory P,Robinson J, et al. 2002. Changes in phosphorus concentrations and pH in the rhizosphere of some agroforestry and crop species. Plant and Soil,246:65-73.

[38]Gerke J,Römer W,Jungk A. 1994. The excretion of citric and malic acid by proteoid roots of *Lupinus albus* L. ;effects on soil solution concentrations of phosphate,iron,and aluminum in the proteoid rhizosphere in samples of an oxisol and a luvisol. Zeitschrift für Pflanzenernährung und Bodenkunde,157:289-294.

[39]Giehl R F,Lima J E,von Wirén N. 2012. Localized iron supply triggerslateral root elon-gation in *Arabidopsis* by altering the AUX1-mediatedauxin distribution. Plant Cell,24:33-49.

[40]Glass A D. 2003. Nitrogen use efficiency of crop plants:physiological constraints upon nitrogen absorption. Critical Reviews in Plant Sciences,22:453-470.

[41]Goldstein A H,Baertlein D A,McDaniel R G. 1988. Phosphate starvation inducible me-tabolism in *Lycopersicon esculentum* Ⅰ. Excretion of acid phosphatase by tomato plants and suspension-cultured cells. Plant Physiology,87:711-715.

[42]Hedley M,Stewart J,Chauhan B. 1982. Changes in inorganic and organic soil phosphorus fractions induced by cultivation practices and by laboratory incubations. Soil Science So-

ciety of America Journal,46:970-976.

[43]Helal H M,Dressler A. 1989. Mobilization and turnover of soil phosphorus in the rhizosphere. Zeitschrift für Pflanzenernährung und Bodenkunde,152:175-180.

[44]Heuer S,Gaxiola R,Schilling R, et al. 2016. Improving phosphorus use efficiency-a complex trait with emerging opportunities. The Plant Journal,90(5):868-885.

[45]Himanen K,Boucheron E,Vanneste S, et al. 2002. Auxin-mediated cell cycle activation during early lateral root initiation. Plant Cell,14:2339-2351.

[46]Himanen K,Vuylsteke M,Vanneste S, et al. 2004. Transcript profiling of early lateral root initiation. Proceedings of theNational Academy of Sciences,101:5146-5151.

[47]Hinsinger P. 2001. Bioavailability of soil inorganic P in the rhizosphere as affected by root-induced chemical changes:A review. Plant and Soil,237:173-195.

[48]Hirel B,Le Gouis J,Ney B, et al. 2007. The challenge of improving nitrogen use efficiency in crop plants:towards a more central role for genetic variability and quantitative genetics within integrated approaches. Journal of Experimental Botany,58:2369-2387.

[49]Ho C,Lin S,Hu H, et al. 2009. CHL1 functions as a nitrate sensor in plants. Cell,138:1184-1194.

[50]Hochholdinger F,Feix G. 1998. Early post-embryonic root formation is specifically affected in the maize mutant *lrt1*. Plant Journal,16:247-255.

[51]Hochholdinger F,Park W J,Sauer M, et al. 2004a. From weeds to crops:genetic analysis of root development in cereals. Trends in Plant Science,9:42-48.

[52]Hochholdinger F,Woll K,Sauer M, et al. 2004b. Genetic dissection of root formation in maize(*Zea mays*) reveals root-type specific developmental programmes. Annals of Botany,93:359-368.

[53]Hochholdinger F,Tuberosa R. 2009. Genetic and genomic dissection of maize root development and architecture. Current Opinion in Plant Biology,12:172-177.

[54]Hodge A. 2004. The plastic plant:root responses to heterogeneous supplies of nutrients. New Phytologist,162:9-24.

[55]Jansen L,Roberts I,De Rycke R, et al. 2012. Phloem-associated auxin response maxima determine radial positioning of lateral roots in maize. Philosophical Transactions of the Royal Society of London. Series B,Biological Sciences,367:1525-1533.

[56]Jasckson M B,Armstrong W. 1999. Formation of aerenchyma and the processes of plant ventilation in relation to soil flooding and submergence. Plant Biology,1:274-287.

[57]Jones D L,Darrah P R. 1994. Role of root derived organic acids in the mobilization of nutrients from the rhizosphere. Plant and Soil,166:247-257.

[58]Ju X,Xing G,Chen X, et al. 2009. Reducing environmental risk by improving N management in intensive Chinese agricultural systems. Proceedings of National Academy of Sciences,106:3041-3046.

[59]Jungk A,Claassen N. 1989. Availability in soil and acquisition by plants as the basis for phosphorus and potassium supply to plants. Zeitschrift für Pflanzenernährung und

Bodenkunde,152:151-157.

[60]Krey T,Vassilev N,Baum C，et al. 2013. Effects of long-term phosphorus application and plant-growth promoting rhizobacteria on maize phosphorus nutrition under field conditions. European Journal of Soil Biology,55:124-130.

[61]Krouk G,Lacombe B,Bielach A，et al. 2010. Nitrate-regulated auxin transport by NRT1. 1 defines a mechanism for nutrient sensing in plants. Developmental Cell,18:927-937.

[62]Laskowski M,Grieneisen VA,Hofhuis H，et al. 2008. Root system architecture from coupling cell shape to auxin transport. PLoS Biology,6:e307.

[63]Lee J,Das A,Yamaguchi M，et al. 2003. Cell cycle function of a rice B2-type cyclin interacting with a B-type cyclin-dependent kinase. Plant Journal,34:417-425.

[64]Li H,Shen J,Zhang F，et al. 2008. Dynamics of phosphorus fractions in the rhizosphere of common bean (*Phaseolus vulgaris* L.) and durum wheat (*Triticum turgidum Durum* L.)grown in monocropping and intercropping systems. Plant and Soil,312:139-150.

[65]Lynch J P,Ho M D,2005. Rhizoeconomics:Carbon costs of phosphorus acquisition. Plant and Soil,269:45-56.

[66]Lynch J P. 1995. Root architecture and plant productivity. Plant Physiology,109:7-13.

[67]Lynch J P. 2007. Turner review No. 14. Roots of the second green revolution. Australian Journal of Botany,55:493-512.

[68]Mackay A,Barber S. 1985. Effect of soil moisture and phosphate level on root hair growth of corn roots. Plant and Soil,86:321-331.

[69]Malamy J E,Benfey P N. 1997. Organization and cell differentiation in lateral roots of *Arabidopsis thaliana*. Development,124:33-44.

[70]Marhavý P,Vanstraelen M,De Rybel B, et al. 2013. Auxin reflux between the endodermis and pericycle promotes lateral root initiation. EMBO Journal,32:149-158.

[71]Marschner P. 2012. Marschner's Mineral Nutrition of Higher Plants. 3rd edition. Academic Press.

[72]Marschner H. 1998. Role of root growth,arbuscular mycorrhiza,and root exudates for the efficiency in nutrient acquisition. Field Crops Research,56:203-207.

[73]McCully M E,Canny M J. 1988. Pathways and processes of water and nutrient movements in roots. Plant and Soil,111:159-170.

[74]McCully M E. 1995. How do real roots work? Plant Physiology,109:1-6.

[75]McIntosh J R,Grishchuk E L,West R R. 2002. Chromosome-microtubule interactions during mitosis. Annual Review of Cell Developmental Biology,18:193-219.

[76]Nanzyo M,Watanabe Y. 1982. Diffuse reflectance infrared spectra and ion-adsorption properties of the phosphate surface complex on goethite. Soil Science and Plant Nutrition,28:359-368.

[77]Neumann G,Bott S,Ohler M,et al. 2014. Root exudation and root development of lettuce (*Lactuca sativa* L. Cv. Tizian)as affected by different soils. Frontiers in Microbiology,5:1-6.

[78]Neumann G,Römheld V. 1999. Root excretion of carboxylic acids and protons in phosphorus-deficient plants. Plant and Soil,211:121-130.

[79] Niu J, Peng Y, Li C, et al. 2010. Changes in root length at the reproductive stage of maize plants grown in the field and quartz sand. Journal Plant Nutrition Soil Science,173:306-314.

[80] Nunes-Nesi A, Fernie A R, Stitt M. 2010. Metabolic and signaling aspects underpinning the regulation of plant carbon nitrogen interactions. Molecular Plant,3:973-996.

[81] Nuruzzaman M, Lambers H, Bolland M D, et al. 2005. Phosphorus uptake by grain legumes and subsequently grown wheat at different levels of residual phosphorus fertilizer. Crop and Pasture Science,56:1041-1047.

[82] Ogawa A, Kawashima C, Yamauchi A. 2005. Sugar accumulation along the seminal root axis as affected by osmotic stress in maize:a possible physiological basis for plastic lateral root development. Plant Production Science,8:173-180.

[83] Paponov I A, Engels C. 2003. Effect of nitrogen supply on leaf traits related to photosynthesis during grain filling in two maize genotypes with different N efficiency. Journal of Plant Nutrition and Soil Science,166:756-763.

[84] Paponov I A, Teale W D, Trebar M, et al. 2005. The PIN auxin efflux facilitators:evolutionary and functional perspectives. Trends in Plant Science,10:170-177.

[85] Parizot B, Laplaze L, Ricaud L, et al. 2008. Diarch symmetry of the vascular bundle in *Arabidopsis* root encompasses the pericycle and is reflected in distich lateral root initiation. Plant Physiology,146:140-148.

[86] Pearse S J, Veneklaas E J, Cawthray G R, et al. 2006. Carboxylate release of wheat, canola and 11 grain legume species as effected by phosphorus status. Plant and Soil,288:127-139.

[87] Pellerin S, Mollier A, Plenet D. 2000. Phosphorus deficiency affects the rate of emergence and number of maize adventitious nodal roots. Agronomy Journal,92:690-590.

[88] Peng Y, Li X, Li C. 2012. Temporal and spatial profiling of root growth revealed novel response of maize roots under various nitrogen supplies in the field. PLoS One,7:e37726.

[89] Peng Y, Niu J, Peng Z, et al. 2010. Shoot growth potential drives N uptake in maize plants and correlates with root growth in the soil. Field Crops Research,115:85-93.

[90] Peng Z, Li C. 2005. Transport and partitioning of phosphorus in wheat as affected by P withdrawal during flag-leaf expansion. Plant and Soil,268:1-11.

[91] Phiri S, Barrios E, Rao I M, et al. 2001. Changes in soil organic matter and phosphorus fractions under planted fallows and a crop rotation system on a colombian volcanic-ash soil. Plant and Soil,231:211-223.

[92] Plénet D, Etchebest S, Mollier A, et al. 2000a. Growth analysis of maize field crops under phosphorus deficiency. Plant and Soil,223:119-132.

[93] Plénet D, Mollier A, Pellerin S. 2000b. Growth analysis of maize field crops under phosphorus deficiency. Ⅱ. Radiation-use efficiency, biomass accumulation and yield components. Plant and Soil,224:259-272.

[94] Polyn S, Willems A, De Veylder L. 2015. Cell cycle entry, maintenance, and exit during

plant development. Current Opinion in Plant Biology,23:1-7.

[95]Postma J A,Dathe A,Lynch J P. 2014a. The optimal lateral root branching density for maize depends on nitrogen and phosphorus availability. Plant Physiology,166:590-602.

[96]Postma J A,Schurr U,Fiorani F. 2014b. Dynamic root growth and architecture responses to limiting nutrient availability: linking physiological models and experimentation. Biotechnology Advances,32:53-65.

[97]Quaggiotti S,Ruperti B,Borsa P, et al. 2003. Expression of a putative high-affinity NO_3^- transporter and of an H^+-ATPase in relation to whole plant nitrate transport physiology in two maize genotypes differently responsive to low nitrogen availability. Journal of Experimental Botany,54:1023-1031.

[98]Raghothama K, Karthikeyan A. 2005. Phosphate acquisition. Root Physiology:From Gene to Function,4:37-49.

[99]Rajcan I,Tollenaar M. 1999. Source:sink ratio and leaf senescence in maize:II. Nitrogen metabolism during grain filling. Field Crops Research,60:255-265.

[100]Rengel Z,Marschner P. 2005. Nutrient availability and management in the rhizosphere: Exploiting genotypic differences. New Phytologist,168:305-312.

[101]Richardson A E,Hocking P J,Simpson R J, et al. 2009. Plant mechanisms to optimise access to soil phosphorus. Crop and Pasture Science,60:124-143.

[102]Rogers E D,Benfey P N. 2015. Regulation of plant root system architecture:implications for crop advancement. Current Opinion in Biotechnology,32:93-98.

[103]Rubio V, Bustos R, Irigoyen M L, et al. 2009. Plant hormones and nutrient signaling. Plant Molecular Biology,69:361-373.

[104]Sabelli P A,Dante R A,Nguyen H N, et al. 2014. Expression,regulation and activity of a B2-type cyclin in mitotic and endoreduplicating maize endosperm. Frontiers in Plant Science,5:561.

[105]Saengwilai P,Nord E A,Chimungu J G, et al. 2014. Root cortical aerenchyma enhances nitrogen acquisition from low-nitrogen soils in maize. Plant Physiology,166:726-735.

[106]Saleem M,Lamkemeyer T,Schützenmeister A, et al. 2009. Tissue specific control of the maize (*Zea mays* L.)embryo,cortical parenchyma,and stele proteomes by *RUM1* whichregulates seminal and lateral root initiation. Journal of Proteome Research,8:2285-2297.

[107]Schachtman D P, Reid R J, Ayling S M. 1998. Phosphorus uptake by plants:From soil to cell. Plant Physiology,116:447-453.

[108]Schussler E E,Longstreth D J. 1996. Aerenchyma develop by cell-lysis in roots and cell-separation in leaf petioles in *Sagittaria lancifolia*. American Journal of Botany,83:1266-1273.

[109]Smith L G. 2001. Plant cell division:building walls in the right places. Nature Reviews Molecular Cell Biology,2:33-39.

[110]Taiz L, Zeiger E, Moller I M, et al. 2015. Plant Physiology and Development,6th ed. Sunderland:Sinauer associates Inc,USA.

[111]Tang C,Han X,Qiao Y, et al. 2009. Phosphorus deficiency does not enhance proton release by roots of soybean[*Glycine max* (L.) murr.]. Environmental and Experimental Botany,67:228-234.

[112]Tarafdar J,Jungk A. 1987. Phosphatase activity in the rhizosphere and its relation to the depletion of soil organic phosphorus. Biology and Fertility of Soils,3:199-204.

[113]Tiessen H, Moir J. 1993. Characterization of available P by sequential extraction. Soil Sampling and Methods of Analysis,7:5-229.

[114]Vanneste S,De Rybel Bert,Gerrit T S, et al. 2005. Cell cycle progression in the pericycle is not sufficient for SOLITARY ROOT/IAA14-mediated lateral root initiation in *Arabidopsis* thaliana. Plant Cell,17:3035-3050.

[115]Vidal E A,Moyano T C,Riveras E, et al. 2013. Systems approaches map regulatory networks downstream of the auxin receptor AFB3 in the nitrate response of *Arabidopsis* thaliana roots. Proceedings of the National Academy of Sciences,110:12840-12845.

[116]Villiers F,Kwak J M. 2012. Comparative genomics and molecular characterization of the maize PIN family proteins. Frontiers in Plant Science,3:43.

[117]Von Behrens I, Komatsu M, Zhang Y, et al. 2011. Rootless with undetectable meristem 1 encodes a monocot-specific AUX/IAA protein that controls embryonic seminal and post-embryonic lateral root initiation in maize. Plant Journal,66:341-353.

[118]Wang J, Hu H, Wang G H, et al. 2009. Expression of PINgenes in rice(*Oryza sativa* L.):tissue specificity and regulation by hormones. Molecular Plant,2:823-831.

[119]Wells C E,Eissenstat D M. 2002. Beyond the roots of young seedlings:the influence of age and order on fine root physiology. Journal of Plant Growth Regulation,21:324-334.

[120]White P J,George T S,Gregory P J, et al. 2013. Matching roots to their environment. Annals of Botany,112:207-222.

[121]Woll K,Borsuk L A,Stransky H, et al. 2005. Isolation,characterization,and pericycle-specific transcriptome analyses of the novel maize lateral and seminal root initiation mutant *rum1*. Plant Physiology,139:1255-1267.

[122]Yaklich R W, Vigil E L,Wegin W P. 1995. Morophological and fine-structural characteristics of aerenchyma cells in the soybean seed coats. Seed Science and Technology,23:321-323.

[123]Yu H G, Muszynski M G, Dawe R K. 1999. The maize homologue of the cell cycle checkpoint protein MAD2 reveals kinetochore substructure and contrasting mitotic and meiotic localization patterns. Journal of Cell Biology,145:425-435.

[124]Yu P,Li X,White P J,et al. 2015. A large and deep root system underlies high nitrogen-use efficiency in maize production. PLoS ONE,10(5):e0126293.

[125]Zhang H M,Jennings A,Barlow P W, et al. 1999. Dual pathways for regulation of root branching by nitrate. Proceedings of National Academy of Sciences,96:6529-6534.

[126]Zhang Y,Yu P,Peng Y, et al. 2012. Fine root patterning and balanced inorganic phosphorus distribution in the soil indicate distinctive adaptation of maize plants to phos-

phorus deficiency. Pedosphere,22:870-877.

[127]Zhu J,Kaeppler S M,Lynch J P. 2005. Mapping of QTL controlling root hair length in maize(*Zea mays* L.)under phosphorus deficiency. Plant and Soil,270:299-310.

[128]Zhu J,Lynch J P. 2004. The contribution of lateral rooting to phosphorus acquisition efficiency in maize(*Zea mays*)seedlings. Functional Plant Biology,31:949.

第7章

根系与土壤微生物相互作用

　　植物主要通过根系吸收土壤中的水分和矿质养分。在土壤中除根系之外,还有多种土壤生物共存,如细菌、真菌和土壤动物等。包括根系在内的各种生物之间会发生各种直接或间接的相互作用,从而影响对方的生长以及对土壤资源的利用和竞争。土壤生物之间相互作用主要发生在根际,相互作用的实质是对生长空间、水分和养分等资源的竞争。在根际生物相互作用中,植物起主导作用。禾谷类作物一生中有 30%～60% 的光合同化产物转移到地下部,其中 40%～90% 以有机或无机分泌物的形式释放到根际。植物与土壤微生物之间通过植物凋落物和植物根系分泌物建立起密切联系。根系分泌物不仅为根际微生物提供生长所需的能源,而且不同根系分泌物直接影响着根际微生物的数量和种群结构。

　　每克根际土中可含有 10^{11} 个微生物细胞(Egamberdieva et al. ,2008)以及 30 000 多种原核生物(Mendes et al. ,2011)。对植物有显著影响的土壤微生物种类众多。这些微生物群落被称为植物的第二基因组,与植物,特别是根系的健康息息相关,直接影响根系的养分吸收效率(Berendsen et al. ,2012)。土壤中含有许多可以活化并帮助玉米吸收养分的细菌和真菌,如菌根真菌(George and Richardson,2008)。同时,土壤中还存在大量对植物有害的微生物(胡江春等,2004;Berendsen et al. ,2012)。

　　有益微生物可以诱导植物的自身免疫代谢,如荧光假单胞菌(Millet et al. ,2010)以及木霉属真菌(Segarra et al. ,2009),也可以产生抗菌物质、与有害微生物竞争养分以及产生溶菌酶,抑制土壤有害微生物对植物的侵害,促进植物生长(Lugtenberg and Kamilova,2009;Berendsen et al. ,2012)。国内外已发现包括荧光假单胞菌、芽孢杆菌、根瘤菌、沙雷氏菌等 20 多个种属的根际微生物具有防病促生潜能,最多的是假单胞菌属(胡江春等,2004)。另外,有益微生物可以直接促进植物生长,或者帮助植物吸收氮、磷等营养元素以促进植物生长,如固氮菌及菌根真菌(Tkacz and Poole,2015;Verbon and Liberman,2016)。而菌根真菌是一类研究较为深入的有益真菌。

　　有害微生物的危害作用,主要体现在可以减缓植物根系或者幼苗的生长,以至减产。如通过破坏根部或堵塞导管致使植物水分平衡失调,打破植物自身原有的激素代谢平衡,导致生长异常,产生如角质酶、果胶酶、纤维素酶、磷酸酶、蛋白酶等破坏寄主细胞的酶类,致使植物根系变软、腐烂、坏死等。如禾谷镰刀菌、串珠镰刀菌、腐霉菌等(晋齐鸣等,2007)。真菌子囊菌门中的镰胞菌普遍被认为是植物真菌性病害病原物,链格孢菌中的95%以上兼性寄生于植物,可以引起玉米大斑病等(陈丹梅等,2014)。而植物对病原菌也具有抵抗力,可以产生如水杨酸、茉莉酸或乙烯信号分子以及活性氧以诱导抗病相关基因表达以及细胞壁的合成(Reinhold-Hurek et al.,2015)。具体有以下几种方式:加强氧化酶活性以分解毒素、促进伤口愈合或抑制病原菌水解酶活性;产生活性氧以促进局部组织坏死,避免病原菌进一步侵害(过敏反应);诱导次生代谢,形成对病原生物有杀灭或抑制作用的次生物质,比如倍半萜烯类物质、类黄酮物质、木质素、几丁质酶及病原相关蛋白等,还可以通过水杨酸、茉莉酸产生系统获得性抗性,将抗病能力扩展至整株(Taiz and Zeiger,2010)。

7.1 丛枝菌根真菌对侧根起始的影响

土壤微生物通过释放小分子信号物质,直接供应寄主植物养分或调节自身代谢从而改变土壤养分环境,影响侧根发育(Gutjahr and Paszkowski,2013;Fusconi,2014)。如丛枝菌根真菌通过侵染寄主植物,供给植物磷元素并进行碳交换(Gutjahr and Parniske,2013),在此过程中,丛枝菌根真菌可以在根系形态及转录组两方面影响寄主植物。在玉米及水稻研究中,发现丛枝菌根真菌侵染根系引起侧根形成及轴根伸长,并且在侧根上的侵染率显著高于轴根(Paszkowski and Boller,2002;Gutjahr et al.,2009)。

丛枝菌根真菌主要通过释放小分子分泌物及丛枝释放养分,改变根系内部养分分布,从而诱导侧根形成(图7-1)。体外孢子培养提取孢子分泌物处理玉米和水稻根系均可以诱导根系密度增加(Mukherjee and Ané,2011)。孢子分泌物主要包括壳聚糖类低聚物(壳四糖和戊糖)及硫代-非硫代脂类低聚糖(S-和 NS-MYC-LCOs),其中包含菌根真菌因子(MYC)(Maillet et al.,2011;Genre et al.,2013)。在水稻中研究发现,人工分离的壳四糖、S-MYC-LCOs 或者 NS-MYC-LCOs 都能诱导侧根形成及轴根伸长(Sun et al.,2015)。侧根及轴根发育的诱导主要依赖于共生信号传导通路中的钙离子及钙调蛋白激酶编码的基因(Singhand Parniske,2012)。其中,质膜共生信号受到 MYC 因子调节,控制共生钙离子尖峰形成及菌根真菌侵染根系(Gutjahr and Parniske,2013)。以上研究说明微生物共生信号可能与侧根形成诱导有直接关系,但是分子机制不清楚(Yu et al.,2016)。值得一提的是,丛枝菌根真菌及孢子分泌物还可以诱导水稻共生信号突变体(*pollux*,*ccamk*,*cyclops*)侧根形成(Gutjahr et al.,2009;Mukherjee and Ané,2011),这说明除了源于壳聚糖的 MYC 因子,孢子分泌物可能包含其他类分子可以控制共生信号途径从而影响侧根形成(Gutjahr and Paszkowski,2013)。

真菌还可以产生激素类物质如生长素、乙烯及赤霉素及其相关代谢产物诱导侧根形成(图7-1;Tudzynski,2005)。利用培养皿分隔方式研究豆科植物百脉根发现,丛枝菌根真菌萌发的孢子可以释放挥发性物质诱导侧根形成(图7-1),并且该诱导过程独立于 CASTOR(共生信号途径)(Singhand Parniske,2012)。以上研究表明,丛枝菌根真菌可以通过多种信号途径诱导根系结构变化。

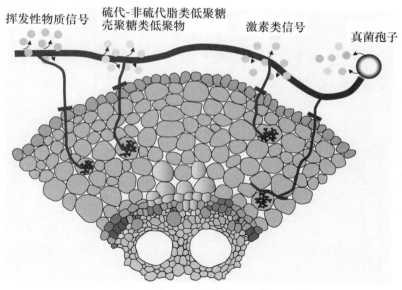

图 7-1　丛枝菌根真菌影响侧根发育的信号途径（彩插 7-1）

7.2　田间菌根真菌对玉米根系的侵染及受土层的影响

温室及田间实验发现,随着施磷量的增加,菌根真菌对植物根系的侵染率先降低后趋于不变,与侵染率"拐点"相对应的土壤磷浓度因植物种类不同而不同（Covacevich et al.,2006；2007；Fernandez et al.,2009）。在磷肥长期定位实验小区进行的研究发现,在 0～20 cm 土层中,玉米根系的菌根真菌侵染率、丛枝丰度均在施磷量 75 kg/hm² 时达到最低值,并且不再随供磷水平的提高而变化,说明即使在磷肥高投入条件下,菌根真菌仍然能够侵染玉米根系（表7-1）。以往的研究中,忽略了在田间条件下不同土层中速效磷浓度的差异。实际上,在磷肥高投入条件下,菌根真菌对 20～40 cm 土层中的玉米根系侵染率显著高于对 0～20 cm 土层中的根系侵染率（表 7-1）。

丛枝菌根真菌是土壤栖居菌,它们的生长发育和生理功能,如磷的吸收速率和数量取决于菌根真菌和宿主植物自身的特性（Ravnskov and Jakobsen,1995）、环境因子以及农业措施。环境因子包括土壤养分、pH、水分、透气性、温度、理化性质以及其他微生物对丛枝菌根的影响（刘润进和李晓林,2000）。虽然菌根真菌共生体建立的分子机制还不甚清楚,有研究报道该过程主要由植株体内的磷浓度系统调节（Carbonnel and Gutjahr,2014）。植物分泌的独角金内酯是参与该调节过程的重要信号物质（Buee et al.,2000；Besserer et al.,2006；Schmitz and Harrison,2014）,它在根内的合成受地上部磷浓度的系统调节（Balzergue et al.,2011）。类胡萝卜素裂解酶（CCD）是一类参与植物体内独角金内酯合成的重要酶类（Alder et al.,2012）。缺失该酶的玉米突变体表现为菌根真菌侵染严重下降（Fester et al.,2002）。在环境中有效磷浓度高的情况下,独角金内酯的合成和分泌受到抑制,植物根系菌根共生体的形成受到限制（Baláž and Vosatka,1997）。

表 7-1　不同供磷水平下不同生育时期(S)在0~20 cm和20~40 cm土层(D)中玉米根系的菌根真菌侵染率

年份	磷水平/(kgP/hm²)	拔节期 V8 0~20	拔节期 V8 20~40	吐丝期 0~20	吐丝期 20~40	乳熟期 0~20	乳熟期 20~40	平均值	变异源 P	S	D	P×S	P×D	S×D	P×S×D	特定磷水平下的变异源 S	D	S×D
2013	0	24.2	29.9	66.5	46.8	32.0	33.3	38.8a								***	n.s.	**
	50	15.7	31.5	45.1	40.6	26.1	28.3	31.2a								***	n.s.	*
	75	17.3	38.5	27.1	40.3	12.1	31.3	27.8c								**	***	n.s.
	100	14.0	22.1	24.8	39.2	11.1	34.0	24.2d	***	***	***	***	***	***	*	***	***	**
	150	13.3	32.2	30.1	32.4	13.1	27.3	24.7cd								*	***	n.s.
	300	13.0	33.9	31.9	29.2	13.3	29.9	25.2cd								***	***	***
2014	0	45.1	36.6	57.6	45.2	31.8	45.4	43.6a								**	n.s.	**
	50	34.1	35.0	43.7	45.3	27.0	34.1	36.5b								***	n.s.	n.s.
	75	23.2	39.8	26.5	36.9	21.8	26.9	29.2c								*	***	n.s.
	100	28.8	36.8	26.6	38.6	20.1	28.9	30.0cd	***	***	***	n.s.	***	n.s.	**	*	**	n.s.
	150	20.4	34.4	33.3	37.4	18.8	28.6	28.8cd								***	***	n.s.
	300	19.4	30.0	26.2	37.7	17.8	26.7	26.3d								*	***	***
2015	0	52.3	44.7	58.1	58.9	58.3	55.1	54.6a								n.s.	n.s.	n.s.
	25	47.7	37.8	43.5	51.4	49.5	51.7	46.9b								n.s.	n.s.	n.s.
	50	40.0	38.6	38.6	49.3	48.9	44.6	43.3b								n.s.	n.s.	n.s.
	75	30.1	40.9	31.1	54.2	32.0	36.2	37.4c	***	*	***	n.s.	***	***	n.s.	**	**	**
	100	28.0	38.5	24.7	52.1	32.1	35.9	35.2c								n.s.	**	n.s.
	300	28.4	44.0	24.4	43.8	26.1	35.7	33.7c								n.s.	***	n.s.

数据分析采用三因素方差分析($n=4$)，相同小写字母表示磷处理间差异不显著($P<0.05$)。* $P<0.05$；** $P<0.01$；*** $P<0.001$；n.s. 不显著($P<0.05$)

对大田玉米根系该基因的表达研究发现,0～20 cm 土层根系 *ZmCCD8a* 的相对表达量在拔节和吐丝期随着施磷量增加而降低,在施磷量增加到 75 kg/hm² 时达到最低值,且不再随着施磷量增加而继续降低(表 7-2)。说明拔节和吐丝期在 0～20 cm 土层中的玉米根系菌根真菌侵染与独角金内酯合成基因表达高度正相关,反映了植株在调节菌根共生体建立过程中的重要作用。但不同土层间根系的 *ZmCCD8a* 表达无显著差异(表 7-2),意味着上下土层中根系的独角金内酯合成可能并无差异。下层土壤中根系的菌根真菌侵染高于上层根系或许是由于其他因素造成,下层土壤较低的磷浓度或许是其中重要原因。至玉米乳熟期,不同磷处理、不同土层间的根系 *ZmCCD8a* 表达均降至非常低水平,说明乳熟期菌根真菌对宿主玉米贡献磷的能力已变得非常低。因而在研究大田菌根真菌共生体的功能时,需要考虑宿主生育时期及研究方法。

菌根真菌从土壤中活化、吸收的无机磷首先转化为多聚磷酸盐(polyP)储存于液泡中,然后在菌根真菌菌丝内运输至根内菌丝,最后至丛枝,被重新分解为无机磷并被释放进入宿主根系皮层细胞与丛枝间的空间,然后被宿主根系皮层细胞上的磷转运蛋白转运至宿主根内(Smith and Read,2008;图 7-2)。菌根内的酸性磷酸酶主要负责将液泡内的多聚磷酸盐水解为无机磷(Tatsuhiro and Sally,2001;Ezawa et al.,2002),碱性磷酸酶的活性与丛枝的形成和磷从丛枝向宿主的转移相关联(Gianinazzi-Pearson and Gianinazzi,1978;Tisserant et al.,1993)。宿主根系皮层细胞上有一类特异性受菌根真菌侵染诱导表达的磷转运蛋白(Smith and Smith,2011),其功能是吸收来自菌根真菌的无机磷(Glassop et al.,2005;Javot et al.,2007;Kobae and Hata,2010)。在玉米中,*ZmPht1;6* 被认为是编码该类转运蛋白的其中一个基因(Nagy et al.,2006)。有研究指出,不同菌根真菌向宿主供应磷的能力也存在差异(Ezawa and Yoshida,1994)。

在玉米拔节和吐丝期,根系中菌丝体内的酸性/碱性磷酸酶活性(代表具有酸性/碱性磷酸酶活性的真菌结构在整个根系中出现的强度)以及根系 *ZmPht1;6* 的相对表达量在 0～20 cm 土层均在施磷量 75 kg/hm² 时达到最低值,并且不再随施磷量增加而继续降低。在高量磷肥投入时,20～40 cm 土层的根系中以上三个指标均显著高于 0～20 cm 土层的根系,*ZmPht1;6* 的相对表达量在吐丝期时也显著高于 0～20 cm 土层。而在乳熟期(R4),无论是根内菌丝体酸性/碱性磷酸酶活性还是根系 *ZmPht1;6* 的相对表达,在两个土层中的数值均变得非常低,且不受供磷水平影响(表 7-2;表 7-3)。

总之,田间高量磷肥投入降低了表层土壤中菌根真菌对宿主的供磷能力,但下层土壤中的菌根真菌仍能维持较高的供磷能力。不同土层土壤在磷浓度、氮磷比、机械翻动及水分含量等方面差异均会影响菌根真菌对根系的侵染(Anderson et al.,1987;Wakelin et al.,2012;Bainard et al.,2014)。在大豆的分根实验中,一半根系生长于低磷土壤,另一半根系生长于高磷土壤,虽然局部高磷抑制了整个根系的菌根真菌侵染,但生长于低磷土壤中根系的菌根真菌侵染依然高于生长于高磷土壤的根系(Balzergue et al.,2011)。在玉米乳熟期,菌根真菌的供磷能力下降至非常低的水平,且不受供磷水平和土层差异的影响,可能是由于在乳熟期,地上部向根系输送的碳水化合物大大减少(Thomson et al.,1991;Peng et al.,2012)。

表 7-2 不同供磷水平下不同生育时期(S)生长于 0～20 cm 和 20～40 cm 土层(D)的玉米根系 *ZmPht1；6* 和 *ZmCCD8a* 相对表达量(2015 年)

基因	磷水平/(kgP/hm²)	拔节期 0～20	拔节期 20～40	吐丝期 0～20	吐丝期 20～40	乳熟期 0～20	乳熟期 20～40	平均值	变异源 P	S	D	P×S	P×D	S×D	P×S×D	特定磷水平下的变异源 S	D	S×D
ZmPht1；6	0	8.8	12.3	7.3	15	3.0	3.5	8.3a								*	*	n.s.
	25	6.7	7.1	4.9	7.6	3.4	3.5	5.5b								*	n.s.	n.s.
	50	3.4	6.7	2.6	6.9	1.3	3.5	4.1b								n.s.	*	n.s.
	75	1.6	4.8	0.8	2.8	2.0	1.6	2.3c	***	*	***		*		n.s.	n.s.	*	*
	100	1.9	1.8	1.5	4.8	1.6	2.1	2.3c								n.s.	*	
	300	0.8	0.8	1.2	4.2	1.0	2.0	1.7c								n.s.	***	
ZmCCD8a	0	4.0	5.6	4.8	7.0	1.3	2.1	4.1a								***	**	n.s.
	25	2.5	3.1	3.1	5.1	1.6	1.5	2.8b								*	*	n.s.
	50	1.7	2.9	1.8	3.9	1.3	2.2	2.3b	***	***	**	**	**		n.s.	***	***	n.s.
	75	0.7	1.8	0.7	1.8	0.5	1.0	1.1c								n.s.	**	n.s.
	100	0.6	0.6	0.9	1.7	0.6	1.3	1.0c								n.s.	*	*
	300	0.5	0.5	0.8	1.8	0.6	1.1	0.9c								n.s.	***	***

数据分析采用三因素方差分析(n=4)，相同小写字母表示磷处理间差异不显著(P<0.05)。 * P<0.05; ** P<0.01; *** P<0.001; n.s. 不显著(P<0.05)。

表 7-3 不同供磷水平下不同生育时期(S)在 0～20 cm 和 20～40 cm 土层(D)中玉米根系菌根真菌酸性磷酸酶(ACP)和碱性磷酸酶(ALP)活性(2014 年)

磷酸酶	磷水平/(kgP/hm²)	拔节期 0～20	拔节期 20～40	吐丝期 0～20	吐丝期 20～40	乳熟期 0～20	乳熟期 20～40	平均值	变异源 P	S	D	P×S	P×D	S×D	P×S×D	特定磷水平下的变异源 S	D	S×D
ALP	0	34.6	26.5	23.7	27.0	7.5	4.4	20.6a								***	n.s.	**
	50	26.2	20.4	23.3	17.2	3.4	2.4	15.5b								***	n.s.	*
	75	19.9	18.4	23.2	8.1	2.9	2.5	12.5c	***	***	***		**	***	n.s.	**	***	n.s.
	100	14.0	23.8	21.8	9.5	2.2	1.8	12.2c								*	***	**
	150	16.0	13.4	23.9	9.6	2.5	1.7	11.2c								***	***	n.s.
	300	17.9	23.0	19.2	8.3	2.6	1.3	12.1c								***	***	***
ACP	0	30.3	33.8	35.2	25.5	6.7	16.7	24.7a								***	n.s.	**
	50	25.4	23.9	18.4	22.3	3.7	12.9	17.8b								***	n.s.	*
	75	15.8	22.1	11.2	20.3	3.6	14.7	14.6bc	***	***	***	n.s.	*	***	n.s.	***	**	*
	100	14.7	25.3	8.8	18.6	2.0	14.8	14.0c								***	*	***
	150	15.5	20.4	11.7	19.4	2.9	14.1	14.0c								***	***	***
	300	11.5	20.6	12.0	19.9	1.3	13.0	13.2c								***	**	**

数据分析采用三因素方差分析(n=4)，相同小写字母表示磷处理间差异不显著(P<0.05)。 * P<0.05; ** P<0.01; *** P<0.001; n.s. 不显著(P<0.05)。

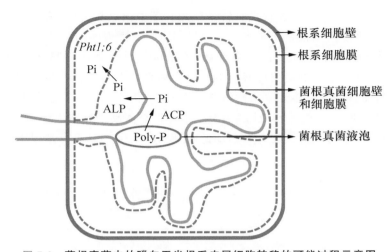

图 7-2　菌根真菌内的磷向玉米根系皮层细胞转移的可能过程示意图

丛枝-皮层细胞界面图引自 Harrison et al. (2002)。Poly-P，多聚磷酸盐；ACP，酸性磷酸酶；ALP，碱性磷酸酶。

7.3　根系转录组与根中的真菌群落结构

对拟南芥、水稻和玉米的研究表明,根际区域的微生物群落结构受土壤类型的影响(Bulgarelli et al. ,2012；Lundberg et al. ,2012；Edwards et al. ,2015),而且与土壤质地和有机质含量有关(Sessitsch et al. ,2001)。改变土壤营养状况、pH、温度、水分和通气等会影响土壤理化性质的措施也会对植物根际区域微生物群落结构产生影响(王光华等,2006)。刘俊杰等(2008)研究表明,施磷会显著影响大豆根际细菌和真菌群落结构。在特定土壤类型及环境下,植物类型是影响土壤微生物群落结构的主要因素(Reinhold-Hurek and Hurek,2011)。近期的研究表明,相同植物的不同基因型会影响根际微生物群落结构(Aira et al. ,2010；Bouffaud et al. ,2012)。植物细胞可以感知微生物释放的信号分子并启动免疫防御代谢反应,而且普遍认为植物免疫防御系统是影响其根际微生物群落结构的主要因素(Reinhold-Hurek et al. ,2015)。另外,将分别来自拟南芥(不灭菌培养)根系和叶片的相同种类细菌,按一定比例组合,组成"人工细菌群落",接种到种植拟南芥的无菌土壤中。结果发现该拟南芥叶片中细菌群落结构与不灭菌拟南芥叶片细菌群落更相似,而根中细菌群落结构与不灭菌拟南芥根系细菌群落更相似,表明了不同植物器官与微生物的相互选择或适应(Bai et al. ,2015)。

作物如玉米的轴根和侧根在结构和功能方面具有显著遗传学差异。第6章6.3节中已经说明,玉米不同根系类型对局部硝酸盐处理具有显著的侧根密度响应及转录组功能差异(Yu et al. ,2015,2016)。在水稻研究中也发现,丛枝菌根真菌在轴根和侧根中的群落分布不同(Gutjahr et al. ,2009；Gutjahr and Paszkowski,2013),并且轴根和侧根受到丛枝菌根真菌侵染后表现出转录组功能差异(Gutjahr et al. ,2015)。以上研究表明,作物根系在响应非生物及生物胁迫时表现出明显的根系类型差异特征,即在同一根系的不同类型之间存在着结构功能互补及微生物互作特点。

结合高通量转录组测序技术和扩增子基因测序技术,对缺磷和充足供磷下田间吐丝期玉米在 0～30 cm 土层中的轴根和侧根进行转录组和真菌群落结构鉴定,发现不同根系类型(轴根、侧根)和供磷水平间玉米根系转录组存在差异,且轴根、侧根间的差异大于供磷水平间的差异(图 7-3B),表明转录组特性主要由根系类型差别而定。供磷水平也显著影响玉米吐丝期土体土及玉米不同类型根系中的真菌群落结构。根中的真菌群落结构在轴根、侧根间和供磷水平间均存在差异,而且均与土体土真菌群落结构存在差异(图 7-3C)。进一步分析 OTU 及真菌群落多样性发现,低磷土壤的土体土真菌群落多样性显著高于高磷土壤,并且不同磷水平下不同根系类型显著富集特定的真菌 OTU,如低磷轴根富集 40 个 OTU,高磷侧根中富集 55 个

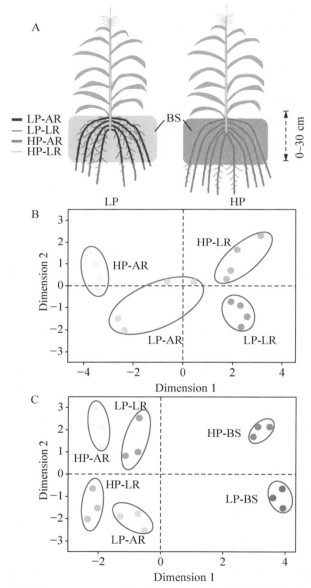

图 7-3　**不同供磷条件下,玉米吐丝期根系转录组及真菌群落结构的差异**(彩插 7-3)

A. 0～30 cm 土层玉米轴根、侧根取样示意图　B. 轴根侧根转录组差异性分析　C. 轴根侧根真菌 DNA 测序差异分析
LP,缺磷;HP,充足供磷;AR,轴根;LR,侧根;BS,土体土。B 和 C,非度量多维尺度分析(NMDS)

OTU(图 7-4A)。另外,在不同供磷强度下侧根中的真菌多样性高于轴根,同样侧根中真菌群落对磷的响应高于轴根(图 7-4B)。说明植物根系对微生物群落具有明显选择性富集的现象(Bulgarelli et al.,2012;de Souza et al.,2016)。田间研究发现,不同玉米根系类型同样影响内生真菌的群落组成。从热图分析结果看出,在低磷条件下接合菌门和子囊菌门为侧根的优势门类,而轴根以壶菌门为主;高磷条件下,侧根中担子菌门和球囊菌门为优势门类(图7-4C)。以上结果说明,侧根是真菌菌群主要活跃的优势载体,并且随着磷水平的变化,其真菌群落复杂性相应发生变化。表明玉米根系类型选择性吸引寄生真菌直接受到供磷水平的影响,或者间接受根系分泌物的影响(Yoneyama et al.,2013;Ziegler et al.,2016)。已经在拟南芥和甘蔗中发现,根系和叶片中的细菌及真菌群落显著不同(Bai et al.,2015;de Souza et al.,2016),我们的研究表明,即便在同一器官的不同部分中,真菌群落结构同样具有差异。

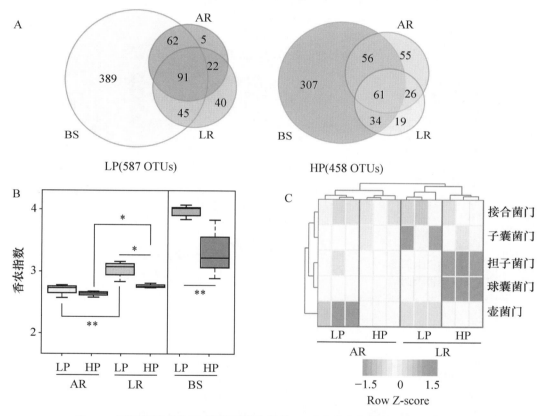

图 7-4　不同供磷条件下,真菌群落多样性 OTU 分类及相关性分析(彩插 7-4)

A. 土体土及不同类型根系差异富集的真菌 OTU　B. 多样性香农指数分析　C. 门水平真菌分类及层次聚类分析

系统树图分析由非加权组平均法完成。LP,缺磷;HP,充足供磷;AR,轴根;

LR,侧根;BS,土体土;OTU 为真菌分类单元。

对不同根系类型响应供磷水平的差异表达基因分析发现,低磷条件下有 954 个特定的差异表达基因,高磷下有 3 277 个特定的差异表达基因(图 7-5A)。对特定的差异表达基因进行 Mapman 功能分析及 Fisher 精确检验表明,细胞壁、次级代谢、激素代谢及胁迫过程为不同供磷下较为保守的生物学过程(图 7-5B)。进一步对差异显著的生物学过程进行卡方检验分析,发现低磷下细胞壁代谢过程主要在轴根中富集,而高磷下主要在侧根中富集;另外,刺激代谢及胁迫反应过程在高磷下显著在侧根中受到诱导(图 7-4C)。以上功能分析说明,根系转录组变化受到根系类型及磷水平的共同影响。已有研究发现,植物自身的磷营养状况及获取磷的能力可以影响植物根系的细菌群落构成(Castrillo et al.,2017),还影响内生真菌侵染寄主根系的能力(Hacquard et al.,2016;Hiruma et al.,2016)。我们发现土壤的供磷水平及根系类型特性同样影响内生真菌群落构成,说明植物自身及外界磷状况与根系真菌寄生能力具有密切联系。

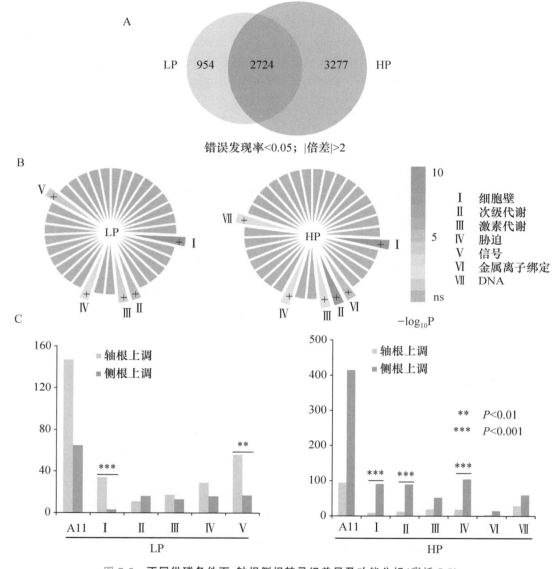

图 7-5 **不同供磷条件下,轴根侧根转录组差异及功能分析**(彩插 7-5)
A. 不同供磷下,轴根侧根差异表达基因文氏图 B. 不同供磷下,显著富集的 Mapman 功能分类
C. 轴根侧根显著诱导表达的功能分析 LP,缺磷;HP,充足供磷。

丛枝菌根真菌侵染根系增加对磷养分的吸收具有广泛共识(Sawers et al.,2008;Smith and Smith,2011;Gutjahr and Paszkowski,2013)。研究发现,丛枝菌根真菌在侧根中侵染显著高于轴根(图 7-6A~D),与水稻中的研究结果一致(Gutjahr et al.,2015)。此外,一级侧根

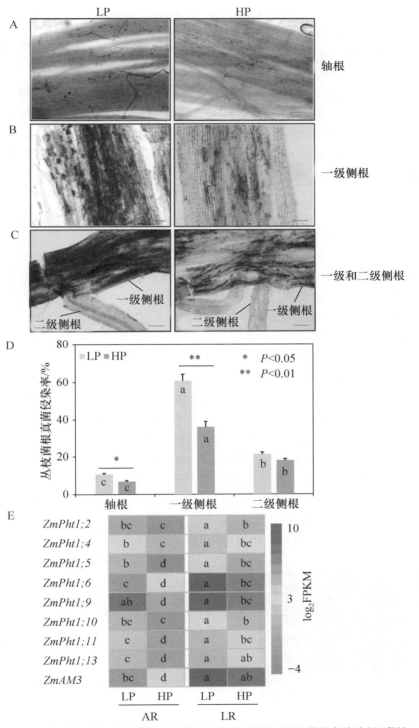

图 7-6　不同供磷条件下，轴根侧根丛枝菌根侵染及磷转运蛋白基因表达分析（彩插 7-6）

轴根（A）、一级侧根（B）及二级侧根（C）侵染状况。D. 轴根及侧根侵染率分析　E. 磷转运蛋白基因表达分析

LP，缺磷；HP，充足供磷；AR，轴根；LR，侧根；FPKM，百万外显子的碱基片段数；Pht，磷转运蛋白基因。

的侵染显著高于二级侧根(图 7-6B,C;Gutjahr and Paszkowski,2013)。丛枝菌根真菌相关的基因 *Pht1;2*,*Pht1;5*,和 *Pht1;6* 转录本累积与侵染结果一致。低磷条件下丛枝菌根真菌在侧根中的高度侵染及相关的磷转运蛋白基因的诱导表达,充分说明低磷下丛枝菌根真菌对磷素吸收途径的重要性(Deng et al.,2014;Sawers et al.,2017)。

已有研究表明,高磷抑制丛枝菌根真菌侵染及相关磷转运蛋白基因表达(Carbonnel and Gutjahr,2014)。如果侵染的真菌不具备向寄主供应磷素的能力,寄主会抑制该菌的侵染(Javot et al.,2007),植物会选择高效供磷的真菌物种抑制低效物种侵染(Gutjahr and Parniske,2017)。即便是在高磷条件下,侧根的侵染强度及真菌群落结构仍然高于轴根,说明侧根特定的细胞壁修饰过程起到关键作用(Gutjahr et al.,2015;图 7-6C)。

7.4 土壤微生物对玉米生长及根系转录组的影响

土壤中存在有益微生物能够帮助植物吸收氮、磷等营养元素(Tkacz and Poole,2015;Verbon and Liberman,2016),并促进植物生长(Lugtenberg and Kamilova,2009;Berendsen et al.,2012),也存在有害微生物减缓植物根系或者幼苗的生长(晋齐鸣等,2007)。对拟南芥、水稻和玉米的研究表明,根际区域微生物群落结构主要受土壤类型影响(Bulgarelli et al.,2012;Lundberg et al.,2012;Edwards et al.,2015),相同类型土壤中的微生物种类及群落结构相对固定。似乎说明特定土壤中微生物对植物的影响是固定的。然而,Hacquard 等(2016)研究指出,真菌炭疽菌(*Colletotrichum tofieldiae*)在充足供磷下是一种对拟南芥有害的真菌,且该真菌的侵染会导致拟南芥防御反应的增强;但当拟南芥生长于缺磷环境时,该真菌却可以帮助拟南芥吸收磷而成为有益真菌。说明即使相同种类的微生物,对宿主植物生长以及根系代谢的影响也会受供磷水平的影响而变化。分别将低磷土壤和充足供磷土壤灭菌,以不灭菌作为对照,结果发现,灭菌处理对玉米生长的影响会依土壤磷浓度的不同而不同:充足供磷时(土壤 Olsen-P 浓度为 28.7 mg/kg),土壤灭菌显著促进玉米生长。低磷时(土壤 Olsen-P 浓度为 5.7 mg/kg),土壤灭菌反而抑制玉米生长(图 7-7)。

对各处理玉米根系转录组及微生物群落结构分析发现,低磷或充足供磷时,土壤灭菌均显

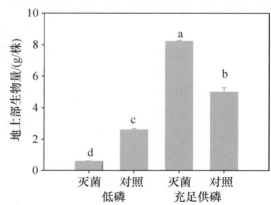

图 7-7　**低磷和充足供磷土壤灭菌对玉米生长的影响**(彩插 7-7)

灭菌:播种前土壤经 25 kGy 强度辐照灭菌 3 天。

著影响玉米根系转录组;但土壤不灭菌时,低磷和充足供磷的玉米根系转录组无显著差异。土壤灭菌显著影响根际土和根系中细菌和真菌的群落结构。低磷和充足供磷间根际土及根中细菌和真菌群落结构间没有显著差异(图7-8)。

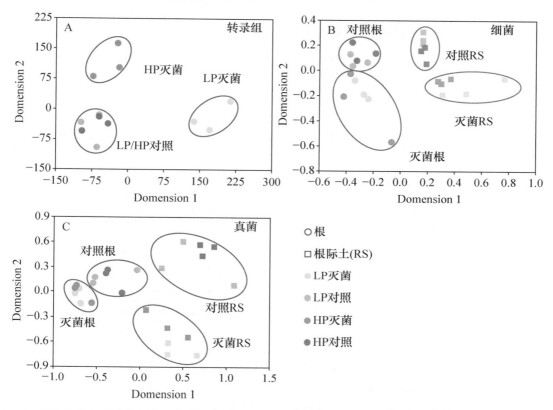

图7-8 低磷和充足供磷的土壤灭菌对根系转录组及根系和根际土壤中细菌和真菌群落结构的影响(彩插7-8)

灭菌:播种前土壤经25 kGy强度辐照灭菌3天。LP,缺磷;HP,充足供磷。A. 根系转录组差异分析
B~C. 根系及根际土壤中细菌和真菌DNA测序差异分析(非度量多维尺度分析)

充足供磷下土壤灭菌促进玉米生长,有可能是在充足供磷时,土壤微生物通过直接或间接的方式抑制玉米生长。发现土壤灭菌会导致根系"氧化还原代谢""生物胁迫""蛋白水解""氨基酸代谢"以及"几丁质代谢"等生物过程下调(图7-9),这些过程均参与植物生物胁迫防御代谢,间接说明不灭菌时,为应对微生物的侵染,玉米根系的防御反应上调。比如氧化酶可以分解毒素、促进伤口愈合或抑制病原菌水解酶活性,活性氧可以引发过敏反应,导致被有害微生物侵染的局部组织坏死等(Flor,1971)。而几丁质酶可以水解多种病原菌细胞壁中的几丁质(Mauch et al. ,1988;蓝海燕等,2000)。KEGG分析根系生化代谢的结果也表明,土壤灭菌导致玉米根系次生代谢显著下调,而次生代谢产物,如木质素、黄酮类物质可以有效抑制病原菌的活性(表7-4;Taiz and Zeiger,2010)。以上结果说明充足供磷下土壤灭菌显著减轻了土壤中病原菌等不利微生物对玉米根系的生长胁迫。这可能导致运输到根系以应对生物胁迫的地上部光合产物减少,从而促进了地上部生长(Berg et al. ,2015)。与充足供磷时相反,缺磷土壤灭菌显著抑制玉米生长(图7-7)。GO富集分析表明,土壤灭菌处理导致缺磷玉米根系细胞生长相关代谢基因表达显著下调,如DNA复制、脂肪酸合成、纤维素合成等(图7-9)。

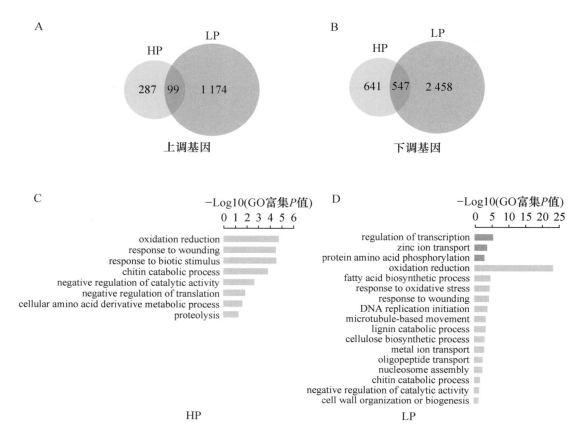

图 7-9　低磷和充足供磷土壤灭菌对玉米根系转录组的影响（GO 分析）

A～B. 差异表达基因的数目维恩图　C～D. 通过 SEA 分析差异表达基因得到的显著富集的 GO 注释
（biological process，FDR＜0.05）

灭菌：播种前土壤经 25 kGy 的强度辐照灭菌 3 天。LP，低磷；HP，充足供磷。

表 7-4　低磷和充足供磷土壤灭菌对玉米根系转录组的影响

	KEGG 注释	输入基因数目	参考基因数目	校正 P 值
	Phenylpropanoid biosynthesis	73	148	4.89e-11
	Biosynthesis of secondary metabolites	237	934	3.74e-08
	Phenylalanine metabolism	52	117	6.07e-07
	Flavonoid biosynthesis	15	31	0.03
LP	Cyanoamino acid metabolism	17	40	0.03
	Stilbenoid, diarylheptanoid and gingerol biosynthesis	10	16	0.03
	Benzoxazinoid biosynthesis	7	8	0.04
	Cysteine and methionine metabolism	26	82	0.04
	Starch and sucrose metabolism	39	142	0.04
HP	Biosynthesis of secondary metabolites	72	934	6.963 19e-4

KEGG（Kyoto Encyclopedia of Genes and Genomes）分析，校正后 P＜0.05；灭菌：播种前土壤经 25 kGy 的强度辐照灭菌 3 天。LP，低磷；HP，充足供磷。

体内元素浓度分析结果表明,与低磷不灭菌处理相比,低磷土壤灭菌严重降低玉米植株体内磷浓度,说明低磷土壤灭菌阻碍玉米对土壤磷的吸收,磷成为限制玉米生长的主要因子(表7-5)。土壤中含有多种有益微生物,可帮助植物吸收磷等营养元素,如菌根真菌(Smith et al.,2004;Smith and Smith,2011)。解磷菌也是一类研究较多的可以帮助宿主植物吸磷的微生物,可以把土壤中有机磷或不溶性磷化合物转化为无机态或可溶态磷(Zaidi et al.,2009)。而且研究发现,即使在充足供磷时,土壤灭菌使玉米根系磷酸酶合成基因表达显著上调(图7-10)。植物主要通过释放磷酸酶水解利用土壤中有机磷源(Harrison,1982;Richardson et al.,2009)。磷酸酶是一类植物适应环境的诱导酶,一般受土壤缺磷胁迫所诱导(George et al.,2002)。即使生长在充足供磷土壤(Olsen-P 为 27 mg/kg)中,土壤灭菌处理依然导致玉米根系磷酸酶合成基因表达上调,这似乎说明玉米感受到了磷"饥饿"信号,反映了微生物在玉米吸收有机磷源过程中的重要性。

表 7-5　低磷(LP)和充足供磷(HP)下土壤灭菌处理对玉米地上部养分浓度的影响

体内元素	浓度/(mg/g)			
	低磷灭菌	低磷对照	充足供磷灭菌	充足供磷对照
N	45.91a	28.77b	30.23b	28.50b
P	0.97c	1.56b	1.45b	2.20a
K	36.93a	33.77a	38.22a	26.63b
Ca	28.53a	14.44b	9.46c	11.60bc
Mg	6.97a	5.91b	3.76c	5.70b
Fe	0.35a	0.22b	0.17b	0.17b
Mn	0.10a	0.06b	0.06b	0.05b
Cu	0.01a	0.01b	0.01b	0.01b
Zn	0.21a	0.16a	0.14a	0.13a
B	0.03a	0.02b	0.02b	0.01b

灭菌:播种前土壤经 25 kGy 强度辐照灭菌 3 天。相同字母代表不同处理间没有显著差异($P < 0.05$)。

与充足供磷时类似,研究发现低磷时土壤灭菌同样导致玉米根中参与生物胁迫防御的基因表达显著下调,例如 GO 分析中"氧化还原代谢"和"几丁质代谢"(Flor,1971;Mauch et al.,1988;蓝海燕等,2000;图7-9)。进一步进行 KEGG 分析根系生化代谢,发现差异表达基因主要下调且显著富集于"苯丙素合成""次生代谢""苯丙氨酸代谢""类黄酮合成""氰基氨基酸代谢""芪类等化合物合成""苯并噁唑嗪酮类化合物合成""半胱氨酸和甲硫氨酸合成"以及"淀粉和蔗糖代谢"等生化过程(表7-4)。次生代谢中的苯丙素代谢参与植物应对生物和非生物胁迫,例如由苯丙氨酸等为合成起点的木质素、类黄酮类物质等可以有效抑制病原菌的活性,而植物氰基氨基酸代谢可产生有毒物质 HCN 而抑制取食者继续取食(Taiz and Zeiger,2010;Vogt,2010)。玉米可以分泌 DIMBOA 以抑制有害微生物,其主要来源于植物中苯并噁唑嗪酮类化合物合成(Schullehner et al.,2008)。以上分析表明缺磷下土壤有害微生物仍对玉米生长产生明显的刺激作用。

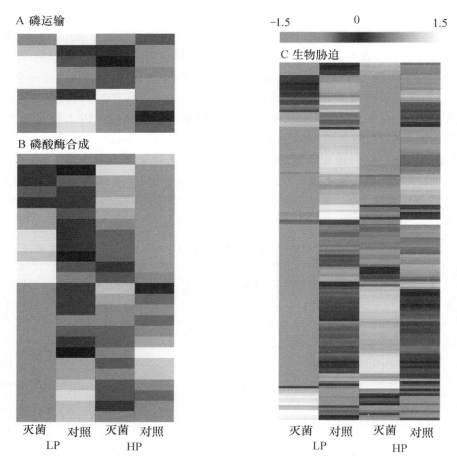

图 7-10 土壤灭菌对玉米中参与根系磷运输(A)、磷酸酶合成(B)和生物胁迫(C)基因表达的影响(彩插 7-10)
图中颜色依据转录组测序得到的差异基因的 FPKM 值经 log10 转化所决定。LP,低磷;HP,充足供磷。
差异基因由 LP 灭菌 vs LP 对照,HP 灭菌 vs HP 对照,LP 对照 vs HP 对照和 LP 灭菌 vs HP 灭菌得到。
灭菌:播种前土壤经 25 kGy 的强度辐照灭菌 3 天。

参考文献

[1]陈丹梅,段玉琪,杨宇虹,等.2014.长期施肥对植烟土壤养分及微生物群落结构的影响.
中国农业科学,47(17):3424-3433.

[2]胡江春,薛德林,马成新,等.2004.植物根际促生菌(PGPR)的研究与应用前景.应用生
态学报,15(10):1963-1966.

[3]晋齐鸣,宋淑云,李红,等.2007.不同耕作方式玉米田土壤病原菌数量分布与病害相关性
研究.玉米科学,15(6):93-96.

[4]蓝海燕,田颖川.2000.表达 β-1,3-葡聚糖酶及几丁质酶基因的转基因烟草及其抗真菌病
的研究.遗传学报,27(1):70-77.

［5］刘俊杰,王光华,金剑,等.2008.磷浓度处理对大豆根际土壤微生物群落结构的影响.大豆科学,27(5):801-805.

［6］刘润进,李晓林.2000.丛枝菌根及应用.北京:科学出版社.

［7］王光华,金剑,徐美娜,等.2006.植物、土壤及土壤管理对土壤微生物群落结构的影响.生态学杂志,25(5):550-556.

［8］Aira M, Gómez-Brandóna M, Lazcanoa C, et al. 2010. Plant genotype strongly modifies the structure and growth of maize rhizosphere microbial communities. Soil Biology and Biochemistry,42(12):2276-2281.

［9］Alder A,Jamil M,Marzorati M, et al. 2012. The path from β-carotene to carlactone,a strigolactone-like plant hormone. Science,335(6074):1348-1351.

［10］Anderson E L,Millner P D,Kunishi H M. 1987. Maize root length density and mycorrhizal infection as influenced by tillage and soil phosphorus. Journal of Plant Nutrition,10(9-16):1349-1356.

［11］Bai Y,Müller D B,Srinivas G, et al. 2015. Functional overlap of the *Arabidopsis* leaf and root microbiota. Nature,528(7582):364-369.

［12］Bainard L D,Bainard J D,Hamel C, et al. 2014. Spatial and temporal structuring of arbuscular mycorrhizal communities is differentially influenced by abiotic factors and host crop in a semi-arid prairie agroecosystem. FEMS Microbiology Ecology,88(2):333-344.

［13］Baláž M, Vosatka M. 1997. Vesicular-arbuscular mycorrhiza of *Calamagrostis villosa* supplied with organic and inorganic phosphorus. Biologia Plantarum,39(2):281-288.

［14］Balzergue C,Puech-Pagès V,Bécard G, et al. 2011. The regulation of arbuscular mycorrhizal symbiosis by phosphate in pea involves early and systemic signalling events. Journal of Experimental Botany,62(3):1049-1060.

［15］Berendsen R L,Pieterse C M J,Bakker PAHM. 2012. The rhizosphere microbiome and plant health. Trends in Plant Science,17(8):478-486.

［16］Besserer A, Puech-Pages V, Kiefer P, et al. 2006. Strigolactones stimulate arbuscular mycorrhizal fungi by activating mitochondria. PLoS Biology,4(7):1239-1248.

［17］Bouffaud M L,Kyselková M,Gouesnard B, et al. 2012. Is diversification history of maize influencing selection of soil bacteria by roots? Molecular Ecology,21(1):195-206.

［18］Buee M, Rossignol M, Jauneau A, et al. 2000. The pre-symbiotic growth of arbuscular mycorrhizal fungi is induced by a branching factor partially purified from plant root exudates. Molecular Plant-Microbe Interactions,13(6):693-698.

［19］Bulgarelli D,Rott M,Schlaeppi K, et al. 2012. Revealing structure and assembly cues for *Arabidopsis* root-inhabiting bacterial microbiota. Nature,488(7409):91-95.

［20］Carbonnel S,Gutjahr C. 2014. Control of arbuscular mycorhiza development by nutrient signals. Frontiers in Plant Science,5:462.

［21］Castrillo G,Teixeira P J,Paredes S H, et al. 2017. Root microbiota drive direct integration of phosphate stress and immunity. Nature,543:513-518.

［22］Covacevich F, Echeverría H E, Aguirrezabal L A N. 2007. Soil available phosphorus

233

status determines indigenous mycorrhizal colonization of field and glasshouse-grown spring wheat from Argentina. Applied Soil Ecology,35:1-9.

[23]Covacevich F,Marino M A,Echeverría H E. 2006. The phosphorus source determines the arbuscular mycorrhizal potential and the native mycorrhizal colonization of tall fescue and wheatgrass. European Journal of Soil Biology,42:127-138.

[24]De Souza R S C,Okura V K,Armanhi J S L,et al. 2016. Unlocking the bacterial and fungal communities assemblages of sugarcane microbiome. Scientific Reports,6:28774.

[25]Deng Y,Chen K,Teng W,et al. 2014. Is the inherent potential of maize roots efficient for soil phosphorus acquisition? PLoS One,9:e90287.

[26]Edwards J,Johnson C,Santos-Medellín C,et al. 2015. Structure,variation,and assembly of the root-associated microbiomes of rice. Proceedings of the National Academy of Sciences,112(8):911-920.

[27]Egamberdieva D,Kamilova F,Validov S,et al. 2008. High incidence of plant growth-stimulating bacteria associated with the rhizosphere of wheat grown on salinated soil in Uzbekistan. Environmental Microbiology,10(1):1-9.

[28]Ezawa T,Smith S E,Smith F A. 2002. P metabolism and transport in AM fungi. Plant and Soil,244(1):221-230.

[29]Ezawa T,Yoshida T. 1994. Characterization of phosphatase in marigold roots infected with vesicular-arbuscular mycorrhizal fungi. Soil Science and Plant Nutrition,40(2):255-264.

[30]Fernandez M,Boem F H G,Rubio G. 2009. Arbuscular mycorrhizal colonization and mycorrhizal dependency:A comparison among soybean,sunflower and maize. The Proceedings of the International Plant Nutrition Colloquium XVI,Department of Plant Science,University of California,Davis,USA.

[31]Fester T,Schmidt D,Lohse S,et al. 2002. Stimulation of carotenoid metabolism in arbuscular mycorrhizal roots. Planta,216(1):148-154.

[32]Flor H H. 1971. Current status of the gene-for-gene concept. Annual Review of Phytopathology,9(1):275-296.

[33]Fusconi,A. 2014. Regulation of root morphogenesis in arbuscular mycorrhizae:what role do fungal exudates,phosphate,sugars and hormones play in lateral root formation? Annals of Botany,113(1):19-33.

[34]George T S,Gregory P J,Wood M,et al. 2002. Phosphatase activity and organic acids in the rhizosphere of potential agroforestry species and maize. Soil Biology and Biochemistry,34(10):1487-1494.

[35]George T S,Richardson A E. 2008. Potential and limitations to improving crops for enhanced phosphorus utilization. The Ecophysiology of Plant-Phosphorus Interactions. Springer,Netherlands,247-270.

[36]Gianinazzi-Pearson V,Gianinazzi S. 1978. Enzymatic studies on the metabolism of vesicular-arbuscular mycorrhiza II. Soluble alkaline phosphatase specific to mycorrhizal infec-

tion in onion roots. Physiological Plant Pathology,12(1):45-48.

[37]Glassop D,Smith S E,Smith F W. 2005. Cereal phosphate transporters associated with the mycorrhizal pathway of phosphate uptake into roots. Planta,222(4):688-698.

[38]Gutjahr C,Casieri L,Paszkowski U. 2009. *Glomus intraradices* induces changes in root system architecture of rice independently of common symbiosis signaling. New Phytologist,182(4):829-837.

[39]Gutjahr C,Parniske M. 2017. Cellbiology:control of partner life-time in a plant-fungus relationship. Current Biology,27:420-423.

[40]Gutjahr C,Paszkowski U. 2013. Multiple control levels of root system remodeling in arbuscular mycorrhizal symbiosis. Frontier of Plant Science,4:204.

[41]Gutjahr C,Sawers R J H,Marti G, et al. 2015. Transcriptome diversity among rice root types during a symbiosis and interaction with arbuscular mycorrhizal fungi. Proceedings of the National Academy of Sciences,USA,112(21):6754-675.

[42]Gutjahr C, Parniske M. 2013. Cell and developmental biology of arbuscularmycorrhiza symbiosis. Annual Review of Cell Developmental Biology,29:593-617.

[43]Hacquard S,Kracher B,Hiruma K, et al. 2016. Survival trade-offs in plant roots during colonization by closely related beneficial and pathogenic fungi. Nature Communications,7:11362.

[44]Harrison A F. 1982. Labile organic phosphorus mineralization in relationship to soil properties. Soil Biology and Biochemistry,14(4):343-351.

[45]Hiruma K,Gerlach N,Sacristán S, et al. 2016. Root endophyte *Colletotrichumtofieldiae* confers plant fitness benefits that are phosphate status dependent. Cell,165:464-474.

[46]Javot H,Penmetsa R V,Terzaghi N, et al. 2007. A *Medicago truncatula* phosphate transporter indispensable for the arbuscular mycorrhizal symbiosis. Proceedings of the National Academy of Sciences,USA,104:1720-1725.

[47]Kobae Y,Hata S. 2010. Dynamics of periarbuscular membranes visualized with a fluorescent phosphate transporter in arbuscular mycorrhizal roots of rice. Plant and Cell Physiology,51(3):341-353.

[48]Lugtenberg B,Kamilova F. 2009. Plant-growth-promoting rhizobacteria. Annual Review of Microbiology,63:541-556.

[49]Lundberg D S,Lebeis S L,Paredes S H, et al. 2012. Defining the core *Arabidopsis* thaliana root microbiome. Nature,488(7409):86-90.

[50] Mauch F, Mauch-Mani B, Boller T. 1988. Antifungal hydrolases in pea tissue II. Inhibition of fungal growth by combinations of chitinase and β-1,3-glucanase. Plant Physiology,88(3):936-942.

[51]Mendes R,Kruijt M,de Bruijn I, et al. 2011. Deciphering the rhizosphere microbiome for disease-suppressive bacteria. Science,332(6033):1097-1100.

[52]Millet Y A,Danna C H,Clay N K, et al. 2010. Innate immune responses activated in Arabidopsis roots by microbe-associated molecular patterns. The Plant Cell, 22 (3):

973-990.

[53]Mukherjee A，Ané J M. 2011. Germinating spore exudates from arbuscular mycorrhizal fungi：molecular and developmental responses in plants and their regulation by ethylene. Molecular Plant Microbe In，24(2)：260-270 .

[54]Nagy R，Vasconcelos M J V，Zhao S，et al. 2006. Differential regulation of five Pht1 phosphate transporters from maize(*Zea mays* L.). Plant Biology，8(02)：186-197.

[55]Paszkowski U，Boller T. 2002. The growth defect of *lrt1*，a maize mutant lacking lateral roots，can be complemented by symbiotic fungi or high phosphate nutrition. Planta，214 (4)：584-590.

[56]Peng Y，Li X，Li C. 2012. Temporal and spatial profiling of root growth revealed novel response of maize roots under various nitrogen supplies in the field. PloS One，7 (5)：e37726.

[57]Ravnskov S，Jakobsen I. 1995. Functional compatibility in arbuscular mycorrhizas measured as hyphal P transport to the plant. New Phytologist，129(4)：611-618.

[58]Reinhold-Hurek B，Bünger W，Burbano C S，et al. 2015. Roots shaping their microbiome：global hotspots for microbial activity. Annual Review of Phytopathology，53(1)：403.

[59]Reinhold-Hurek B，Hurek T. 2011. Living inside plants：bacterial endophytes. Current Opinion in Plant Biology，14(4)：435.

[60]Richardson A E，Barea J M，McNeill A M，et al. 2009. Acquisition of phosphorus and nitrogen in the rhizosphere and plant growth promotion by microorganisms. Plant and Soil，321(1-2)：305-339.

[61]Sawers R J，Gutjahr C，Paszkowski U. 2008. Cereal mycorrhiza：an ancient symbiosis in modern agriculture. Trends in Plant Science，13(2)：93-97.

[62]Sawers R J H，Svane S F，Quan C，et al. 2017. Phosphorus acquisition efficiency in arbuscular mycorrhizal maize is correlated with the abundance of root-external hyphae and the accumulation of transcripts encoding PHT1 phosphate transporters. New Phytologist，214(2)：632-643.

[63]Schmitz A M，Harrison M J. 2014. Signaling events during initiation of arbuscular mycorrhizal symbiosis. Journal of Integrative Plant Biology，56(3)：250-261.

[64]Schullehner K，Dick R，Vitzthum F，et al. 2008. Benzoxazinoid biosynthesis in dicot plants. Phytochemistry，69(15)：2668-2677.

[65]Segarra G，Van der Ent S，Trillas I，et al. 2009. MYB72，a node of convergence in induced systemic resistance triggered by a fungal and a bacterial beneficial microbe. Plant Biology，11(1)：90-96.

[66]Sessitsch A，Weilharter A，Gerzabek M H，et al. 2001. Microbial population structures in soil particle size fractions of a long-term fertilizer field experiment. Applied & Environmental Microbiology，67(9)：4215-4224.

[67]Singh S，Parniske M. 2012. Activation of calcium-and calmodulin-dependent protein kinase (CCaMK)，the central regulator of plant root endosymbiosis. Current Opining in Plant Biology，

15(4):444-453.

[68]Smith S E,Read D J. 2008. Arbuscular mycorrhizas. In:Smith S E,Read D J. Mycorrhizal Symbiosis. London, Academic Press,11-145.

[69]Smith S E,Smith F A,Jakobsen I. 2004. Functional diversity in arbuscular mycorrhizal (AM)symbioses:the contribution of the mycorrhizal P uptake pathway is not correlated with mycorrhizal responses in growth or total P uptake. New Phytologist,162(2): 511-524.

[70]Smith S E,Smith F A. 2011. Roles of arbuscular mycorrhizas in plant nutrition and growth: new paradigms from cellular to ecosystem scales. Annual Review of Plant Biology,62:227-250.

[71]Taiz L,Zeiger E. 2010. Plant physiology. 5th Sinauer Associates,Sunderland.

[72]Tatsuhiro E,Sally E. 2001. Differentiation of polyphosphate metabolism between the ex-tra-and intraradical hyphae of arbuscular mycorrhizal fungi. New Phytologist,149(3): 555-563.

[73]Thomson B D,Robson A D,Abbott L K. 1991. Soil mediated effects of phosphorus sup-ply on the formation of mycorrhizas by *Scutellispora calospora*(Nicol. & Gerd.)Walker & Sanders on subterranean clover. New Phytologist,118(3):463-469.

[74]Tisserant B,Gianinazzi-Pearson V,Gianinazzi S, et al. 1993. In planta histochemical stai-ning of fungal alkaline phosphatase activity for analysis of efficient arbuscular mycorrhi-zal infections. Mycological Research,97(2):245-250.

[75]Tkacz A,Poole P. 2015. Role of root microbiota in plant productivity. Journal of Experi-mental Botany,66(8):2167-2175.

[76]Tudzynski B. 2005. Gibberellin biosynthesis in fungi:genes,enzymes,evolution,and im-pact on biotechnology. Applied Microbiology and Biotechnology,66(6):597-611.

[77]Verbon E H,Liberman L M. 2016. Beneficial microbes affect endogenous mechanisms controlling root development. Trends in Plant Science,21(3):218-229.

[78]Vogt T. 2010. Phenylpropanoid biosynthesis. Molecular Plant,3(1):2-20.

[79]Wakelin S,Mander C,Gerard E, et al. 2012. Response of soil microbial communities to contrasted histories of phosphorus fertilisation in pastures. Applied Soil Ecology,61: 40-48.

[80]Yoneyama K,Kisugi T,Xie X, et al. 2013. Chemistry of strigolactones:why and how do plants produce so many strigolactones? In: deBruijn F J.Molecular Microbial Ecology of the Rhizosphere:Two Volume Set.,John Wiley & Sons Hoboken,N J.

[81]Yu P,Baldauf J,Lithio A, et al. 2016. Root type specific reprogramming of maize pericy-cletranscriptomes by local high nitrate results in disparate lateral root branching pat-terns. Plant Physiology,170:1783-1798.

[82]Yu P,Eggert K,Von Wirén N, et al. 2015. Cell-type specific gene expression analyses by RNA-Seq reveal local high nitrate triggered lateral root initiation in shoot-borne roots of maize by modulating auxin-related cell cycle-regulation. Plant Physiology,169: 690-704.

［83］Yu P，Gutjahr C，Li C，et al. 2016. Genetic control of lateral root formation in cereals. Trends in Plant Science，21(11)：951-961.

［84］Zaidi A，Khan M，Ahemad M，et al. 2009. Plant growth promotion by phosphate solubilizing bacteria. Acta Microbiologica et Immunologica Hungarica，56(3)：263-284.

［85］Ziegler J，Schmidt S，Chutia R，et al. 2016. Non-targeted profiling of semi-polar metabolites in Arabidopsis root exudates uncovers a role for coumarin secretion and lignification during the local response to phosphate limitation. Journal of Experimental Botany，67：1421-1432.

图 3-3　石英砂培养不同限根处理的玉米植株

A. 对照植株根系　B. 保留胚根处理植株根系　C. 第二次收获时三种根系

处理的植株:完整根系(左)、保留胚根系(中)、保留主根系(右)

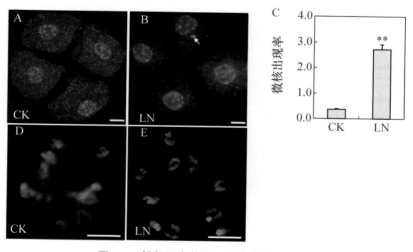

图 4-2　低氮玉米花粉母细胞中出现微核

A. 四分体细胞,对照(CK)　B. 四分体细胞,低氮(LN)(箭头指示微核)　C. 对照及低氮条件下

微核出现的频率　D. 对照条件终变期细胞　E. 低氮条件终变期细胞

比例尺＝5 μm。误差线表示三个生物学重复的标准偏差。＊＊表示对照与低氮之间极显著差异($P<0.01$)

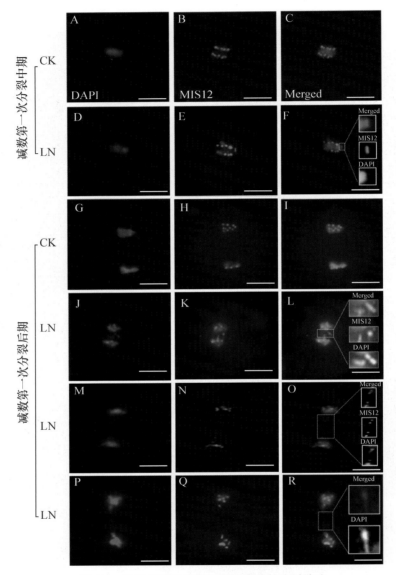

图 4-4　低氮导致玉米花粉母细胞减数分裂缺陷

对照(CK)和低氮(LN)玉米细胞分别用 MIS12 抗体免疫染色,DNA 用 DAPI 染色。A～C. 对照条件下减数分裂
第一次分裂中期细胞中,MIS12 信号沿中期板线性排列。D～F. 低氮条件下减数分裂第一次分裂中期细胞,
方框标示 MIS12 信号沿纺锤体轴线排列。G～I. 对照条件下减数分裂第二次分裂后期同源染色体分离。
J～R. 低氮条件下减数分裂第二次分裂后期细胞,方框标示染色体滞后(J～O. 或染色体桥(P～R)。
DNA 为红色,MIS12 为绿色。比例尺＝10 μm

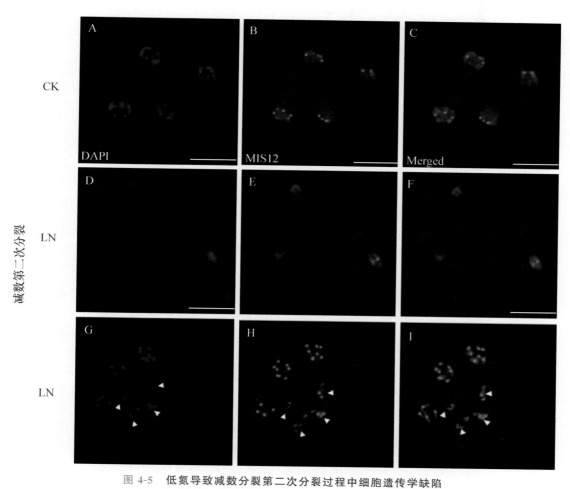

减数第二次分裂

图 4-5　低氮导致减数分裂第二次分裂过程中细胞遗传学缺陷

对照(CK)和低氮(LN)玉米细胞分别用 MIS12 抗体免疫染色,DNA 用 DAPI 染色。A～C:对照条件下,
减数分裂第二次分裂后期细胞中四组染色体平均分布。D～F:低氮条件下减数分裂第二次分裂后期细胞,
左侧显示正常分离细胞,右侧显示未分离细胞。G～I:低氮条件下产生多个核。DNA 为红色,
MIS12 为绿色。比例尺＝10 μm

3

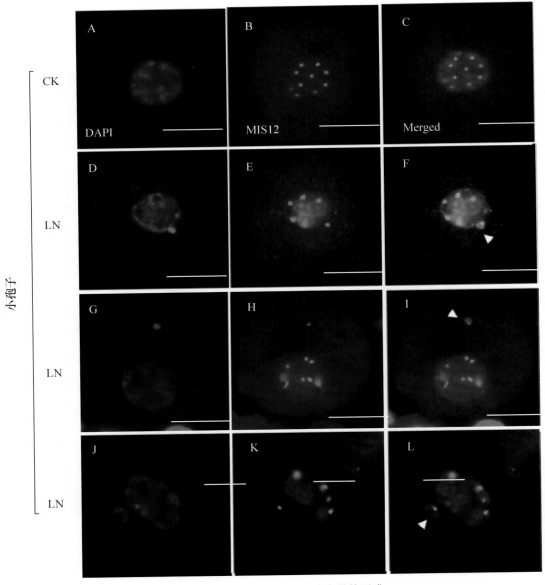

图 4-6 低氮导致花粉母细胞中微核形成

对照(CK)和低氮(LN)玉米细胞分别用 MIS12 抗体免疫染色,DNA 用 DAPI 染色。A~C:对照条件下的
正常单倍体细胞。D~F:低氮条件下非常接近主核的微核。G~I:低氮条件下离主核较远的微核。
J~R:低氮条件下大的微核。DNA 为红色,MIS12 为绿色。白色箭头指向微核。比例尺=10 μm

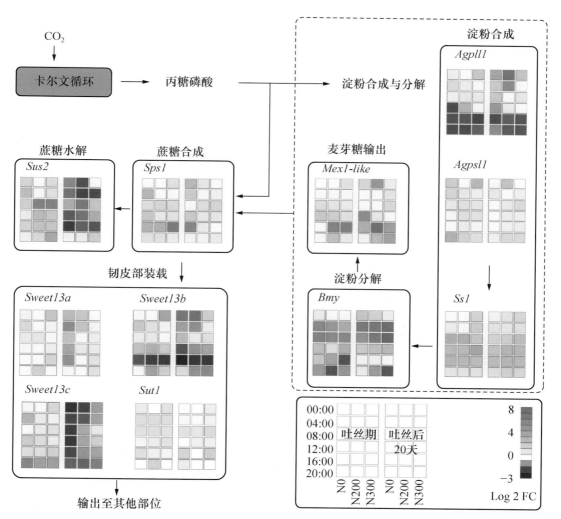

图 4-15　玉米吐丝期和吐丝后 20 天穗位叶中蔗糖和淀粉代谢及蔗糖输出部分相关基因相对表达水平的昼夜变化

每隔 4 h 收获一次叶片（$n=4$）

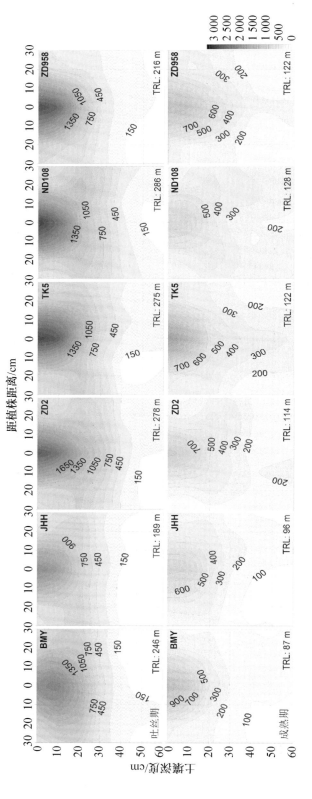

图5-2 不同年代玉米吐丝期（上六图）和成熟期（下六图）根长密度（cm/3 000 cm³）的空间分布

1950s品种：白马牙（BMY）和金皇后（JHH）；1970s品种：中单2号（ZD2）和屯抗5号（TK5）；现代品种：农大108（ND108）和郑单958（ZD958）。右下角为60 cm×30 cm×60 cm土体中总根长。

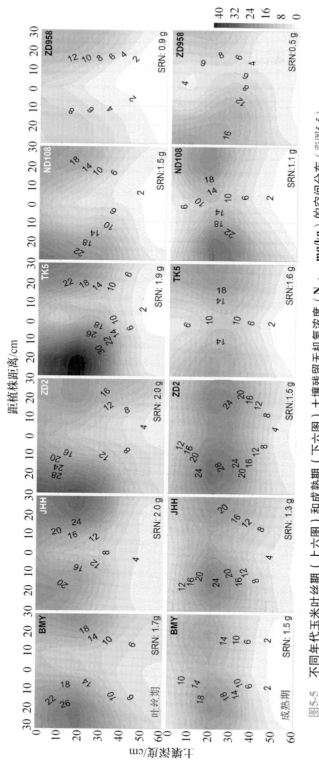

图5-5　不同年代玉米吐丝期（上六图）和成熟期（下六图）土壤残留无机氮浓度（N_{min}，mg/kg）的空间分布（彩图5-5）

1950s品种：白马牙（BMY）和金皇后（JHH）；1970s品种：中单2号（ZD2）和唐抗5号（TK5）；

现代品种：农大108（ND108）和郑单958（ZD958）。右下角为60 cm×30 cm×60 cm土体中残留无机氮总量。

图 5-9　土壤中拔出的玉米(左)和小麦(右)根系(示根鞘)

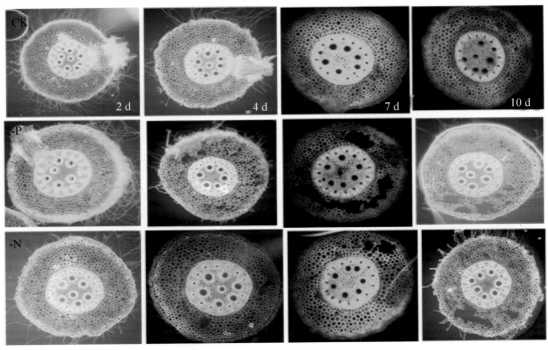

图 6-1　在对照(CK)、低氮(-N)和低磷(-P)营养液中玉米种子
根横切面皮层空腔面积随处理时间延长的变化(刘婷婷,2005)

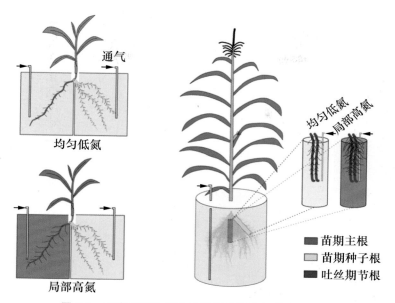

图 6-9 玉米苗期主根及吐丝期节根分根装置示意图

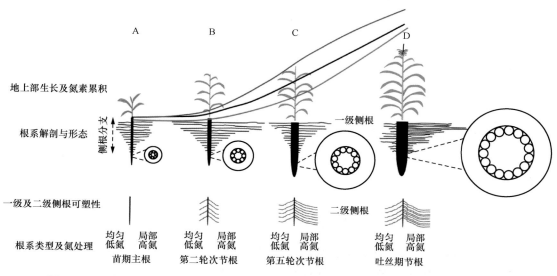

图 6-14 玉米不同种类根系形态及解剖特性与不同生育时期地上部干重(红色)及含氮量
(黑色,均匀低浓度硝酸盐供应;蓝色,局部高浓度硝酸盐供应)的关系

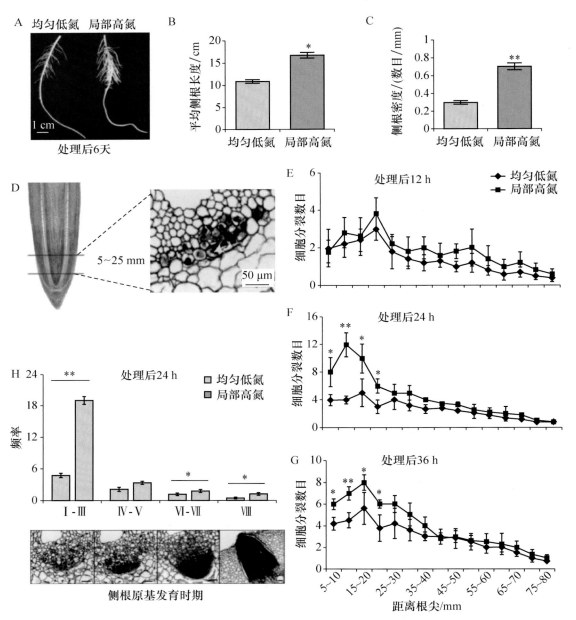

图 6-15　均匀低浓度硝酸盐和局部高浓度硝酸盐供应对玉米吐丝期节根上侧根发育的影响

局部高浓度硝酸盐(A)对吐丝期节根上侧根长度(B)及密度(C)的影响　D. 节根纵向切片及早期中柱鞘细胞(红色箭头)
及内皮层细胞(黄色箭头)分裂　E～G. 局部高浓度硝酸盐处理 12、24 及 36 h 对中柱鞘细胞分裂的影响
H. 局部高浓度硝酸盐处理 24 h 根尖 5～25 mm 区域侧根原基发生频率

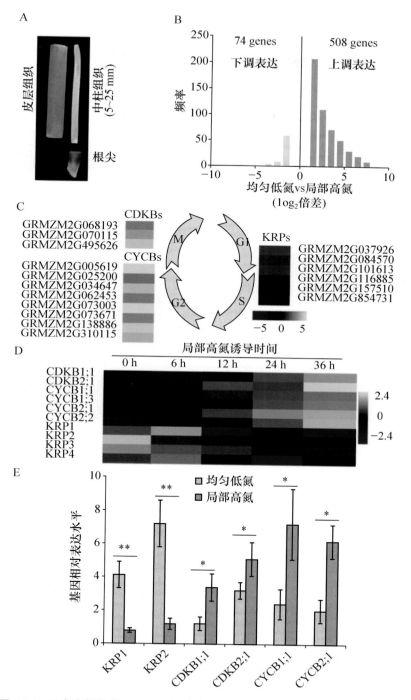

图 6-16　玉米中柱组织 RNA-Seq 及响应局部高浓度硝酸盐诱导差异表达基因

A. 中柱组织与皮层组织分离示意图　B. 标准化的差异表达基因频率分布　C. *CDKB* 基因及 *CYCB* 基因受到局部高浓度硝酸盐诱导而 *KRP* 基因受到抑制　D. 中柱组织细胞循环基因表达受到局部高浓度硝酸盐诱导
E. 局部高浓度硝酸盐诱导 24 h 后，韧皮部对应的中柱鞘细胞中细胞循环基因的表达上调

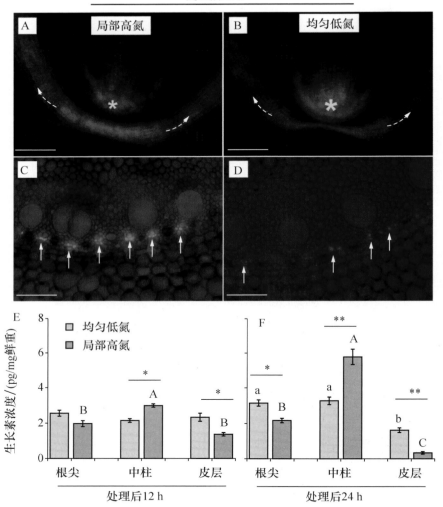

图 6-17　局部高浓度硝酸盐诱导影响组织间生长素分配

DR5∷RFP 转基因株系中 DR5 报告基因在纵向根尖(A,B)及侧根发生横向区域(C,D)活性。
局部高硝酸盐(A)及均匀低硝酸盐(B)诱导后根尖生长素信号分布；局部高硝酸盐(C)及均匀低
硝酸盐(D)诱导后韧皮部生长素信号；白色虚线箭头表示生长素极性运输方向，黄色星号表示生长素累积，
白色实线箭头指示生长素在韧皮部中心的累积；局部高硝酸盐诱导 12 h(E)及
24 h(F)对根尖、中柱及皮层组织生长素浓度的影响

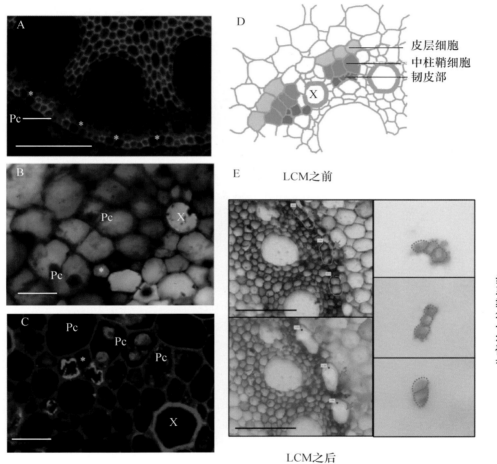

图 6-19　韧皮部对应的分裂中的中柱鞘细胞及 LCM 捕获细胞过程（彩插 6-19）

A. 自发荧光显示韧皮部及木质部对应的中柱鞘细胞异质性排列　B. 甲苯胺蓝染色显示侧根起源于韧皮部对应的
中柱鞘细胞早期分裂　C. DR5∷RFP 荧光及 DAPI 对比染色显示生长素局部累积及中柱鞘细胞分裂；
Pc，中柱鞘细胞；"＊"，韧皮部；X，木质部；比例尺：150 μm（A），20 μm（B，C）

D. LCM 分离三种不同颜色模式细胞类型（内皮层，中柱鞘及韧皮部）

E. 图片显示 LCM 捕获之前和之后的细胞形态（红色箭头）及捕获的中柱鞘细胞（红色虚线）

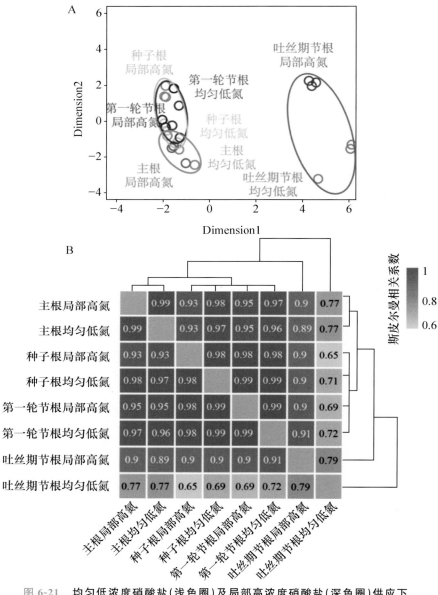

图 6-21　均匀低浓度硝酸盐(浅色圈)及局部高浓度硝酸盐(深色圈)供应下，
玉米不同类型根系中柱鞘细胞转录组的关系

A. 多维尺度分析图表明 24 个玉米不同类型根系中柱鞘细胞转录组的整体相似性

B. 斯皮尔曼相关系数分析 8 个处理转录组所有表达基因的对数标准化值

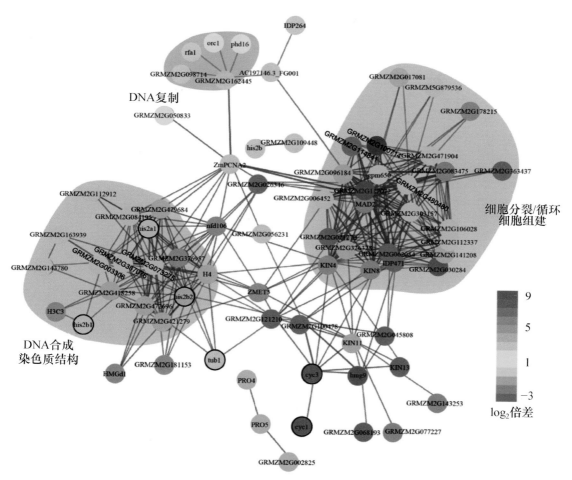

图 6-23　基因共表达网络分析

三个相互关联的聚类用灰色背景标记，分别代表 DNA 合成和染色质结构、DNA 复制、细胞循环/分裂及细胞组织。

从灰至红的梯度表明对数标准化的基因差异表达水平。

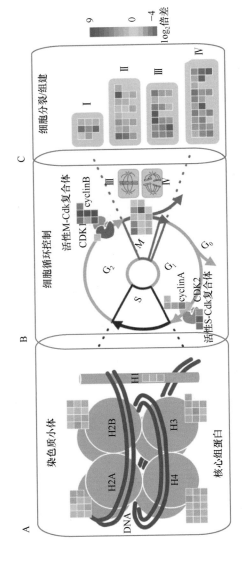

图 6-24　硝酸盐响应敏感的基因及关键调控因子控制细胞分裂过程中柱鞘分裂过程中的 G1—S 期和 G2—M 期细胞循环过程

A. 由组蛋白八聚体组成的染色质小体（核心组蛋白：组蛋白 H2A、H2B、H3 和 H4；连接组蛋白：组蛋白 H1）.
B. 控制 S 期及有丝分裂期（Ⅲ. 中期；Ⅳ. 后期）特定的细胞循环。两个激活的细胞周期蛋白及细胞周期激酶蛋白复合体分别控制细胞循环进入 S 期和 M 期。热图表明细胞循环由中期向后期过渡的基因上调表达、纺锤体检查点蛋白（MAD2, MITOTIC ARREST DEFICIENT 2）、细胞循环后期促进复合体（APC）、染色体结构维持（SMC）、细胞分裂循环蛋白（CDC）. C. 细胞循环过程后表达的转录本划分为四组：Ⅰ. 微管亚单位；Ⅱ. 细胞骨架结构组分；Ⅲ. 绑定微管及相关蛋白；Ⅳ. 编码驱动蛋白及类似动力蛋白

16

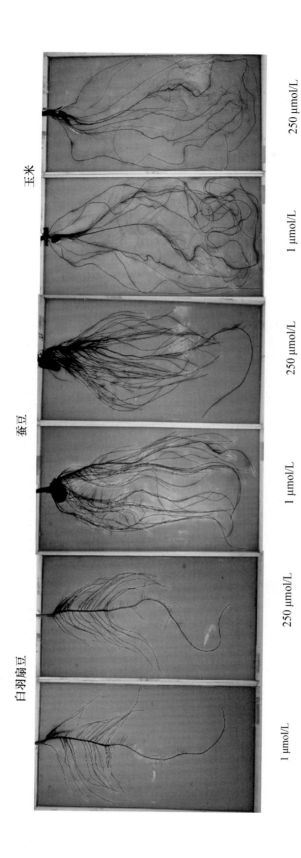

图 6-34　营养液培养中低磷（LP，1 μmol/L）和高磷（HP，250 μmol/L）处理对白羽扇豆、蚕豆和玉米根际酸化或碱化的影响

根际 pH 变化通过将根系置于含溴甲酚紫，pH 5.9 的琼脂溶液中显色 30 min 后拍照。黄色表示 pH＜5.2，紫色表示 pH＞6.8。

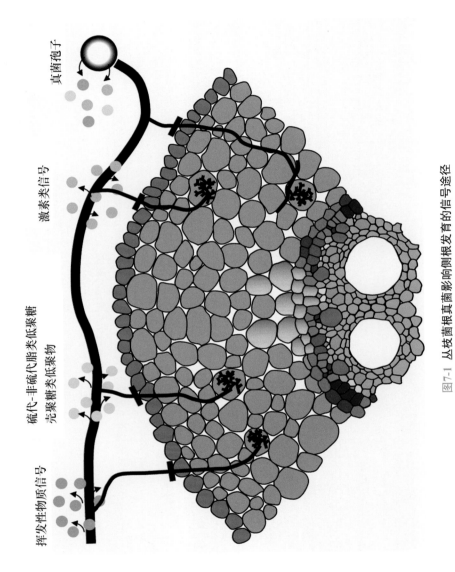

真菌孢子

激素类信号

硫代-非硫代脂类低聚糖
壳聚糖类低聚物

挥发性物质信号

图7-1 丛枝菌真菌影响侧根发育的信号途径

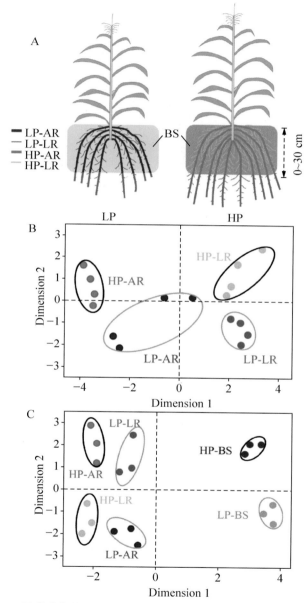

图 7-3　不同供磷条件下，玉米吐丝期根系转录组及真菌群落结构的差异

A. 0～30 cm 土层玉米轴根、侧根取样示意图　B. 轴根侧根转录组差异性分析　C. 轴根侧根真菌 DNA 测序差异分析
LP,缺磷；HP,充足供磷；AR,轴根；LR,侧根；BS,土体土。B 和 C,非度量多维尺度分析(NMDS)

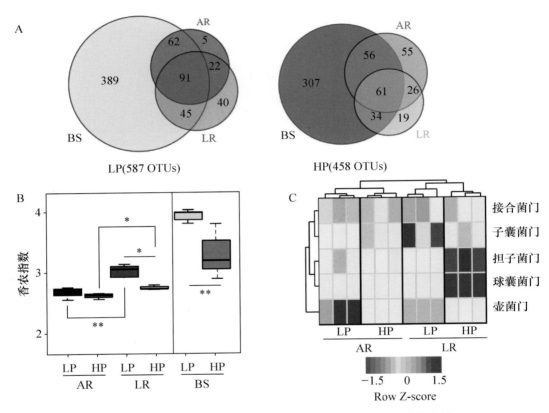

图 7-4　不同供磷条件下,真菌群落多样性 OTU 分类及相关性分析

A. 土体土及不同类型根系差异富集的真菌 OTU　B. 多样性香农指数分析　C. 门水平真菌分类及层次聚类分析
系统树图分析由非加权组平均法完成。LP,缺磷;HP,充足供磷;AR,轴根;
LR,侧根;BS,土体土;OTU 为真菌分类单元。

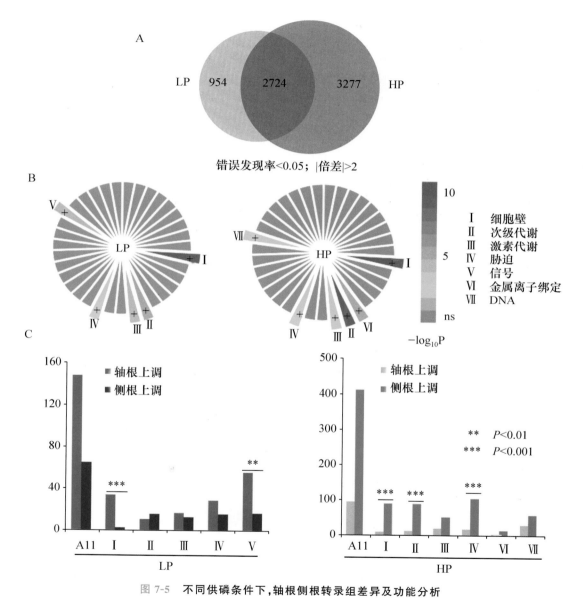

图 7-5 　不同供磷条件下,轴根侧根转录组差异及功能分析

A. 不同供磷下,轴根侧根差异表达基因文氏图　B. 不同供磷下,显著富集的 Mapman 功能分类
C. 轴根侧根显著诱导表达的功能分析　LP,缺磷;HP,充足供磷。

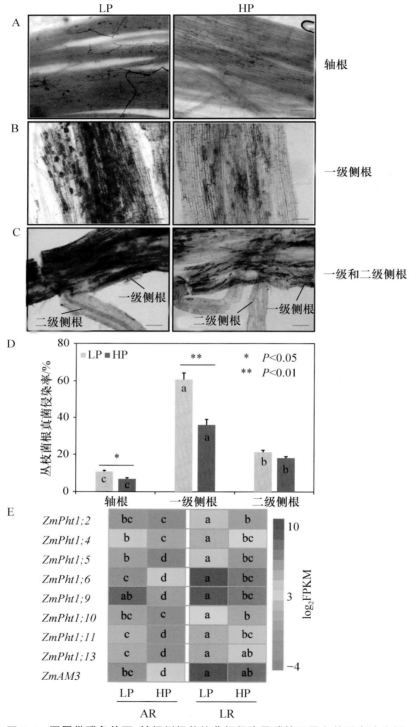

图 7-6　不同供磷条件下,轴根侧根丛枝菌根侵染及磷转运蛋白基因表达分析

轴根(A)、一级侧根(B)及二级侧根(C)侵染状况。D. 轴根及侧根侵染率分析　E. 磷转运蛋白基因表达分析

LP,缺磷;HP,充足供磷;AR,轴根;LR,侧根;FPKM,百万外显子的碱基片段数;*Pht*,磷转运蛋白基因。

22

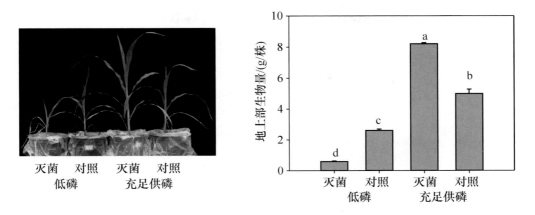

图 7-7　低磷和充足供磷土壤灭菌对玉米生长的影响

灭菌:播种前土壤经 25 kGy 强度辐照灭菌 3 天。

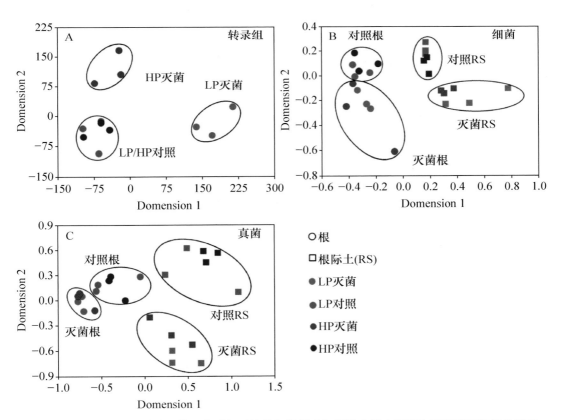

图 7-8　低磷和充足供磷的土壤灭菌对根系转录组及根系和根际土壤中细菌和真菌群落结构的影响

灭菌:播种前土壤经 25 kGy 强度辐照灭菌 3 天。LP,缺磷;HP,充足供磷。A. 根系转录组差异分析
B～C. 根系及根际土壤中细菌和真菌 DNA 测序差异分析(非度量多维尺度分析)

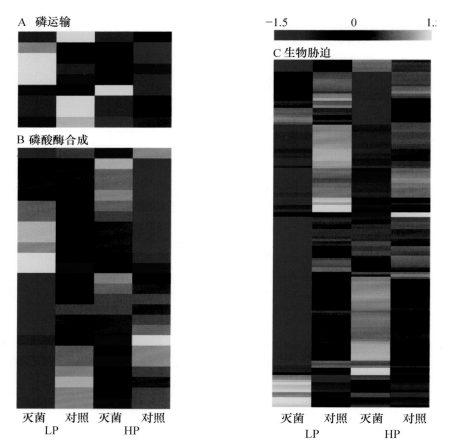

A 磷运输

B 磷酸酶合成

C 生物胁迫

−1.5　　0　　1.:

灭菌　对照　灭菌　对照
　LP　　　　HP

图 7-10　土壤灭菌对玉米中参与根系磷运输(A)、磷酸酶合成(B)和生物胁迫(C)基因表达的影响

图中颜色依据转录组测序得到的差异基因的 FPKM 值经 log10 转化所决定。LP,低磷;HP,充足供磷。

差异基因由 LP 灭菌 vs LP 对照,HP 灭菌 vs HP 对照,LP 对照 vs HP 对照和 LP 灭菌 vs HP 灭菌得到。

灭菌:播种前土壤经 25 kGy 的强度辐照灭菌 3 天。